大学物理实验

——拓展提高篇

杨超舜　尹剑波　庞述先　方　亮　主　编

電子工業出版社
Publishing House of Electronics Industry
北京 · BEIJING

内 容 简 介

本书是在大学物理实验的基础上，为满足大类培养模式改革对课程体系的难度分层次要求，从内容、方法、应用三个层次扩展实验内容而编写的拓展提高篇，从而适应不同专业学生分阶段、逐层推进的教学模式改革和学生选课模式。全书共三部分，第一部分是物理实验内容拓展，主要涉及力、热、声、光、电中常规物理实验方法对其他物理量的测量；第二部分是物理实验方法拓展，主要涉及不同方法对常见物理量的测量；第三部分是物理实验综合应用，初步涉及物理测量在工程上的应用。通过学习本书，学生可进一步理解物理实验的设计思想和实验方法及其在工程应用中的作用，提高学生的创新思维能力和对知识的综合运用能力。

本书可作为高等学校理工类专业物理实验课程的基础教材，也可作为相关工程技术人员的学习参考用书。

图书在版编目（CIP）数据

大学物理实验. 拓展提高篇 / 杨超舜等主编. —北京：电子工业出版社，2021.7

ISBN 978-7-121-41514-2

Ⅰ. ①大… Ⅱ. ①杨… Ⅲ. ①物理学—实验—高等学校—教材 Ⅳ. ①O4-33

中国版本图书馆 CIP 数据核字（2021）第 132394 号

责任编辑：王晓庆　　　　特约编辑：田学清
印　　刷：北京虎彩文化传播有限公司
装　　订：北京虎彩文化传播有限公司
出版发行：电子工业出版社
　　　　　北京市海淀区万寿路 173 信箱　　　邮编：100036
开　　本：787×1092　1/16　　印张：14.5　　字数：390 千字
版　　次：2021 年 7 月第 1 版
印　　次：2021 年 7 月第 1 次印刷
定　　价：45.00 元

凡所购买电子工业出版社图书有缺损问题，请向购买书店调换。若书店售缺，请与本社发行部联系，联系及邮购电话：（010）88254888，88258888。

质量投诉请发邮件至 zlts@phei.com.cn，盗版侵权举报请发邮件至 dbqq@phei.com.cn。

本书咨询联系方式：（010）88254113，wangxq@phei.com.cn。

前　言

物理学是一门实验科学，物理规律的发现和研究离不开实验事实，可以说，物理实验在物理学的发展中具有举足轻重的地位。物理学又是一门基础科学，是许多领域技术探索和创造的理论基石，因此，在大学阶段，物理实验是对学生进行基础科学实验训练必不可少的重要课程，是学生进入大学后进行实际技能训练的开端。通过物理实验课程学习过程中的实验预习、实验操作与观测、问题的分析与解决、数据处理和实验报告的撰写，可以很好地培养学生的科学实验操作技能，以及从事科学实验的初步能力和素养。

常规物理实验对培养学生的基本技能，以及对基本方法和常规仪器的使用、一般的数据处理方法训练起着重要的作用，但随着大类招生和大类培养模式的改革，以及现代化科学技术的飞速发展，对人才培养提出了更高的要求。为此，很多学校调整了原有物理实验课程中的力、热、声、光、电等模块化结构，代之以基础实验、综合实验、设计性实验、应用创新性实验等分阶段、逐层推进的体系结构，从实验内容和方法上实现难度分层次选课与教学模式改革。因此，为了进一步加强适应大类人才培养的物理实验教学工作，以及高等学校正在开展的课程体系与教学内容的改革，编者编写了本书。

本书有如下特点。

在理念上，注重大类培养模式改革下对课程体系的难度分层次要求，将本书规划为内容拓展、方法拓展、综合应用三个层次，以满足不同大类学生的选课需求。

在内容上，注重与大学物理常规实验的衔接，强化已有物理方法的拓展和提升，增加综合应用型物理实验。

在方法上，以常规实验为基础，以大类培养目标和兴趣为导向，采用研究型教学和自主学习的方法，逐层拓展以达到提升学生物理实验能力和素养的目的。

目前，大学物理实验教材已有许多版本，很多教材的内容丰富、水平很高，编者借鉴了这些教材的长处，并结合仪器公司提供的说明书和编写人员多次操作的心得体会编写了本书。本书简明扼要、通俗易懂，具有较强的专业性、技术性和实用性。

教学中，可以根据教学对象和学时等具体情况对书中的内容进行删减与组合，也可以进行适当的扩展，参考学时为32～64学时。

本书提供配套的电子课件 PPT、实验指导、分析与思考题参考答案，请登录华信教育资源网（www.hxedu.com.cn）注册后免费下载。

本书编写分工如下：杨超舜编写实验1.1至实验1.5、实验1.7至实验1.11、实验2.1至实验2.5、实验2.7至实验2.9、实验2.11、实验3.1至实验3.6、实验3.9，庞述先编写实验1.6、实验2.6、实验3.8，方亮编写实验2.10、实验3.7，尹剑波编写实验3.10、实验3.11。全书由尹剑波、杨超舜、庞述先统稿，侯泉文、翟世龙、解文军、任振波提出了许多宝贵意见。另外，作为一本实验教材，本书的编写离不开相关实验项目的规划和硬件建设，这部分工作主要由尹剑波、庞述先、翟世龙、杨超舜、方亮和王民参与完成；西北工业大学教务处、物理科学与技术学院、物理实验教学中心对书中涉及的实验建设、内容编写和出版给予了极大的支持和鼓励；电子工业出版社的有关同志和编辑为本书的出版做出了巨大的贡献，在此表示衷心的感谢。

本书的编写参考了大量近年来出版的相关技术资料，吸取了许多专家和同仁的宝贵经验，在此向他们深表谢意。

由于编者学识有限，书中疏漏之处在所难免，望广大读者批评指正。

编　者

2021 年 6 月

目 录

第一部分　物理实验内容拓展

实验 1.1　单摆的力学行为研究

单摆是由一长度为 l（不可伸长）的轻绳连着质量为 m 的摆锤组成的力学系统，其中摆锤受到的空气阻力 f 相比 mg 可忽略。当年，伽利略在观察比萨教堂中的吊灯摆动时发现，当摆长一定时，摆动周期不因摆角的变化而变化，后来，惠更斯利用伽利略观察到的单摆特性发明了摆钟。本实验进行的单摆实验的目的是进一步精确地研究该力学系统的力学线性和非线性运动行为。

【实验目的】

1. 掌握用单摆测量当地重力加速度的方法，理解误差的传递与合成。
2. 学会用相图法探究单摆的运动行为，考察阻力对单摆运动行为的影响。
3. 学会使用通用计数器测量周期和线速度。

【实验原理】

1. 单摆

用一根不可伸长的轻绳悬挂一小球，若轻绳的长度远大于小球直径，且小球受到的阻力相对于其重力可忽略不计，那么当它以幅角 θ（$\theta<5°$）摆动时，就构成了单摆，如图 1.1.1 所示。

设小球的质量为 m，其质心到摆支点 O 的距离为 l，作用在小球上的切向力大小为 $mg\sin\theta$。当 θ 很小时，$\sin\theta\approx\theta$，即切向力大小为 $mg\theta$，根据牛顿第二定律，质点的运动方程为 $ma_{切}=-mg\theta$，有 $ml\dfrac{\mathrm{d}^2\theta}{\mathrm{d}t^2}=-mg\theta$，因此有

$$\frac{\mathrm{d}^2\theta}{\mathrm{d}t^2}=-\frac{g}{l}\theta \tag{1.1.1}$$

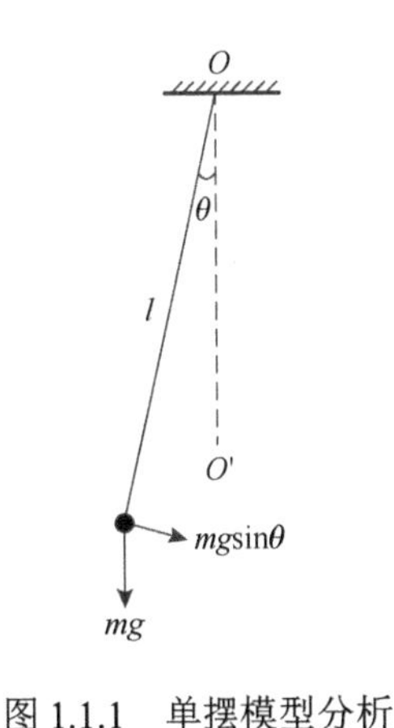

图 1.1.1　单摆模型分析

式（1.1.1）为简谐运动方程，其解为

$$\theta(t)=P\cos(\omega_0 t+\varphi) \tag{1.1.2}$$

$$\omega_0=\frac{2\pi}{T}=\sqrt{\frac{g}{l}} \tag{1.1.3}$$

式中，P 为振幅；φ 为幅角；ω_0 为固有角频率；T 为周期。可见，单摆在摆角很小、不计阻力时的摆动为简谐振动。简谐振动是一切线性振动系统的共同特性，它们都以自己的固有频率

做正弦振动，同类的系统有线性弹簧上的振子、LC 振荡回路中的电流、微波与光学谐振腔中的电磁场、电子围绕原子核的运动等。由式（1.1.3）得

$$T = 2\pi\sqrt{\frac{l}{g}}$$

$$g = 4\pi^2 \frac{l}{T^2} \tag{1.1.4}$$

由式（1.1.4）可知，周期只与摆长有关。若用秒表计时，则测量一个周期的相对误差较大，因此，一般测量连续摆动 n 个周期的时间 t，由式（1.1.4）得

$$g = 4\pi^2 \frac{n^2 l}{t^2} \tag{1.1.5}$$

式中，π 和 n 不考虑误差，因此 g 的相对不确定度传递公式为

$$\frac{u_C(g)}{g} = \sqrt{\left[\frac{u_C(l)}{l}\right]^2 + \left[2\frac{u_C(t)}{t}\right]^2} \tag{1.1.6}$$

从式（1.1.6）可以看出，在 $u_C(l)$、$u_C(t)$ 大体一定的情况下，增大 l 和 t 对减小 g 的相对不确定度有利。

实际上，单摆的简谐振动是一种近似运动，单摆在振动过程中，既会受到阻尼力，又与摆角有关。在小阻尼条件下，可认为单摆受到的阻尼力与摆的速度成正比，因此，在单摆的运动方程中加进了阻尼力项后，其动力学方程为

$$ml\frac{\mathrm{d}^2\theta}{\mathrm{d}t^2} + \gamma l\frac{\mathrm{d}\theta}{\mathrm{d}t} + mg\sin\theta = 0 \tag{1.1.7}$$

式中，第二项是单摆受到的阻尼力，γ 为阻尼系数，在小阻尼条件下，γ 可视为常数，取阻尼系数 $\gamma = 2\beta m$，由式（1.1.7），得

$$\frac{\mathrm{d}^2\theta}{\mathrm{d}t^2} + 2\beta\frac{\mathrm{d}\theta}{\mathrm{d}t} + \omega_0^2\sin\theta = 0 \tag{1.1.8}$$

由于物体运动的非线性行为比较复杂，因此本实验仅讨论式（1.1.8）的几种特殊情况。

2．小角度无阻尼单摆运行的相轨图

在无阻尼情况下，$\gamma = 0$，即 $\beta=0$，式（1.1.8）中的第二项为 0，第三项中的正弦函数用级数展开为

$$\sin\theta = \theta - \frac{\theta^3}{3!} + \frac{\theta^5}{5!} - \frac{\theta^7}{7!} + \cdots \tag{1.1.9}$$

在小角度情况下，忽略式（1.1.9）中的高次项，有 $\sin\theta = \theta$，因此，式（1.1.8）退化为式（1.1.1），对式（1.1.1）进行一次积分，又由式（1.1.3）得

$$\frac{1}{2}\left(\frac{\mathrm{d}\theta}{\mathrm{d}t}\right)^2 + \frac{1}{2}\omega_0{}^2\theta^2 = E \tag{1.1.10}$$

式中，E 为积分常数。设 $\dot{\theta} = \frac{\mathrm{d}\theta}{\mathrm{d}t}$ 为角速度，则有

$$\dot{\theta}^2 + \omega_0^2\theta^2 = 2E \tag{1.1.11}$$

如果以式（1.1.11）中的θ为横坐标、$\dot{\theta}$为纵坐标画曲线，则图像如图 1.1.2（a）所示。把以$\dot{\theta}$和 θ 定义的平面称为相平面（相空间），把相平面中表示的运动关系图称为相图，这种在相平面上表示运动状态的方法称为相平面法。将点的运动轨道称为轨线，这种用相平面里的轨线表示系统运动状态的方法是法国数学家庞加莱于 19 世纪末提出的，已成为广泛使用的一种描述系统运动状态的方法。对于小角度无阻尼的单摆运动，当摆长 l 一定时，其运动行为的相图为一椭圆，且椭圆轨线的长/短轴不变；当改变摆长 l 时，将得到不同的椭圆轨线。

3. 小角度有阻尼单摆的运动行为研究

将单摆的摆线加粗，或者将摆球的质量减小而体积增大，组成一个阻尼单摆，此时阻尼力对单摆的影响不可忽略，即式（1.1.7）中的γ不为 0，由于是小角度，因此也可近似认为$\sin\theta=\theta$，由式（1.1.8）得

$$\frac{\mathrm{d}^2\theta}{\mathrm{d}t^2}+2\beta\frac{\mathrm{d}\theta}{\mathrm{d}t}+\omega_0^2\theta=0 \tag{1.1.12}$$

设式（1.1.12）有如下形式的解

$$\theta=\mathrm{e}^{\lambda t} \tag{1.1.13}$$

式中，λ为待定常数。将式（1.1.13）代入式（1.1.12），得特征根方程

$$\lambda^2+2\beta\lambda+\omega_0^2=0 \tag{1.1.14}$$

解得

$$\lambda_{1,2}=-\beta\pm\sqrt{\beta^2-\omega_0^2} \tag{1.1.15}$$

由于是小阻尼单摆，因此$\beta^2-\omega_0^2<0$，取$\omega=\sqrt{\omega_0^2-\beta^2}$并将其代入式（1.1.15），得

$$\lambda_{1,2}=-\beta\pm\mathrm{i}\omega \tag{1.1.16}$$

由此可得式（1.1.12）的解为

$$\theta=c_1\mathrm{e}^{(-\beta+\mathrm{i}\omega)t}+c_2\mathrm{e}^{(-\beta-\mathrm{i}\omega t)}=\mathrm{e}^{-\beta t}\left(c_1\mathrm{e}^{\mathrm{i}\omega t}+c_2\mathrm{e}^{-\mathrm{i}\omega t}\right) \tag{1.1.17}$$

因为θ为实函数，所以c_1、c_2必须满足$c_1^*\mathrm{e}^{-\mathrm{i}\omega t}+c_2^*\mathrm{e}^{\mathrm{i}\omega t}=c_1\mathrm{e}^{\mathrm{i}\omega t}+c_2\mathrm{e}^{-\mathrm{i}\omega t}$，由此得$c_1=c_2^*$、$c_2=c_1^*$，将满足这种条件的系数 c_1、c_2 写成指数形式$c_1=\frac{p}{2}\mathrm{e}^{\mathrm{i}\phi}$、$c_2=\frac{p}{2}\mathrm{e}^{-\mathrm{i}\phi}$，式中，$p$ 为它们的模，ϕ 为幅角，将其代入式（1.1.17），得

$$\theta=p\mathrm{e}^{-\beta t}\cos(\omega t+\phi) \tag{1.1.18}$$

可见，阻尼单摆是幅度 $p\mathrm{e}^{-\beta t}$ 随时间做指数衰减的周期振荡，且振动频率$\omega=\sqrt{\omega_0^2-\beta^2}$因阻尼（$\beta>0$）而减小。为了给出在相平面的图像，对式（1.1.18）进行微分，有

$$\dot{\theta}=-p\mathrm{e}^{-\beta t}\left[\beta\cos(\omega t+\phi)+\omega\sin(\omega t+\phi)\right] \tag{1.1.19}$$

以θ为横坐标、$\dot{\theta}$为纵坐标，作式（1.1.18）和式（1.1.19）联立的参数图，如图 1.1.2（b）所示。可见，小角度有阻尼单摆的运动相轨图为螺旋线，单摆的运动因阻尼的存在而停止在坐标原点，这一点称为不动点。

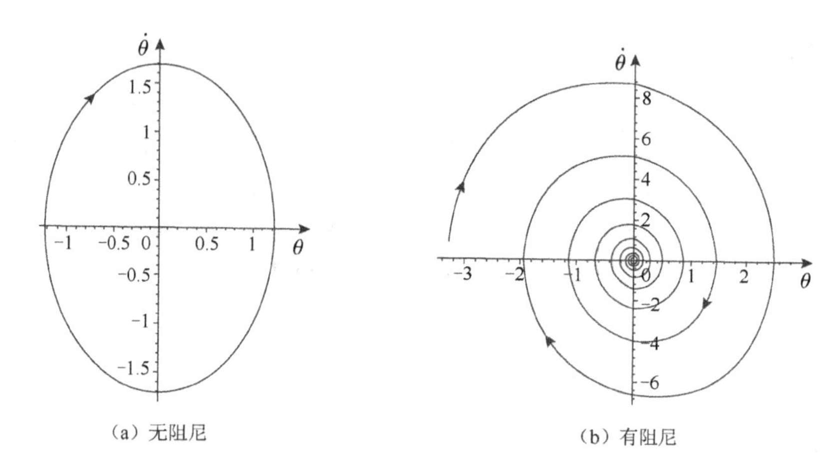

（a）无阻尼　　（b）有阻尼

图 1.1.2　小角度单摆运动的相轨图

【实验仪器】

单摆实验装置（含直径分别为 15mm、20mm、30mm 的小钢球）、水平仪、螺旋测微器、DHTC-1A 通用计数器、米尺、游标卡尺。

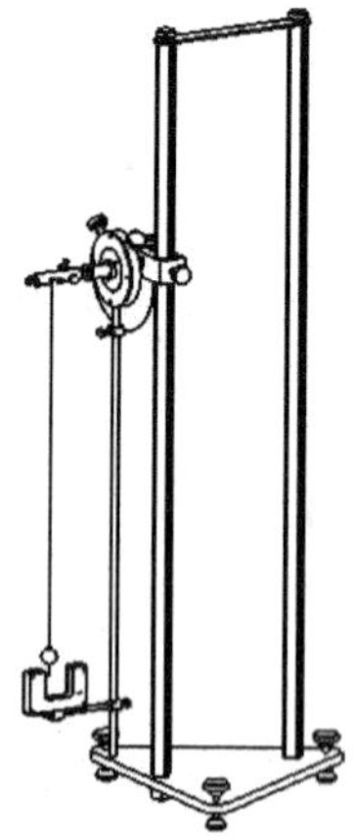

1. 单摆实验装置

单摆实验装置与复摆装置（见实验 2.2）共用支架，其整体结构如图 1.1.3 所示，其中，光电门安装在摆杆上，使小球在摆动时，挡光针能周期性地切割光电门的探测光。

单摆各部件的位置如图 1.1.4 所示，1 为锁紧螺钉(1)，2 为夹座，3 为支架柱，4 为刻度盘，5 为刻度指针，6 为摆杆，7 为锁紧螺钉(2)，8 为摆线，9 为锁紧螺钉（3），10 为挂线轴，11 为挂板，12 为穿线柱，13 为绕线轴，14 为锁紧螺钉（4），15 为锁紧螺帽，16 为锁紧螺钉（5），17 为转动圆环，18 为底座，19 为底座脚，20 为锁紧螺钉(6)，21 为光电门安装轴，22 为光电门，23 为挡光针（是长为 15mm、直径为 2.7mm 的中空塑料圆柱，实验时将其插在小球的底部孔中)，24 为直径（15mm、20mm、30mm）可选的钢质摆球。

图 1.1.3　单摆实验装置的整体结构

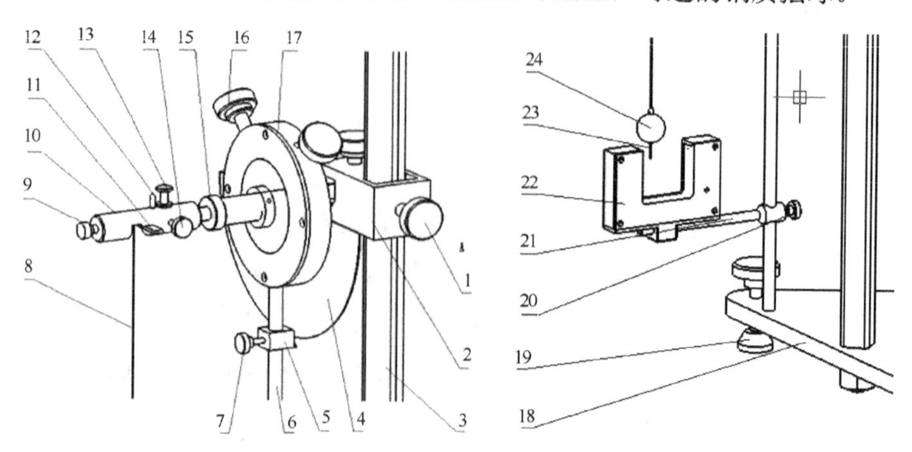

图 1.1.4　单摆各部件的位置

2. DHTC-1A 通用计数器

DHTC-1A 通用计数器的面板示意图如图 1.1.5 所示。其中，1 为液晶显示器，2 为功能键区（含上键、下键、左键、右键和确认键），3 为系统复位键，4 为传感器 I 接口（对应光电门 I），5 为传感器 II 接口（对应光电门 II），6 为电磁铁输出接口。本通用计数器的测量功能有周期测量、脉宽测量、秒表计时、自由落体测量、角加速度测量等，本实验会用到周期测量和脉宽测量功能。

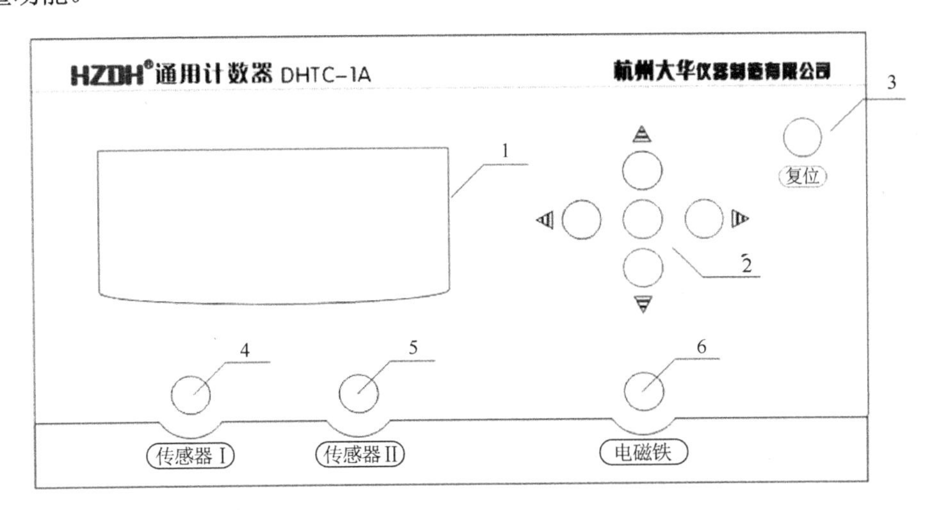

图 1.1.5　DHTC-1A 通用计数器的面板示意图

【实验内容与方法】

1. 用单摆测量重力加速度

（1）利用水平仪调节底座水平，松开锁紧螺钉（4），摆线从挂线轴的中间小孔穿过穿线柱的小孔绕在绕线轴上，调节好线的长度后，用锁紧螺钉（4）将其锁紧。调节摆杆竖直（刻度盘指示 0°），保证摆杆与摆线平行。

（2）用游标卡尺多次测量小球的直径 d，用米尺多次测量摆线的线长 x，得单摆摆长 $l=x+d/2$。

（3）调节摆杆刻度盘（指示 0°），根据单摆的位置安装光电门，使小球在摆起时，挡光针能周期性地切割光电门的探测光，启动单摆并使摆角 $\theta<5°$。

（4）DHTC-1A 通用计数器开机按任意键进入，选择“周期测量”功能并确认，将测量周期数 n 设为 20 后，选择“开始测量”并确认，测量结束后读取单摆周期平均值 T 并填入表 1.1.1 中（需要多次测量）。

表 1.1.1　用单摆测量重力加速度的数据记录

小球直径 d/mm										
摆线线长 x/cm										
单摆摆长 l/cm										
周期平均值 T/s										

（5）设计用作图法测量重力加速度的实验方案二（提示：改变单摆的摆长 l，在 $\theta<5°$的情

况下，多次测量单摆的周期平均值 T)。

2．研究单摆摆角对周期的影响

（1）设计实验步骤以研究单摆摆角 θ 对周期 T 的影响，并记录数据于表 1.1.2 中。

表 1.1.2　单摆摆角对周期的影响的测量数据记录

摆角 θ/（°）	2	5	10	15	20	25	30	35	40	45	50	55	60	65
周期 T/s														

（2）简述单摆摆角 θ 对周期 T 产生影响的原因。

3．小角度无阻尼单摆运动行为研究

（1）将摆线线长调至合适，拧紧锁紧螺钉（4），用米尺多次测量摆线线长 x，调节摆杆竖直（刻度盘指示 0°），保证摆杆与摆线平行。用螺旋测微器多次测量挡光针的直径 d_0，并将数据填入表 1.1.3 中。

表 1.1.3　小角度无阻尼单摆运动行为研究测量数据记录（1）

摆线线长 x/cm									
挡光针直径 d_0/mm									

（2）先将摆杆调至刻度指针指示 5°，光电门要随摆杆一起调整角度，使其始终保持与摆杆平行（见图 1.1.3）。拉动小球，启动单摆，保证小球下的挡光针能垂直地切割光电门的探测光。

（3）DHTC-1A 通用计数器开机按任意键进入，选择“脉宽测量”功能并确认，将测量周期数 n 设为 2 后，选择“开始测量”并确认，测量完后，将数据填入表 1.1.4 中的相应位置。

（4）改变摆杆刻度盘指示位置，重复（2）、（3）步。

表 1.1.4　小角度无阻尼单摆运动行为研究测量数据记录（2）

θ/（°）		5	4	3	2	1	0	−1	−2	−3	−4	−5
t/μs	向左											
	向右											
角速度 $\dot{\theta}=v/l$ /（rad/s）	向左											
	向右											

注意：表中 $v=d_0/t$，$l=x+d$。本算法忽略了光电门的探测光处与小球下部之间的距离，因此，在实验过程中，应尽量使光电门的探测光靠近小球。

4．小角度有阻尼单摆运动行为研究

将小钢球换成乒乓球，在乒乓球底端安装挡光针，自行设计实验方案与数据记录表格。

【数据处理要求】

1．计算重力加速度及其不确定度，并完整表示结果。

2. 对于实验方案二，用作图法处理数据并计算重力加速度 g。

3. 根据表 1.1.4 画出 θ-$\dot{\theta}$ 相轨图，研究小角度无阻尼单摆的运行规律。

4. 根据自己设计的研究小角度有阻尼单摆运行规律的实验方案画出 θ-$\dot{\theta}$ 相轨图。

【分析与思考】

1. 设单摆摆角 θ 接近 0°时的周期为 T_0，任意摆角 θ 对应的周期为 T，这两者之间的关系近似为 $T = T_0\left(1+\frac{1}{4}\sin^2\frac{\theta}{2}\right)$。若在 θ=10°的条件下测得 T 值，那么此时将给 g 值引入多大的相对误差呢？

2. 有一摆长很长的单摆，如果不直接测量摆长，那么能用测量时间的工具测出摆长吗？如何设计实验？

实验 1.2　碰撞打靶实验研究

物体间的碰撞是自然界中普遍存在的现象，从宏观物体的碰撞到微观物体的粒子碰撞，它们都是物理学中极其重要的研究课题。本实验通过碰撞前小球的单摆运动、两个球体的碰撞及碰撞后的平抛运动，应用已学到的力学定律解决碰撞打靶的实际问题，从而更深入地理解力学、运动学原理，并提高分析问题、解决问题的能力。

【实验目的】

1. 了解碰撞原理，理解碰撞时的动量守恒、机械能的转化和守恒定律。
2. 用已学到的力学定律解决碰撞打靶的实际问题。
3. 分析实验过程，了解能量损失的各种原因。

【实验原理】

1. 单摆运动

将不能伸长的轻细绳上端固定，在其下端挂一个质量为 m、体积可忽略的小球构成单摆。单摆在重力作用下会在铅垂平面内摆动，即单摆运动。在摆绳被拉直的情况下，摆球被拉至某一高度并从静止释放，其势能会逐渐转换为动能，当小球到达最低点时，动能达到最大，势能最小，总机械能守恒。

2. 碰撞

碰撞是指两运动物体在相互接触时，其运动状态发生迅速变化的现象。“正碰”是指两碰撞物体的速度都沿着它们质心连线的方向碰撞，其他碰撞为“斜碰”。

若碰撞是弹性正碰，则两球系统的动量守恒且动能守恒；若碰撞是非弹性碰撞，则碰撞过程中的机械能（机械能是动能和势能的总和）不守恒，其中一部分转化为非机械能（如热能）。任何物体系统在势能和动能相互转化的过程中，若合外力对该物体系统所做的功为零，且内力都是保守力（无耗散力），则物体系统的总机械能保持不变。

3．平抛运动

将物体以一定的初速度 v_0 沿水平方向抛出，在不计空气阻力的情况下，物体所做的运动称为平抛运动。通过平抛运动可得出飞行时间 t 与初速度、飞行高度和飞行水平距离之间的关系。

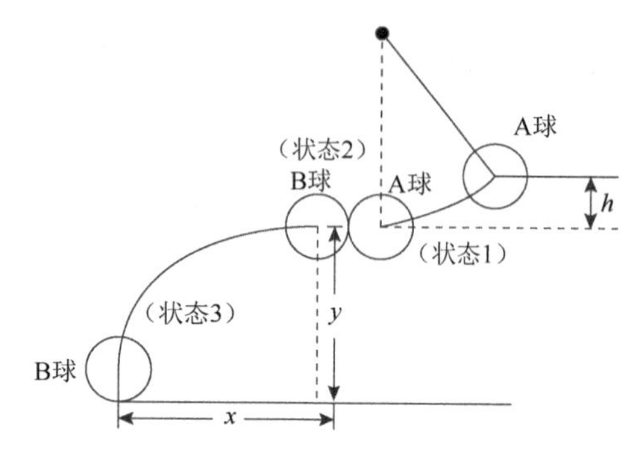

图 1.2.1　碰撞打靶实验仪运动原理图

4．碰撞打靶实验仪运动分析

碰撞打靶实验仪在初始状态会布置两个静态小球，分别是被电磁铁吸住保持静止并被双绳拴住的 A 球和放在载球支柱上将与 A 球产生正碰的 B 球。整个碰撞打靶实验仪包含三种运动状态：碰撞前 A 球的单摆运动，A、B 两球的弹性正碰及碰撞后 B 球的平抛运动，如图 1.2.1 所示。在本实验中，设 A 球的质量为 m_1，被撞击的 B 球的质量为 m_2，A 球与 B 球的初始高度差为 h，B 球的初始高度为 y，B 球被击出后飞行的水平距离为 x，重力加速度为 g。

从状态 1 到状态 2，在不计任何摩擦阻力的情况下，可以将整个过程看成是一个纯粹的单摆运动，并且满足

$$\frac{1}{2}m_1v_0^2 = m_1gh \tag{1.2.1}$$

可得撞击前 A 球的速度为

$$v_0 = \sqrt{2gh} \tag{1.2.2}$$

状态 2 是碰撞过程，撞击后，A 球和 B 球的速度分别为 v_1 和 v_2，由于是弹性正碰，所以撞击前后的动量和动能满足

$$\begin{aligned} m_1v_0 &= m_1v_1 + m_2v_2 \\ \frac{1}{2}m_1v_0^2 &= \frac{1}{2}m_1v_1^2 + \frac{1}{2}m_2v_2^2 \end{aligned} \tag{1.2.3}$$

从状态 2 到状态 3，在不计任何摩擦阻力的情况下，可将其视为平抛运动，设小球在空中飞行的时间为 t，则有

$$\begin{cases} v_2t = x \\ \dfrac{1}{2}gt^2 = y \end{cases} \tag{1.2.4}$$

通过式（1.2.1）～式（1.2.4），可得 A 球与 B 球的初始高度差 h、B 球的初始高度 y、B 球被击出后飞行的水平距离 x，以及 A、B 两球质量之间的关系。它们之间的关系为

$$h = \frac{(m_1 + m_2)^2 x^2}{16m_1^2 y} \tag{1.2.5}$$

【实验仪器】

碰撞打靶实验仪、水平仪、米尺、螺旋测微器、电子天平、A4 纸、复写纸。

碰撞打靶实验仪的结构如图 1.2.2 所示，其底盘是一个内凹式的盒体，盒体下面是整个仪器的底盘，盒体四周的围栏可有效防止小球滚出底盘。底盘下面有三颗螺钉，用来调整底盘水平。底盘中央有一个载球支柱，它由圆柱形外套、内柱及锁紧螺钉组成。实验时，被撞球 B 放在载球支柱的上端面上，其端面呈锥形平头状，以减小钢球与支柱端面的接触面积，并在小钢球受击运动时，减小摩擦力做功，且载球支柱具有弱磁性，可以保证小钢球质心位于支柱中心位置。底盘右侧有一个导轨，竖尺可以在导轨中水平移动。竖尺上的电磁铁可上下移动，其磁场方向与立柱平行。电磁铁通电时可以吸住摆球（撞击球）A，断电瞬间磁力消失，A 球做自由下摆运动。A 球在最低端撞击 B 球后，B 球做平抛运动。底盘上的钢尺卡有靶纸，由复写纸和 A4 纸叠放而成，可用来记录 B 球的着地位置。

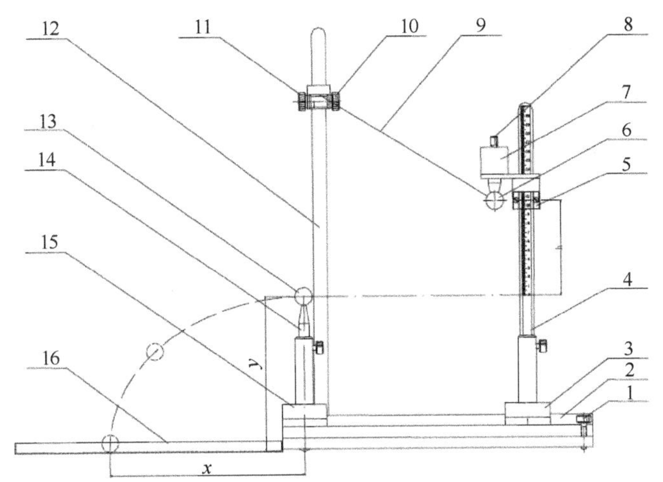

1—调节螺钉；2—导轨；3—滑块 1；4—立柱 1；5—竖尺；6—摆球；7—电磁铁；8—衔铁螺钉；9—摆线；
10—锁紧螺钉；11—调节旋钮；12—立柱 2；13—被撞球；14—载球支柱；15—滑块 2；16—靶盒

图 1.2.2　碰撞打靶实验仪的结构

【实验内容与方法】

1. 同质量、同直径小球间的碰撞

（1）利用水平仪调节底盘上的调节螺钉，使底盘水平。在压纸尺下放置一张 A4 纸和一张复写纸作为靶纸。

（2）用电子天平测量小球的质量 m，用螺旋测微器测量小球的直径 d。

（3）调整好载球支柱的高度，将被撞球 B 安装于载球支柱上，若被撞球放置不稳，则可微调水平调节螺钉；用米尺量出载球支柱上端面到底板的高度 y_0，则被撞球的高度 $y = y_0 + \dfrac{d}{2}$。

（4）通过拉线调整撞击球 A 的上下左右位置，保证撞击球 A 能在摆动最低点与被撞球 B 进行正碰。将撞击球 A 吸在电磁铁下，调节电磁铁在竖尺上的高低位置，保证细绳被拉直；用米尺测出电磁铁下端面到底板的高度 h_0，则 A、B 两球的初始高度差 $h = h_0 - y_0 - d$ 。

（5）释放撞击球 A，撞击球 A 自由下落并碰撞被撞球 B，记下被撞球 B 击中靶纸的位置 X，根据靶心位置，测出 x，多次撞击并求平均值。打靶前各参数的测量数据记录如表 1.2.1 所示（表中是单次记录）。

表 1.2.1　打靶前各参数的测量数据记录

球的质量 m/g		球的直径 d/mm		载球支柱的高度 y_0/cm	
被撞球 B 的高度 y/cm		电磁铁下端面到底板的高度 h_0/cm		A、B 两球的初始高度差 h/cm	
B 球水平飞行的距离 x/cm		—	—	—	—

（6）利用式（1.2.2）计算碰撞前的 A 球的速度 v_0，利用式（1.2.4）计算碰撞后球 B 的速度 v_2，利用式（1.2.3）计算碰撞后 A 球的速度 v_1，并填入表 1.2.2 中。

表 1.2.2　各次打靶测量数据记录

碰撞前 A 球的速度 v_0/（m/s）		碰撞后 A 球的速度 v_1/(m/s)		碰撞后 B 球的速度 v_2/（m/s）	

2．不同质量、不同直径小球间的碰撞

设计实验方案，观察两个不同质量、不同直径的钢球碰撞前后的运动状态，测量碰撞前后的能量损失，比较实验结果并讨论。

注意：当电磁铁吸住撞击球时，摆线应处于拉直状态，整个摆线不得出现明显松弛现象。

【数据处理要求】

1．针对相同小球间的碰撞，计算 B 球水平飞行距离 x 的不确定度并完整表示结果。

2．计算碰撞前后的能量损失，并分析碰撞前后各种能量损失的原因。

【分析与思考】

1．如果两个质量不同的小球有相同的动量，那么它们是否也具有相同的动能呢？如果质量不等，那么哪个小球的动能大呢？

2．质量相同的两球在碰撞后，撞击球的运动状态与理论分析是否一致？这种现象说明了什么？

3．如果不放被撞球，那么撞击球在摆动回来时能否达到原来的高度？这说明了什么？

4．在本实验中，绳的张力对小球是否做功？为什么？

5．定量导出本实验中碰撞时传递的能量 e 和总能量 E 的比 $\varepsilon = e/E$ 与两球的质量比 $\mu = m_1/m_2$ 的关系。

6．本实验中的球体不用金属，而用石蜡或软木可以吗？为什么？

实验 1.3　落球法测定变温液体的黏滞系数

当液体内各部分之间有相对运动时，分子间存在摩擦力，阻碍液体的相对运动，这称为液体的黏滞性。液体的内摩擦力称为黏滞力，表征液体反抗形变的能力，只有在液体内存在相对运动时才表现出来。黏滞力的大小与接触面的面积及接触面处的速度梯度成正比，比例系数 η 称为黏滞系数，也称黏度。可用落球法、毛细管法、转筒法、振动法、平板法、流出杯法等测量液体的黏滞系数，其中落球法适用于测量黏滞系数较大的液体。

对液体黏滞性的研究在流体力学、化学化工、医疗、水利等领域都有广泛的应用。例如，在用管道输送液体时，要根据输送液体的流量、压力差、输送距离及液体黏滞系数设计输送管道的口径。

黏滞系数的大小取决于液体的性质与温度，要准确测量液体的黏滞系数，就必须精确控制液体的温度，温度升高，黏滞系数将迅速减小。例如，蓖麻油在室温附近，温度每变化 1℃，黏滞系数将改变约 10%。因此，测定液体在不同温度下的黏滞系数有很大的实际意义。

【实验目的】

1．掌握液体黏滞系数的定义和落球法测量液体黏滞系数的物理原理，了解 PID（Proportional Integral Derivative，比例-积分-微分控制器）控制的调节原理。

2．学会用落球法测量不同温度下蓖麻油的黏滞系数。

3．学会用作图法表示蓖麻油的黏滞系数随温度变化的关系。

【实验原理】

1．落球法测定液体的黏滞系数

一个在静止液体中下落的小球受到重力 G、浮力 $F_{浮}$ 和黏滞阻力 F 三个力的作用，如果小球下落的速度 v 很小，且液体可以看作在各方向上都是无限广阔的，则从流体力学的基本方程可以导出表示黏滞阻力的斯托克斯公式：

$$F = 3\pi\eta vd \tag{1.3.1}$$

式中，d 为小球的直径；η 为该液体的黏滞系数。由于黏滞阻力 F 与小球的下落速度 v 成正比，因此，小球在下落很短一段距离后（参见附录 A 的推导），所受三力达到平衡，小球将以速度 v_0 匀速下落，此时有

$$\frac{1}{6}\pi d^3(\rho-\rho_0)g = 3\pi\eta v_0 d \tag{1.3.2}$$

式中，ρ为小球密度；ρ_0 为液体密度。由式（1.3.2）可解出黏滞系数 η 的表达式为

$$\eta = \frac{(\rho-\rho_0)gd^2}{18v_0} \tag{1.3.3}$$

式（1.3.3）适用于液体在各方向上都是无限广阔的理想条件，在本实验中，小球在直径为 D、高为 h 的玻璃管中下落，不满足理想条件，此时黏滞阻力的表达式修正为

$$F = 3\pi\eta v_0 d\left(1+2.4\frac{d}{D}\right)\left(1+1.65\frac{d}{h}\right)\left(1+\frac{3}{16}Re-\frac{19}{1080}Re^2+\cdots\right) \tag{1.3.4}$$

式中，Re 为雷诺数，是用来表征液体运动状态的无量纲参数。当雷诺数较小时，黏滞力对流场的影响大于惯性对流场的影响，流场中流速的扰动会因黏滞力而衰减，流体流动稳定，为层流；反之，当雷诺数较大时，惯性对流场的影响大于黏滞力对流场的影响，流体流动较不稳定，流速的微小变化容易发展、增强，形成紊乱、不规则的紊流流场。雷诺数越小，意味着黏滞力影响越显著；雷诺数越大，意味着惯性影响越显著。在本实验中，雷诺数 $Re<0.1$，因此可只取雷诺修正项中的零级修正，则式（1.3.3）可修正为

$$\eta = \frac{(\rho-\rho_0)gd^2}{18v_0\left(1+2.4\frac{d}{D}\right)\left(1+1.65\frac{d}{h}\right)} \tag{1.3.5}$$

实验时，由于 $d \ll h$，所以式（1.3.5）中的 $(1+1.65\dfrac{d}{h})$ 趋近于 1，则有

$$\eta = \frac{(\rho-\rho_0)gd^2}{18v_0\left(1+2.4\dfrac{d}{D}\right)} \tag{1.3.6}$$

在国际单位制中，η 的单位是 Pa·s（帕斯卡 • 秒）；在厘米-克-秒单位制中，η 的单位是 P（泊）或 cP（厘泊），它们之间的换算关系为

$$1\text{Pa·s} = 10\text{P} = 1000\text{cP}$$

2．PID 控制调节原理

PID 控制调节是自动控制系统中应用最广泛的一种调节规律，其自动控制系统的原理可用图 1.3.1 说明。

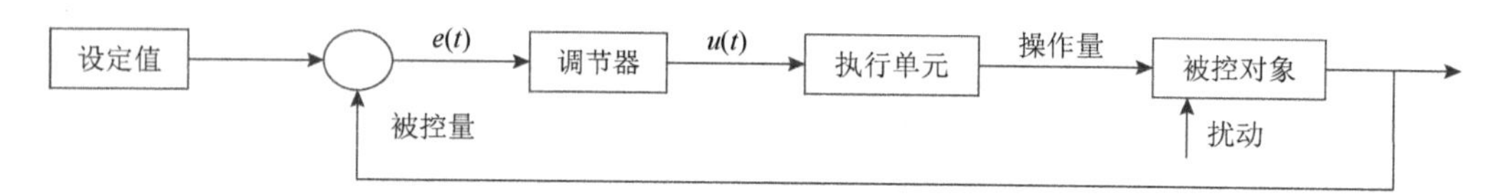

图 1.3.1　PID 自动控制系统框图

假如被控量与设定值之间有偏差——$e(t)$=设定值-被控量，调节器依据 $e(t)$及一定的调节规律输出调节信号 $u(t)$，执行单元按 $u(t)$输出操作量至被控对象，使被控量逼近直至等于设定值。其中，调节器是 PID 自动控制系统的指挥机构。

在本实验的温控系统中，调节器采用 PID 调节；执行单元是由可控硅控制加热电流的加热器；操作量是加热功率；被控对象是水箱中的水；被控量是水的温度。

PID 调节器是按偏差的比例（Proportional）、积分（Integral）、微分（Differential）进行调节的，其调节规律可表示为

$$u(t) = K_{\mathrm{P}}\left[e(t)+\frac{1}{T_{\mathrm{I}}}\int_0^t e(t)\mathrm{d}t + T_{\mathrm{D}}\frac{\mathrm{d}e(t)}{\mathrm{d}t}\right] \tag{1.3.7}$$

式中，K_{P} 为比例系数；第一项为比例调节；第二项为积分调节，T_{I} 为积分时间常数；第三项为微分调节，T_{D} 为微分时间常数。

PID 控制系统在调节过程中，温度与时间的一般变化关系可用图 1.3.2 表示，控制效果可用稳定性、准确性和快速性来评价。

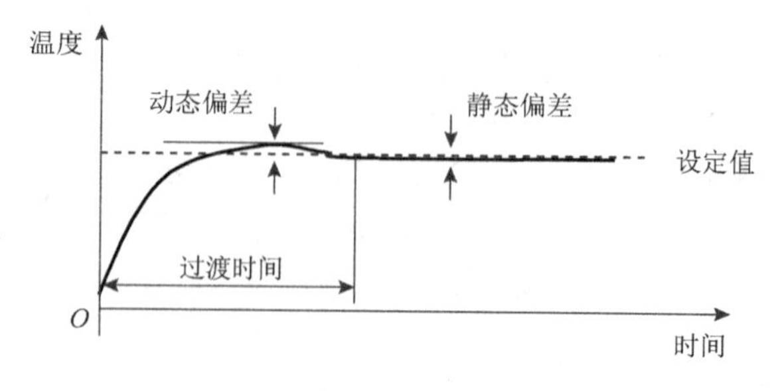

图 1.3.2　PID 控制系统过渡过程

若系统重新设定（或受到扰动）后，经过一定的过渡过程能够达到新的平衡状态，则为稳

定调节过程；若被控量反复振荡，甚至振幅越来越大，则为不稳定调节过程，不稳定调节过程是有害的，不能采用。准确性可用被控量的动态偏差和静态偏差来衡量，二者越小，准确性越高。快速性可用过渡时间表示，过渡时间越短越好。在实际控制系统中，上述三方面的指标常常是互相制约、互相矛盾的，应结合具体要求综合考虑。

由图 1.3.2 可见，系统在达到设定值后，一般并不能立即稳定在设定值，而是在超过设定值后，经过一定的过渡过程才会稳定，产生超调的原因可从系统热惯性、传感器滞后和调节器特性等方面予以说明。系统在升温过程中，加热器的温度总是高于被控对象的温度，在达到设定值后，即使减小或切断加热功率，加热器存储的热量在一定时间内仍然会使系统升温（降温有类似的反向过程），这称为系统的热惯性。传感器滞后是指由于传感器本身的热传导特性或传感器安装位置的原因，使传感器测量到的温度比系统实际的温度在时间上滞后，系统达到设定值后，调节器无法立即做出反应，产生超调。对于实际的控制系统，必须依据系统特性，合理整定 PID 参数，只有这样，才能取得好的控制效果。

由式（1.3.7）可知，比例调节项输出与偏差成正比，它能迅速对偏差做出反应，并减小偏差；但它不能消除静态偏差。这是因为，任何高于室温的稳态都需要一定的输入功率维持，而比例调节项只有在偏差存在时才输出调节量。增大比例系数 K_P 可减小静态偏差，但在系统有热惯性和传感器滞后问题时，会使超调量加大。

积分调节项输出与偏差对时间的积分成正比，只要系统存在偏差，积分调节作用就会不断积累，输出调节量以消除偏差。积分调节作用缓慢，在时间上总是滞后于偏差信号的变化。增强积分调节作用（减小 T_I）可加快消除静态偏差，但会使系统超调量加大；增大动态偏差，积分调节作用太强，甚至会使系统出现不稳定状态。

微分调节项输出与偏差对时间的变化率成正比，它阻碍温度的变化，能减小超调量，克服振荡。在系统受到扰动时，它能迅速做出反应，从而缩短调整时间，提高系统的稳定性。

PID 调节器的应用已有一百多年的历史，理论分析和实践都表明，当应用这种调节规律对许多具体过程进行控制时，都能取得满意的结果。

【实验仪器】

落球法变温黏滞系数测量仪（含磁铁、挖油勺和漏斗）、ZKY-PID 开放式 PID 温控实验仪、电子停表、待测钢球、镊子、温度计、螺旋测微器、水平仪、细铁丝。

1. 落球法变温黏滞系数测量仪

落球法变温黏滞系数测量仪示意图如图 1.3.3 所示，将待测液体装在细长的样品管中，能使液体温度较快地与加热水温达到平衡状态，样品管壁上有刻度线，便于测量小球下落的距离；样品管外的加热水套连接 ZKY-PID 开放式 PID 温控实验仪，通过热循环水加热待测液体；底座下有调节螺钉，用于调节样品管铅直。

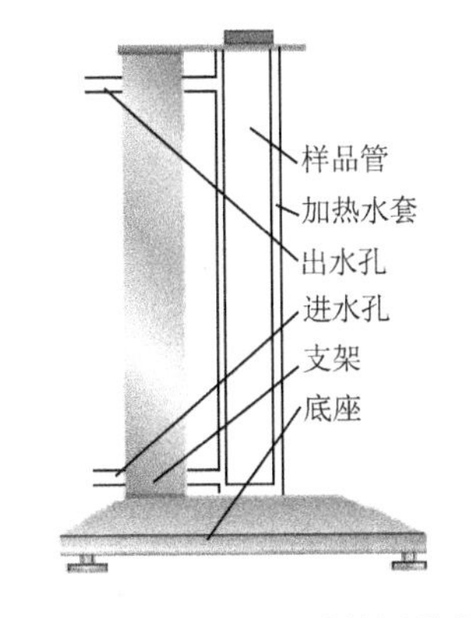

图 1.3.3　落球法变温黏滞系数测量仪示意图

2．ZKY-PID 开放式 PID 温控实验仪

ZKY-PID 开放式 PID 温控实验仪包含水箱、水泵、加热器、控制及显示电路等部分，其面板如图 1.3.4 所示。

开机后，水泵开始运转，显示屏显示操作菜单，可选择工作方式，输入序号及室温，设定温度及 PID 参数。使用◀ ▶键选择项目，使用▲▼键设置参数，按“确认”键进入下一屏，按“返回”键返回上一屏。

进入测量界面后，屏幕上方的数据栏从左至右依次显示序号、设定温度、初始温度、当前温度、当前功率、调节时间等参数。图形区以横坐标代表时间，以纵坐标代表温度及功率，并可用▲▼键改变温度范围值。仪器每隔 15s 采集一次温度及加热功率值，并将采得的数据标示在图上。当温度达到设定值并保持 2min（温度波动小于 0.1℃）后，仪器自动判定达到平衡状态，并在图形区右边显示过渡时间 t、动态偏差 σ、静态偏差 e。在一次实验完成退出时，仪器会自动将屏幕按设定的序号进行存储（共可存储 10 幅），以供查看、分析和比较。

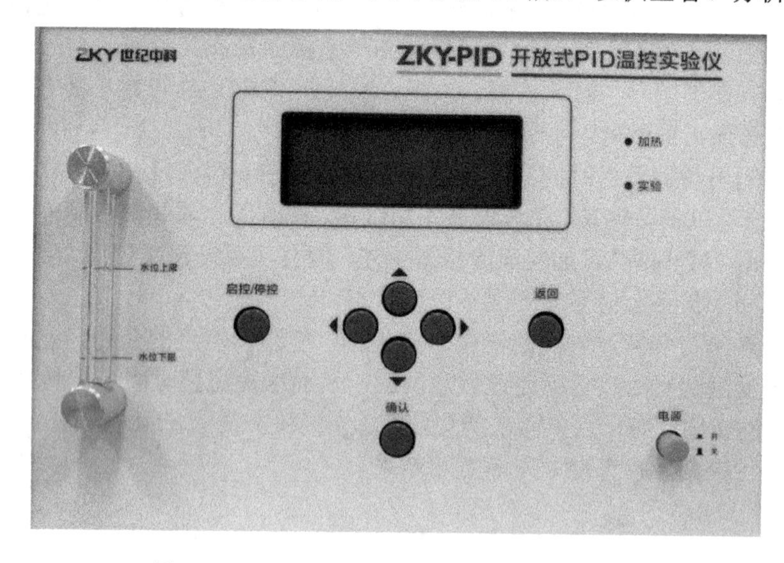

图 1.3.4　ZKY-PID 开放式 PID 温控实验仪面板

【实验内容与方法】

（1）在第一次测量时，需要将待测蓖麻油倒入样品管中，静置 10min，观察蓖麻油中是否有气泡，若有气泡，则用洁净的细铁丝将气泡戳破，直到蓖麻油内部均匀无气泡。

（2）将水平仪放置在落球法变温黏滞系数测量仪的底座上，观察水平仪气泡，调节底座上的四个螺钉，直至底座水平，此时测量仪的样品管铅直。

（3）根据 ZKY-PID 开放式 PID 温控实验仪机壳背板水管连接示意图（见图 1.3.5），用软管将落球法变温黏滞系数测量仪的上孔（出水孔）接进水孔，将下孔（进水孔）接出水孔，通过漏斗将纯净水从 ZKY-PID 开放式 PID 温控实验仪顶部的注水孔注入，加至水位上限（前面板有水位显示）。

注意： *在水箱排空后第一次加水时，应用软管从 PID 温控实验仪背板的出水孔将水经水泵加入水箱中，以便排出水泵内的空气，避免水泵空转（无循环水流出）或发出嗡鸣声。平常加水只需从仪器顶部的注水孔注入即可。为避免产生水垢，请使用软水。*

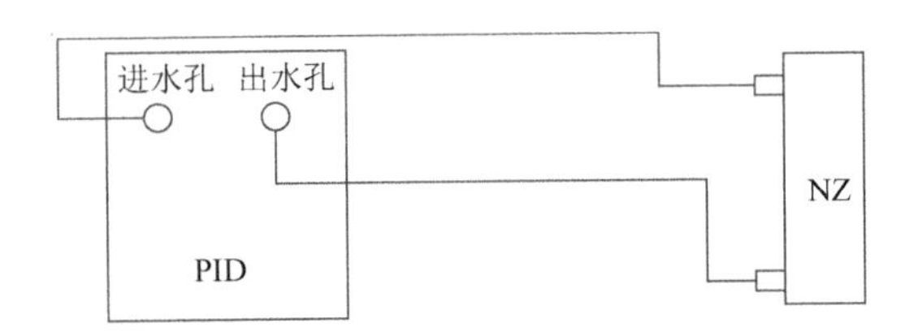

图 1.3.5 ZKY-PID 开放式 PID 温控实验仪机壳背板水管连接示意图

（4）打开 ZKY-PID 开放式 PID 温控实验仪电源，水开始循环，显示屏显示操作菜单，可选择工作方式，输入序号、当前室温、需要设定的温度等，其他 PID 参数不需要修改。

注意： PID 参数是已经通过理论分析和大量的实验得到的一个最符合本仪器的参数，已经达到最佳控制效果，故不可调节。

（5）用螺旋测微器多次测定钢球的直径 d，并将数据填入表 1.3.1 中。

表 1.3.1 钢球的直径测量数据记录

测量次数	1	2	3	4	5	6	7	8	平均值
d/（$\times10^{-3}$m）									

注意： 由式（1.3.4）、式（1.3.6）可见，当液体黏滞系数及小球密度一定时，雷诺数 $Re\propto d^3$。在测量蓖麻油的黏滞系数时，建议采用直径为 1～2mm 的小球，这样可不考虑雷诺修正或只考虑 1 级雷诺修正。

（6）当 ZKY-PID 开放式 PID 温控实验仪的温度达到设定值后，等待约 10min，使样品管中的蓖麻油的温度与加热水温完全一致，此时才能测量液体的黏滞系数。用挖油勺盛住钢球，沿样品管中心轻轻放入液体，观察钢球是否一直沿中心下落，若样品管倾斜，则应调节其铅直。用电子停表测量钢球下落一段距离的时间 t，并计算钢球的速度 v_0，用式（1.3.3）或式（1.3.6）计算黏滞系数 η，记入表 1.3.2 中。

注意： 在测量过程中，尽量避免对液体的扰动。尽量等待小球落下一段距离后且速度稳定时开始计时。

表 1.3.2 蓖麻油黏滞系数的测量数据记录

温度 T/℃	下落时间 t/s						速度 v_0/（m/s）	测量值 η/（Pa·s）	标准值 η'/（Pa·s）
	1	2	3	4	5	平均值			
10									2.420
15									1.520
20									0.986
25									0.620
30									0.451
35									0.310
40									0.231
45									0.150
50									0.060

注：$\rho=7.8\times10^3$kg/m^3，$\rho_0=0.95\times10^3$kg/m^3，$D=2.0\times10^{-2}$m。

注意： 本实验中的 PID 温控实验仪不可制冷，因此，低于室温的蓖麻油的黏滞系数不可测量。测量时应根据实际室温情况确定测量温度范围。

（7）实验全部完成后，用磁铁将小球吸至样品管口，用挖油勺挖入样品管旁边的保存盒中保存，以备下次实验使用。

注意：通电前，应保证水位指示在水位上限，若水位指示低于水位下限，则严禁开启电源，必须先用漏斗加水；为保证用电安全，三芯电源线必须可靠接地。

【数据处理要求】

1．根据表 1.3.2 计算蓖麻油黏滞系数的测量值 η，并与这些温度下黏滞系数的标准值 η'进行比较，计算相对误差。

2．将表 1.3.2 中的蓖麻油黏滞系数的测量值 η 随温度变化的关系在坐标纸上作图，说明蓖麻油黏滞系数与温度的变化关系。

【分析与思考】

1．本实验的误差来源都有哪些？分析它们是如何影响测量结果的。

2．本实验基于何种条件将式（1.3.3）修正为式（1.3.6）？

附录 A　小球在达到平衡速度之前所经路程 L 的推导

根据牛顿运动定律及黏滞阻力的表达式，可列出小球在达到平衡速度之前的运动方程：

$$\frac{1}{6}\pi d^3\rho\frac{\mathrm{d}v}{\mathrm{d}t}=\frac{1}{6}\pi d^3(\rho-\rho_0)g-3\pi\eta d v \tag{A.1}$$

整理得

$$\frac{\mathrm{d}v}{\mathrm{d}t}+\frac{18\eta}{d^2\rho}v=\left(1-\frac{\rho_0}{\rho}\right)g \tag{A.2}$$

这是一阶线性微分方程，其通解为

$$v=\left(1-\frac{\rho_0}{\rho}\right)g\cdot\frac{d^2\rho}{18\eta}+C\mathrm{e}^{-\frac{18\eta}{d^2\rho}t} \tag{A.3}$$

设小球以零初速度放入液体中，代入初始条件（t=0，v=0），定出常数 C，整理后得

$$v=\frac{d^2g}{18\eta}(\rho-\rho_0)\cdot\left(1-\mathrm{e}^{-\frac{18\eta}{d^2\rho}t}\right) \tag{A.4}$$

随着时间的延长，式（A.4）中的负指数项迅速趋近于 0，由此得平衡速度为

$$v_0=\frac{d^2g}{18\eta}(\rho-\rho_0) \tag{A.5}$$

式（A.5）与式（1.3.3）等价，平衡速度与黏滞系数成反比。设从速度为零到速度达到平衡速度的 99.9%的这段时间为平衡时间 t_0，即令

$$\mathrm{e}^{-\frac{18\eta}{d^2\rho}t_0}=0.001 \tag{A.6}$$

由此可计算得出平衡时间。

若钢球直径为 10^{-3}m，代入钢球的密度 ρ 、蓖麻油的密度 ρ_0 及 40℃ 时蓖麻油的黏滞系数

标准值 0.231Pa·s，则可得此时的平衡速度约为 $v_0 = 0.016\text{m/s}$，平衡时间约为 $t_0 = 0.013\text{s}$。

平衡距离 L 小于平衡速度与平衡时间的乘积，在本实验条件下，平衡距离 L 小于 1mm 基本可认为小球进入液体后就达到了平衡速度。

实验 1.4　气体比热容比的测量

气体比热容比 γ 是气体定压比热容 C_p 与定容比热容 C_v 的比值，又称气体的绝热系数，在热学过程中，尤其在绝热过程中，它是一个很重要的参量。在描述理想气体的绝热过程时，γ 是联系各状态参量（P、V 和 T）的关键参数。气体的比热容比除了在理想气体的绝热过程中起重要作用，它在热力学理论及工程技术的实际应用中也有着重要的作用，如热机的效率、声波在气体中的传播特性等都与之相关。

【实验目的】

1. 了解振动法测量气体比热容比的原理。
2. 能够计算气体的比热容比及其不确定度。
3. 掌握智能计数计时器的使用方法。

【实验原理】

气体比热容比的传统测量方法是热力学方法（绝热膨胀法），其优点是原理简单，而且有助于加深对热力学过程中状态变化的了解，但是实验者的操作技术水平对测量数据的影响很大，因此实验结果误差较大。本实验采用振动法，即通过测定物体在特定容器中的振动周期来推算 γ 值。振动法具有实验数据一致性好、波动范围小等优点。

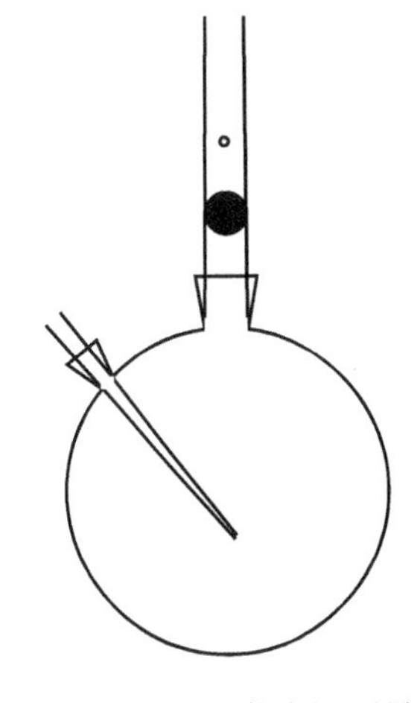
图 1.4.1　气体比热容比测量基本装置

气体比热容比测量基本装置如图 1.4.1 所示，以二口烧瓶内的气体作为研究的热力学系统，在二口烧瓶正上方连接直玻管，并且其内有一可自由上下活动的小球，由于制造精度的限制，小球和直玻管之间有 0.01～0.02mm 的间隙。为了弥补从这个小间隙泄露的气体，通过持续地从二口烧瓶的另一连接口注入气体来维持瓶内压强。直玻管上开有一小孔，可使直玻管内外气体连通。适当调节注入的气体流量，可以使小球在直玻管内（在竖直方向上）来回振动：当小球在小孔下方并向下运动时，二口烧瓶中的气体被压缩，压强增大；当小球经过小孔向上运动时，气体由小孔膨胀排出，压强减小，小球又落下，以后重复上述过程。只要适当控制注入气体的流量，小球就能在直玻管的小孔上下做简谐振动，振动周期可利用光电计时装置测得。

设小球质量为 m、半径为 r，瓶内压强为 p，则小球处于力平衡状态的条件为

$$p = p_{\text{b}} + \frac{mg}{\pi r^2} \tag{1.4.1}$$

式中，p_b 为大气压强。若小球偏离平衡位置一个较小的距离 x，容器内的压力变化为 Δp，则小球的运动方程为

$$m\frac{d^2x}{dt^2}=\pi r^2\Delta p \tag{1.4.2}$$

因为小球振动过程相当快，所以可以将其看作绝热过程，绝热方程为

$$pV^{\gamma}=C \tag{1.4.3}$$

式中，C 为常数；V 为气体体积。将式（1.4.3）求导数得

$$\Delta p=-\frac{p\gamma\Delta V}{V} \tag{1.4.4}$$

式中，$\Delta V=\pi r^2\cdot\Delta x$，$\Delta x$ 为任意位置与平衡位置的距离，记平衡位置为坐标原点，有

$$\Delta V=\pi r^2\cdot x \tag{1.4.5}$$

将式（1.4.4）、式（1.4.5）代入式（1.4.2），得

$$\frac{d^2x}{dt^2}+\frac{\pi^2r^4p\gamma}{mV}\cdot x=0 \tag{1.4.6}$$

式（1.4.6）即熟知的简谐振动方程，其解为

$$\omega=\sqrt{\frac{\pi^2r^4p\gamma}{mV}}=\frac{2\pi}{T} \tag{1.4.7}$$

$$\gamma=\frac{4mV}{T^2pr^4}=\frac{64mV}{T^2pd^4} \tag{1.4.8}$$

【实验仪器】

ZKY-BRRB 气体比热容比测定仪、螺旋测微器、电子天平、温度计、大气压强计（选配）。

1. ZKY-BRRB 气体比热容比测定仪

ZKY-BRRB 气体比热容比测定仪示意图如图 1.4.2 所示。其中，1 为智能计数计时器，其具体功能及使用方法会在后面进行介绍；2 为滴管，用于向二口烧瓶注入气体；3 为底板部件，用于承托相关物体；4 为二口烧瓶，用于容纳待测定的气体；5 为立柱部件，与底板部件配合使用，形成支架主体；6 为储气瓶，起缓冲减压的作用，消除气源不均匀带来的误差；7 为节流阀组件，与气泵配合使用，用于精密调节气流量；8 为气泵，用于提供小气压气流；9 为直玻管，限制小球做一维上下振动，直玻管下部有一弹簧，用于阻挡小球继续下落，并起到一定的缓冲作用，直玻管以小孔为中心贴有对称透明标尺，直玻管顶端有防止小球冲出或滑出的管帽；10 为光电门部件，配合智能计数计时器测量小球的振动时间和次数；11 为夹持爪，用于固定玻璃件；12 为气管，用于将气泵输出的气体经储气瓶导入二口烧瓶。

2. 智能计数计时器

智能计数计时器的面板如图 1.4.3 所示。智能计数计时器配备有一个+12V 稳压直流电源；显示屏为 122×32 点阵图形 LCD，包含“模式选择/查询下翻”“项目选择/查询上翻”“确定/暂停”3 个操作键；有 4 个信号源输入端，分“A 通道”“B 通道”，每个通道有 3 芯和 4 芯输入接口各一个，同一通道不同接口的关系是互斥的，因此，禁止同时接插同一通道的不同输入接口，以免互相干扰。

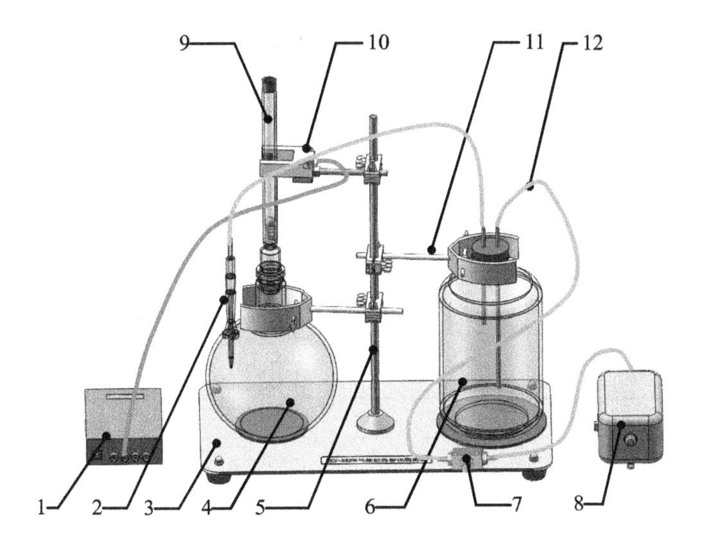

图 1.4.2　ZKY-BRRB 气体比热容比测定仪示意图

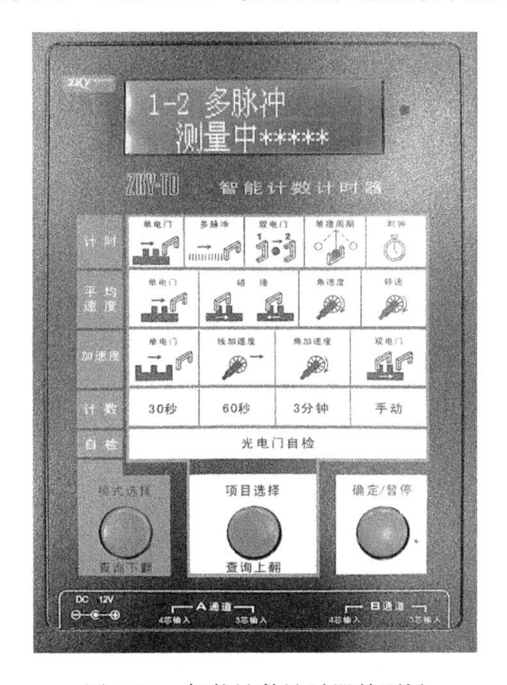

图 1.4.3　智能计数计时器的面板

智能计数计时器上电开机后显示“智能计数计时器世纪中科”的字样，画面延时一段时间后显示操作界面。上一行显示测试项目序号和名称，如“1－1 单电门 ⇨”，用“项目选择/查询上翻”键切换测试项目；下一行显示测试模式序号和名称，如“1 计时 ⇦”，用“模式选择/查询下翻”键切换测试模式。

选择好测试项目和测试模式后按“确定/暂停”键，LCD 将显示“选 A 通道测量 ⇔”，然后通过“模式选择/查询下翻”键和“项目选择/查询上翻”键切换两个通道，选择好通道后，再次按下“确定/暂停”键即可开始测量。测量过程中将显示“测量中*****”，测量完成后自动显示测量值。若该项目有几组数据，则可按“查询下翻”或“查询上翻”键进行查询，再次按下“确定/暂停”键，退回测试项目和模式选择界面。如果未测量完成就按下“确定/暂停”

键，则测量停止，仪器将根据已测量到的内容进行显示，再次按下“确定/暂停”键，将退回测试项目和模式选择界面。

【实验内容与方法】

（1）用电子天平称量备用小球的质量 m（或直接读直玻管标签上的参考值）；记录气体体积 V（见瓶口标签）；用螺旋测微器多次测量备用小球的直径 d，将数据记录在表 1.4.1 中。

表 1.4.1　相关参数测量数据记录

m= ____ g，V= ____ L，螺旋测微器零差 d_0= ____ mm

序号	1	2	3	4	5	6	平均值
d/mm							

（2）按图 1.4.2 连接好仪器，调节光电门高度，使其与直玻管上的小孔等高。调节实验架，使直玻管竖直；确保气管、储气瓶、二口烧瓶无漏气。

（3）将气泵气量先调至最小，将节流阀组件旋钮也调至最小，给智能计数计时器和气泵上电预热 10min，逐渐增大气泵气量直至最大，旋转节流阀组件旋钮，由小到大调节气量，直到观察到小球以小孔为中心做等幅振动，这时观察到光电门上的指示灯随着每次振动而有规律地闪烁。

（4）将智能计数计时器设置为“多脉冲 计时”模式，待实验准备工作完成后，按“确定/暂停”键，选定相应通道后，开始测量。

（5）待测量完成，按“查询下翻”键查看 99 次挡光脉冲的总时间，按“确定/暂停”键返回。

（6）重复（4）、（5）步，多次测量，将数据记录在表 1.4.2 中。

表 1.4.2　小球通过光电门 N 次的总时间测量数据记录

挡光次数 N=99

序号	1	2	3	4	5	平均值
t/s						

注意：小球振荡周期 $T=2t/N$。

（7）用大气压强计测量大气压强 p_b，或者查询当地气象局以查看大气压强值。

（8）实验完成后，将气泵气量调至最小，将节流阀组件旋钮调至最小，关闭电源，实验结束。

注意：所用大圆盘及各待测物的质量均已给出；玻璃件应小心轻放。

【数据处理要求】

1．利用测量值计算空气的比热容比，将其与理论值 $\gamma_0 = 1.400$ 进行比较，并计算误差百分比。

2．计算空气比热容比的不确定度，并完整表示结果。其中，智能计数计时器的误差限 Δt=0.0010s，空气体积误差限 ΔV=10mL，实验室给出的当地大气压强参考值 $p_b = 101320\text{Pa}$，大气压强误差限 Δp=200Pa。

【分析与思考】

1. 环境中哪些因素会影响空气的比热容比？如何影响？
2. 在测量单一气体时，有哪些方法可以计算单一气体的比热容比的理论值？

附录 A　ZHY-TD 智能计数计时器的使用说明

模式种类及功能：

A. 计时

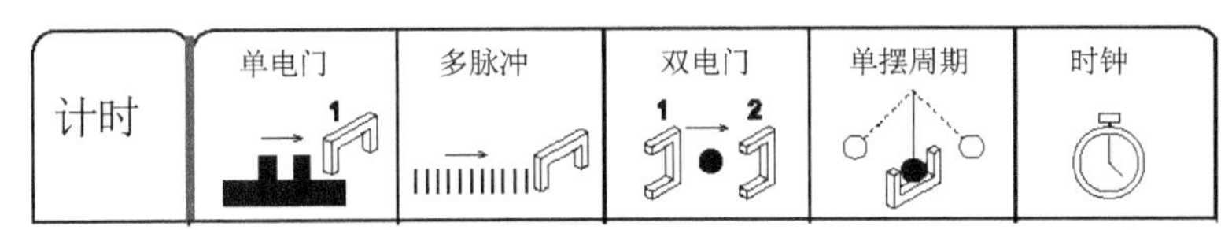

B. 平均速度

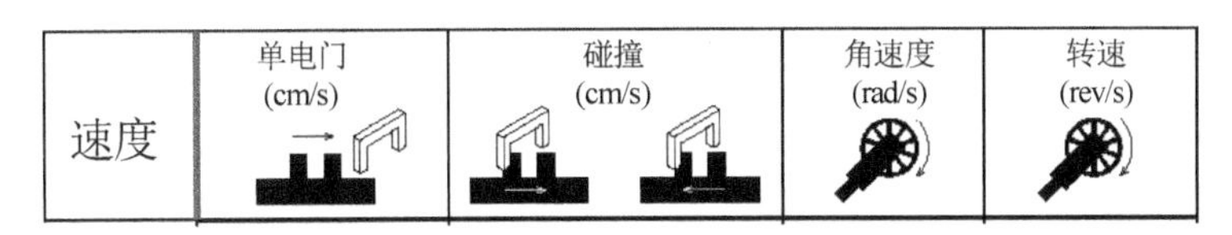

C. 加速度

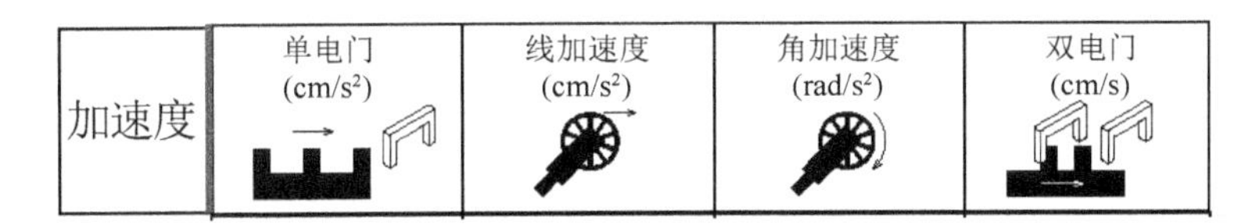

D. 计数

计数	30s	60s	3min	手动

E. 自检

自检	光电门自检

测量信号输入：

A. 计时

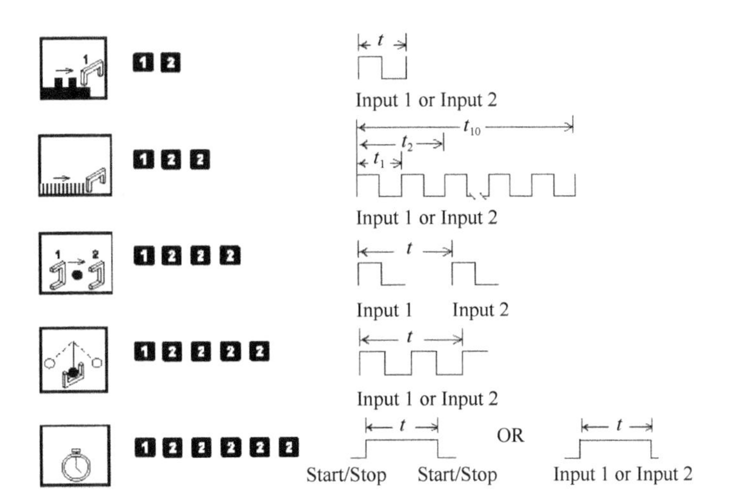

A－1　单电门，测试单电门连续两脉冲间距时间。

A－2　多脉冲，测量单电门连续脉冲间距时间，可测量 99 个脉冲间距时间。

A－3　双电门，测量两个电门各自发出单脉冲之间的间距时间。

A－4　单摆周期，测量单电门发出第 3 个脉冲到第 1 个脉冲的间隔时间。

A－5　时钟，类似跑表，按下“确定/暂停”键会开始计时。

B．速度

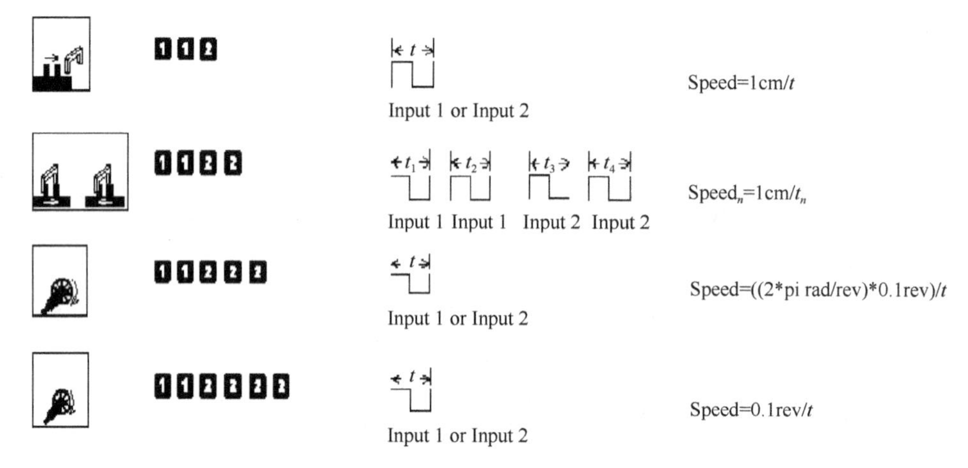

B－1　单电门，测得单电门连续两脉冲间距时间 t，然后根据公式计算速度。

B－2　碰撞，分别测得各个光电门在去和回时遮光片通过光电门的时间 t_1、t_2、t_3、t_4，然后根据公式计算速度。

B－3　角速度，测得圆盘两遮光片通过光电门产生的两个脉冲的间隔时间 t，然后根据公式计算速度。

B－4　转速，测得圆盘两遮光片通过光电门产生的两个脉冲的间隔时间 t，然后根据公式计算速度。

C．加速度

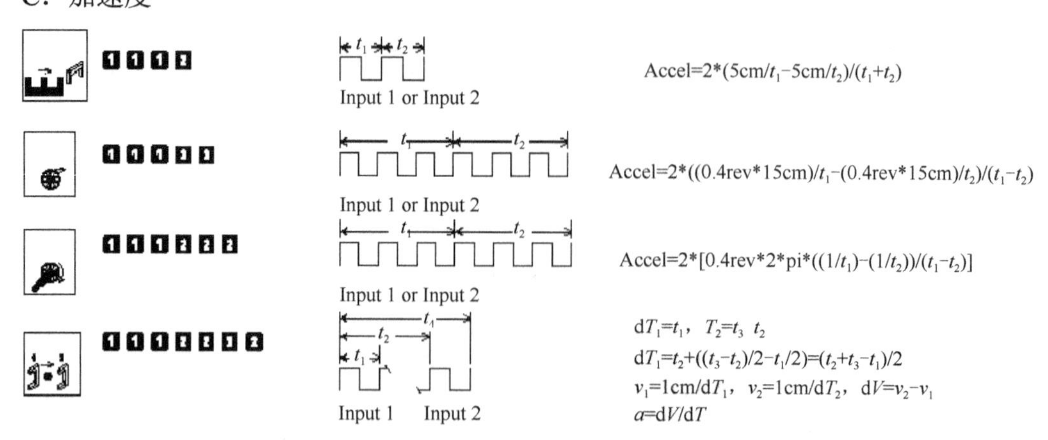

C－1　单电门，测得单电门连续三脉冲中各个脉冲与相邻脉冲的间距时间 t_1、t_2，然后根据公式计算速度。

C－2　线加速度，测得单电门连续七脉冲中第 1 个脉冲与第 4 个脉冲的间距时间 t_1、第 7 个脉冲与第 4 个脉冲的间距时间 t_2，然后根据公式计算速度。

C－3　角加速度，测得单电门连续七脉冲中第 1 个脉冲与第 4 个脉冲的间距时间 t_1、第 7 个脉冲与第 4 个脉冲的间距时间 t_2，然后根据公式计算速度。

C－4　双电门，测得“A 通道”第 2 个脉冲与第 1 个脉冲的间距时间 t_1，“B 通道”第 1 个脉冲与“A 通道”第 1 个脉冲的间距时间 t_2，“B 通道”第 2 个脉冲与“A 通道”第 1 个脉冲的间距时间 t_3。

D．计数

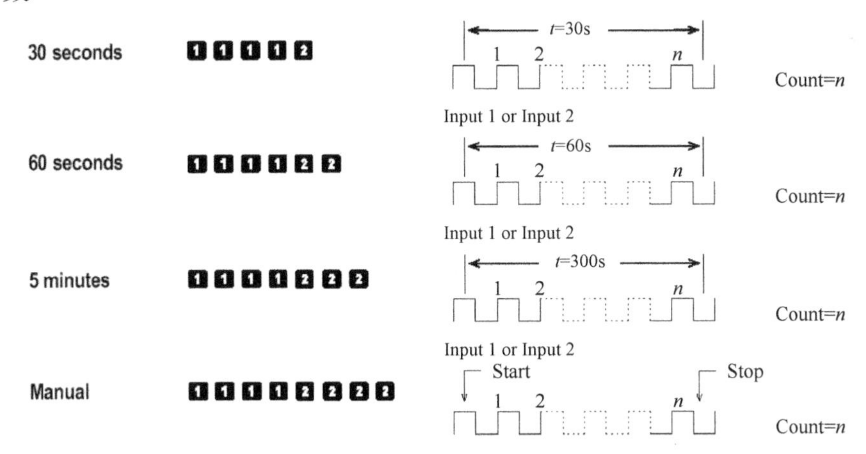

D－1　30s，第 1 个脉冲开始计时，共计 30s，记录累计脉冲个数。

D－2　60s，第 1 个脉冲开始计时，共计 60s，记录累计脉冲个数。

D－3　3min，第 1 个脉冲开始计时，共计 3min，记录累计脉冲个数。

D－4　手动第 1 个脉冲开始计时，手动按下“确定/暂停”键停止，记录累计脉冲个数。

E．自检

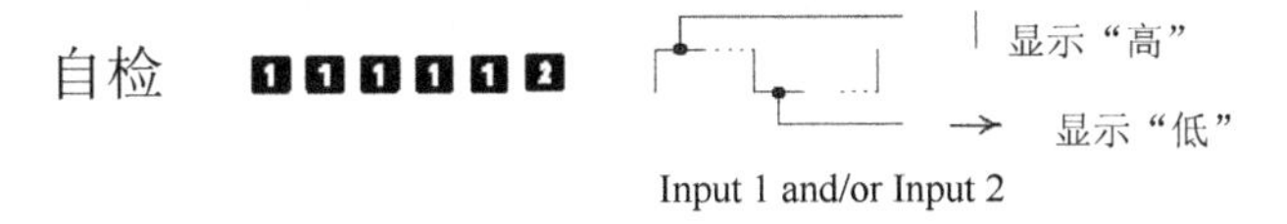

检测信号输入端电平。需要特别注意的是，如果某一通道无任何线缆连接，则将显示“高”。自检时，正确的方法应该是通过遮挡光电门来查看 LCD 显示通道是否有高低变化。如果有变化，则表示光电门正常，反之异常。

实验 1.5　稳态平板法测量材料的导热系数

导热系数（热导率）是反映材料热性能的物理量，导热是三种热交换（导热、对流和辐射）基本形式之一，是工程热物理、材料科学、固体物理及能源、环保等各个研究领域的课题之一。要认识导热的本质和特征，就需要了解粒子物理，而目前对导热机理的理解大多数来自固体物理实验。材料的导热机理在很大程度上取决于其微观结构，热量的传递依靠原子、分子围绕平衡位置的振动及自由电子的迁移。在金属中，电子流起支配作用；在绝缘体和大部分半导体中，晶格振动起主导作用。因此，材料的导热系数不仅与构成材料的物质种类密切相关，还与其微观结构、温度、压力及杂质含量相关。科学实验和工程设计中所用材料的导热系数都需要用实验方法测定。

1882 年，法国科学家 J·傅里叶奠定了热传导定律，目前，各种测量导热系数的方法都是建立在傅里叶热传导定律基础之上的。从测量方法上来说，测量导热系数的方法可分为两大类：稳态法和动态法。本实验采用的是稳态平板法。

【实验目的】

1. 了解热传导现象的物理过程。
2. 学习用作图法求冷却速率。
3. 学会用稳态平板法测量材料的导热系数。

【实验原理】

为了测定材料的导热系数，首先要知道导热系数的定义和物理意义。热传导定律指出：如果热量是沿着 z 方向传导的（见图 1.5.1），那么在 z 轴上任一位置 z_0 处取一个垂直截面积 dS，以 $\frac{\mathrm{d}T}{\mathrm{d}z_0}$ 表示 z_0 处的温度梯度，以 $\frac{\mathrm{d}Q}{\mathrm{d}t}$ 表示该处的传热速率（单位时间内通过截面积 dS 的热量），此时热传导定律可表示为

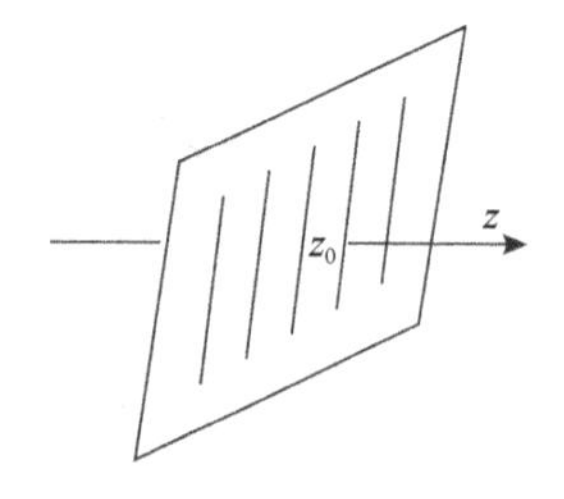

图 1.5.1　热量传导方向

$$\mathrm{d}Q = -\lambda\left(\frac{\mathrm{d}T}{\mathrm{d}z}\right)_{z_0}\mathrm{d}S\cdot\mathrm{d}t \tag{1.5.1}$$

式中，负号表示热量从高温区向低温区传导，即热传导的方向与温度梯度的方向相反；比例系数 λ 即导热系数，可见导热系数的物理意义为：在温度梯度为一个单位的情况下，单位时间内垂直通过单位面积截面的热量。

利用式（1.5.1）测量材料的导热系数 λ，需要解决的关键问题有两个：一个是在材料内形成一个温度梯度 $\frac{\mathrm{d}T}{\mathrm{d}z}$，并确定其数值；另一个是测量材料内由高温区向低温区的传热速率 $\frac{\mathrm{d}Q}{\mathrm{d}t}$。

1. 关于温度梯度

为了在样品内形成一个温度的梯度分布，可以把样品加工成平板状，并把它夹在两块良导体——铜板之间，如图 1.5.2 所示，使两块铜板分别保持为恒定温度 T_1 和 T_2，此时就可能在垂直于样品表面的方向上形成温度的梯度分布。样品厚度可做成 $h \ll D$（样品直径）。这样，由于样品侧面积比平板面积小得多，由侧面散去的热量可以忽略不计，因此可以认为热量是沿垂直于样品平面的方向传导的，即只在此方向上有温度梯度。由于铜是热的良导体，因此在达到平衡时，可以认为同一铜板各处的温度相同，样品内同一平行平面上各处的温度也相同。这样，只要测出样品的厚度 h 和两块铜板的温度 T_1、T_2，就可以确定样品内的温度梯度 $\frac{T_1 - T_2}{h}$。当然，这需要铜板与样品表面紧密接触（无缝隙），否则中间的空气层将产生热阻，使得温度梯度测量不准确。

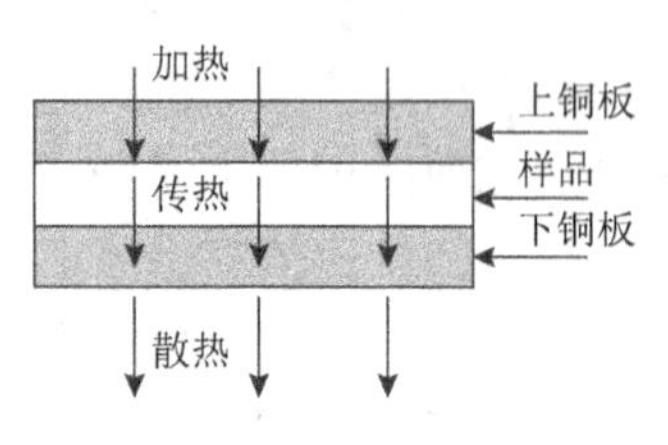

图 1.5.2　热传导示意图

为了保证样品中温度场的分布具有良好的对称性，样品及两块铜板都被加工成等大的圆形。

2．关于传热速率

单位时间内通过一截面积的热量$\frac{\mathrm{d}Q}{\mathrm{d}t}$是一个无法直接测定的量，需要设法将这个量转化为较容易测量的量。为了维持一个恒定的温度梯度分布，必须不断地给高温侧铜板加热，热量通过样品传到低温侧铜板，低温侧铜板要将热量不断地向周围环境散出。当加热速率、传热速率与散热速率相等时，系统就达到一个动态平衡状态，称为稳态。此时低温侧铜板的散热速率就是样品内的传热速率。这样，只要测量低温侧铜板在稳态温度T_2下的散热速率，就间接测量出了样品内的传热速率。但是铜板的散热速率也不易测量，还需要进一步进行参量转换。我们已经知道，铜板的散热速率与其冷却速率（温度变化率$\frac{\mathrm{d}T}{\mathrm{d}t}$）有关，其表达式为

$$\left.\frac{\mathrm{d}Q}{\mathrm{d}t}\right|_{T_2}=-mc\left.\frac{\mathrm{d}T}{\mathrm{d}t}\right|_{T_2} \tag{1.5.2}$$

式中，m为铜板的质量；c为铜板的比热容；负号表示热量向低温方向传递。因为质量容易直接测量，c为常量，所以对铜板的散热速率的测量又转化为对低温侧铜板冷却速率的测量。测量铜板的冷却速率可以这样：在达到稳态后，移去样品，用加热铜板直接给下铜板（低温侧铜板）加热，使其温度高于稳定温度T_2（大约高出10℃）；再让它在环境中自然冷却，直到温度低于T_2，测出温度在大于T_2到小于T_2区间中随时间的变化关系，描绘出T-t曲线，曲线在T_2处的斜率就是铜板在稳态温度T_2下的冷却速率。

应该注意的是，这样得出的$\frac{\mathrm{d}T}{\mathrm{d}t}$是铜板全部表面暴露于空气中的冷却速率，其散热面积为$2\pi R_{\mathrm{P}}^2+2\pi R_{\mathrm{P}}h_{\mathrm{P}}$（其中$R_{\mathrm{P}}$和$h_{\mathrm{P}}$分别是下铜板的半径和厚度），然而在实验中进行稳态传热时，铜板的上表面（面积为πR_{P}^2）是被样品覆盖的，由于物体的散热速率与其面积成正比，所以在稳态时，铜板散热速率的表达式应修正为

$$\frac{\mathrm{d}Q}{\mathrm{d}t}=-mc\frac{\mathrm{d}T}{\mathrm{d}t}\cdot\frac{\pi R_{\mathrm{P}}^2+2\pi R_{\mathrm{P}}h_{\mathrm{P}}}{2\pi R_{\mathrm{P}}^2+2\pi R_{\mathrm{P}}h_{\mathrm{P}}} \tag{1.5.3}$$

根据前面的分析，可知这个量就是样品的传热速率。

将式（1.5.3）代入热传导定律表达式，并考虑$\mathrm{d}S=\pi R^2$，因此可以得到导热系数如下：

$$\lambda=-mc\frac{2h_{\mathrm{P}}+R_{\mathrm{P}}}{2h_{\mathrm{P}}+2R_{\mathrm{P}}}\cdot\frac{1}{\pi R^2}\cdot\frac{h}{T_1-T_2}\cdot\left.\frac{\mathrm{d}T}{\mathrm{d}t}\right|_{T=T_2} \tag{1.5.4}$$

式中，R为样品的半径；h为样品的厚度；m为下铜板的质量；c为铜块的比热容；R_{P}、h_{P}分别是下铜板的半径和厚度；式中右边各项均为常量或直接易测量。

【实验仪器】

YBF-5导热系数测定仪测试架、YBF-5导热系数测定仪、专用测温PT100两根、测试连接线、塞尺、游标卡尺、电子天平、测试样品（硅橡胶、胶木板、铝块）、导热硅脂。

1．YBF-5导热系数测定仪测试架

YBF-5导热系数测定仪测试架如图1.5.3所示，其中，1为控温PT100传感器插座，2为

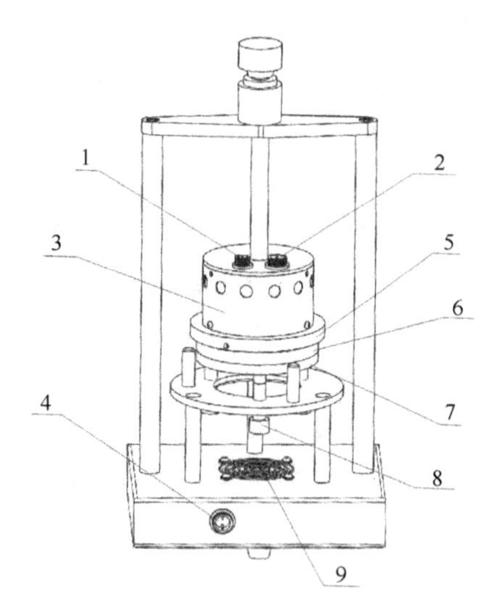

图 1.5.3　YBF-5 导热系数测定仪测试架

加热电流插座（大四芯），3 为防护罩，4 为风扇电源插座（大两芯）和开关，5 为加热盘（上铜板），6 为待测样品，7 为散热盘（下铜板），8 为调节螺钉（通过调节，使上铜板、待测样品和下铜板接触良好），9 为风扇（实验完毕后，给系统散热）。

2. YBF-5 导热系数测定仪

YBF-5 导热系数测定仪前面板如图 1.5.4 所示，其中，1 为温度计显示窗，2 为切换开关（选择显示 PT100 I 和 PT100 II 测试的温度值），3、4 为两路 PT100 传感器输入接口，5 为计时表复位开关，6 为计时启动或暂停开关，7 为计时表显示窗，8 为 PID 温控表，9 为温控开关（开关开启后才可以控温）。

YBF-5 导热系数测定仪后面板如图 1.5.5 所示，其中，1 为电源开关，2 为电源插座，3 为大两芯插座（风扇电源插座，与测试架对应插座相连），4 为大四芯插座（加热电流，与测试架加热电流插座相连），5 为小三芯插座（控温 PT100 传感器插座，与测试架对应插座相连）。

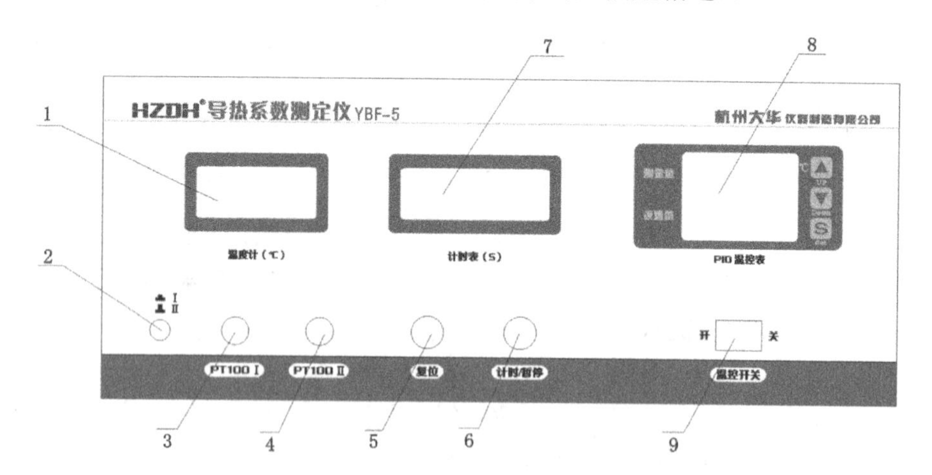

图 1.5.4　YBF-5 导热系数测定仪前面板

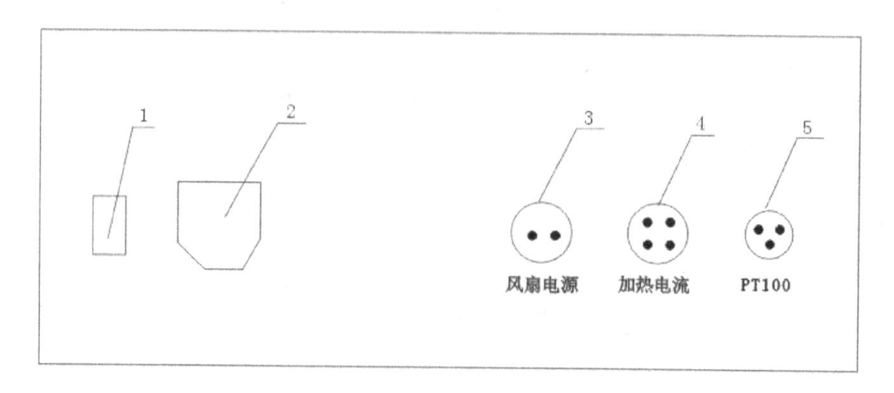

图 1.5.5　YBF-5 导热系数测定仪后面板

【实验内容与方法】

（1）用游标卡尺和电子天平分别测量下铜板与三种待测样品的厚度、直径和质量，记录于表 1.5.1 中。

表 1.5.1　待测样品和下铜板的几何参数与质量测量数据记录

待测	次数	1	2	3	4	5	平均
下铜板	h_p/mm						
	D_p/mm						
硅橡胶	h_p/mm						
	D_p/mm						
胶木板	h_p/mm						
	D_p/mm						
铝块	h_p/mm						
	D_p/mm						
$m_{铜}$= ______ g		$m_{硅橡胶}$= ______ g		$m_{胶木}$= ______ g		$m_{铝}$= ______ g	

注意：多次测量需要从待测样品的不同位置和不同角度进行测量。

（2）在上铜板和下铜板中放入待测样品硅橡胶，调节支撑下铜板的三个固定调节螺钉，使上铜板、待测样品和下铜板相互接触良好，注意不要过紧或过松（配合塞尺调节）。

注意：使用前将上铜板面、下铜板面及待测样品两端面擦净，也可涂上少量导热硅脂，以保证接触良好。

（3）把测量上铜板温度的 PT100 的信号端与仪器面板的 PT100 I 插座相连，在探测头上涂上适量的导热硅脂，插入上铜板的小孔中；把测量下铜板温度的 PT100 的信号端与仪器面板的 PT100 II 插座相连，同样在探测头上涂上适量的导热硅脂，插入下铜板的小孔中。

注意：探测头要插到小孔底部，使 PT100 测温端与铜板接触良好，且实验中尽量不要触碰 PT100 的测量线，以免影响温度测量值。

（4）YBF-5 导热系数测定仪的温度设定为 100℃（或其他合适的温度值），使其自动控温。

注意：在测试过程中，由于待测样品和测试架的温度均较高，因此不得用手触碰，以免烫伤。待测样品不可连续测量，特别是硅橡胶，必须降至室温 30min 以上才能进行下一次实验。

（5）20～40min 后（时间长短随被测材料、测量温度及环境温度的不同而不同），待上铜板温度读数 T_1 稳定后（5min 内波动小于 0.1℃），每隔 2min 读取一次温度示值并填入表 1.5.2（表格不够可以自行添加）中，直到下铜板温度读数 T_2 也相对稳定（10min 内波动小于 0.1℃，即最后五个温度值波动小于 0.1℃），记录稳态值 T_2。

表 1.5.2　上铜板和下铜板温度测量数据记录

单位：℃

T_1										
T_2										
T_1										…
T_2										…

（6）测量下铜板在稳态值 T_2 附近的散热速率，移去待测样品，调节上铜板的位置，使之

与下铜板对齐，并保证接触良好，通过上铜板，继续对下铜板加热。当下铜板的温度比 T_2 高出 10℃左右时，向上移开上铜板（使其尽可能远离下铜板），让下铜板所有表面均暴露于空气中，使下铜板自然冷却。每隔 30s 读一次下铜板的温度示值并记录于表 1.5.3 中，直至温度下降到 T_2 以下一定值。

表 1.5.3　下铜板温度测量数据记录

t/s	0	30	60	90	120	150	180	210	…
T_2/℃									…

（7）打开风扇开关，让测试系统降温，更换待测样品，重复（2）～（6）步，直到三个待测样品均测量完毕。其中，在测量铝块样品时，需要用两个圆环分别夹住铝块的两头。

注意： 应小心保管待测样品，不要划伤待测样品两端而影响实验的精度。当仪器长时间不使用时，请套上塑料袋，防止潮湿空气与仪器长期接触，房间内空气湿度应小于 80%RH。

【数据处理要求】

根据表 1.5.3，画出下铜板的 T-t 冷却速率曲线，取稳态值 T_2 对应的点，求出该点的冷却速率 $\left.\frac{\Delta T}{\Delta t}\right|_{T=T_2}$，根据式（1.5.4）分别计算三种待测样品的导热系数 λ。

【分析与思考】

1. 在测量下铜板的散热速率 $\frac{\Delta T}{\Delta t}$ 时，为什么要测量它在稳态值 T_2 附近的 $\frac{\Delta T}{\Delta t}$？
2. 本实验的系统误差的主要来源有哪些？

附录 A　不同材料的密度和导热系数（仅供参考）

不同材料的密度和导热系数如表 A.1 所示。

表 A.1　不同材料的密度和导热系数

材料名称	20℃		导热系数/（W/(m·K)）			
	导热系数/（W/(m·K)）	密度/（kg/m³）	−100℃	0℃	100℃	200℃
纯铝	236	2700	243	236	240	238
铝合金	107	2610	86	102	123	148
纯铜	398	8930	421	401	393	389
金	315	19300	331	318	313	310
硬铝	146	2800	—	—	—	—
橡皮	0.13～0.23	1100	—	—	—	—
电木	0.23	1270	—	—	—	—
木丝纤维板	0.048	245	—	—	—	—
软木板	0.044～0.079	—	—	—	—	—

附录 B　铂电阻 Pt100 分度表（ITS—90）

铂电阻 Pt100 分度表（ITS—90）如表 B.1 所示。

表 B.1　铂电阻 Pt100 分度表（ITS—90）

R（0℃）=100.00Ω

温度/℃	0	1	2	3	4	5	6	7	8	9
	R/Ω									
0	100.00	100.39	100.78	101.17	101.56	101.95	102.34	102.73	103.12	103.51
10	103.90	104.29	104.68	105.07	105.46	105.85	106.24	106.63	107.02	107.40
20	107.79	108.18	108.57	108.96	109.35	109.73	110.12	110.51	110.90	111.29
30	111.67	112.06	112.45	112.83	113.22	113.61	114.00	114.38	114.77	115.15
40	115.54	115.93	116.31	116.70	117.08	117.47	117.86	118.24	118.63	119.01
50	119.40	119.78	120.17	120.55	120.94	121.32	121.71	122.09	122.47	122.86
60	123.24	123.63	124.01	124.39	124.78	125.16	125.54	125.93	126.31	126.69
70	127.08	127.46	127.84	128.22	128.61	128.99	129.37	129.75	130.13	130.52
80	130.90	131.28	131.66	132.04	132.42	132.80	133.18	133.57	133.95	134.33
90	134.71	135.09	135.47	135.85	136.23	136.61	136.99	137.37	137.75	138.13
100	138.51	138.88	139.26	139.64	140.02	140.40	140.78	141.16	141.54	141.91
110	142.29	142.67	143.05	143.43	143.80	144.18	144.56	144.94	145.31	145.69
120	146.07	146.44	146.82	147.20	147.57	147.95	148.33	148.70	149.08	149.46
130	149.83	150.21	150.28	150.96	151.33	151.71	152.08	152.46	152.83	153.21
140	153.58	153.96	154.33	154.71	155.08	155.46	155.83	156.20	156.58	156.95
150	157.33	157.70	158.07	158.45	158.82	159.19	159.56	159.94	160.31	160.95
160	161.05	161.43	161.80	162.17	162.54	162.91	163.29	163.66	164.03	164.40
170	164.77	165.14	165.51	165.89	166.26	166.63	167.00	167.37	167.74	168.11
180	168.48	168.85	169.22	169.59	169.96	170.33	170.70	171.07	171.43	171.80
190	172.17	172.54	172.91	173.28	173.65	174.02	174.38	174.75	175.12	175.49
200	175.86	176.22	176.59	176.96	177.33	177.69	178.06	178.43	178.79	179.16

实验 1.6　声速测量与超声波测距

声波的传播速度是一个重要的物理量。超声波测距、定位，液体流速的测量，材料的弹性模量测量，气体温度瞬间变化测量等都会涉及声速。超声波的发射和接收也是防盗、监控及医学诊断的重要手段之一。

【实验目的】

1. 了解超声波产生和接收的原理。
2. 学习用不同的方法测量声波在空气中的传播速度。
3. 能够用反射法测量挡板间的距离，并进行误差分析。

【实验原理】

1．干涉法

设有一从发射源发出的一定频率的平面声波，经空气传播到达接收器，如果接收面与发射面严格平行，则入射波在接收面上垂直反射，入射波与反射波相干涉形成驻波。改变接收器与发射源之间的距离 l，在一系列特定的距离上，媒质中出现稳定的驻波共振现象。此时，l 等于半波长的整数倍，驻波的幅度达到极大值；同时，接收面上的声压波腹也相应地达到极大值。不难看出，在移动接收器的过程中，相邻两次达到共振时对应的接收面之间的距离即半波长。因此，若保持频率 υ 不变，则通过测量相邻两次接收信号达到极大值时接收面之间的距离（半波长），就可以用 $v=\upsilon\lambda$ 计算声速（υ 为频率，λ 为波长）。

2．相位法

发射波通过传声媒质到达接收器，因此，在同一时刻，发射处的波与接收处的波的相位不同，其相位差 φ 可利用示波器的李萨如图形来观察。相位差 φ 和角频率 ω、传播时间 t 之间满足如下关系：

$$\varphi=\omega t$$

同时有 $\omega=2\pi/T$，$t=\dfrac{l}{v}$，$\lambda=Tv$（T 为周期），代入上式得

$$\varphi=\frac{2\pi l}{\lambda}$$

当 $l=\dfrac{n\lambda}{2}$（$n=1,2,3,\cdots$）时，得 $\varphi=n\pi$。

实验时，通过改变发射器与接收器之间的距离，可观察到相位的变化。当相位差改变 π 时，相应距离 l 的改变量即半波长。由波长和频率值可求出声速。

3．时差法

时差法测量声速是工程应用中常用的方法。将脉冲调制的正弦波信号输入超声波发射器中，使其发出脉冲超声波，经过 t 时间到达距离 L 处的超声波接收器。根据关系式 $v=\dfrac{L}{t}$，即可直接计算出声速。

4．超声波测距

超声波测距采用反射法，利用超声波在空气中的传播速度已知，测量声波在发射后遇到障碍物反射回来的时间，根据发射和接收的时间差计算出发射点到障碍物的实际距离。超声波测距的原理与雷达原理一样。

根据时差法测量声速的公式，反射法超声波测距的公式可表示为

$$L=vt=\frac{vT}{2} \tag{1.6.1}$$

式中，L 为测量的距离；v 为超声波在空气中的传播速度；t 为测量距离传播的时间差；T 为从发射到接收的时间差。超声波测距主要应用于倒车提醒、建筑工地、工业现场等的距离测量。

5. 理想气体中的声速值

声波在理想气体中的传播可认为是绝热过程，因此传播速度可表示为

$$v=\sqrt{\frac{\gamma RT}{\mu}} \tag{1.6.2}$$

式中，γ 是气体的绝热系数（又称比热容比，见实验 1.4）；R=8.314J/mol·K 为气体常数；T 为气体的热力学温度；μ 为分子量。若以摄氏温度 t 计算，则 $T=T_0+t$，其中 T_0=273.15K，代入式（1.6.2）得

$$v=\sqrt{\frac{\gamma R}{\mu}(T_0+t)}=\sqrt{\frac{\gamma R}{\mu}T_0}\cdot\sqrt{1+\frac{t}{T_0}}=v_0\sqrt{1+\frac{t}{T_0}} \tag{1.6.3}$$

对于空气介质，0℃时的声速 v_0=331.45m/s。若同时考虑空气中水蒸气的影响，则修正后的声速公式为

$$v=331.45\sqrt{\left(1+\frac{t}{T_0}\right)\left(1+\frac{0.319p_{\mathrm{w}}}{p}\right)} \tag{1.6.4}$$

式中，p_{w} 为水蒸气的分压；p 为大气压强。

【实验仪器】

实验主机、超声波实验平台、示波器。

实验主机和超声波实验平台如图 1.6.1 所示，其中，1 为发射信号输出端口，2 为接收信号输入端口，3 为接收信号放大输出端口，4 为发射信号输入端口（超声波发生器），5 为接收信号输出端口（超声波接收器 A），6 为反射信号输出端口（超声波接收器 B），7 为挡板，8 为数显游标卡尺。

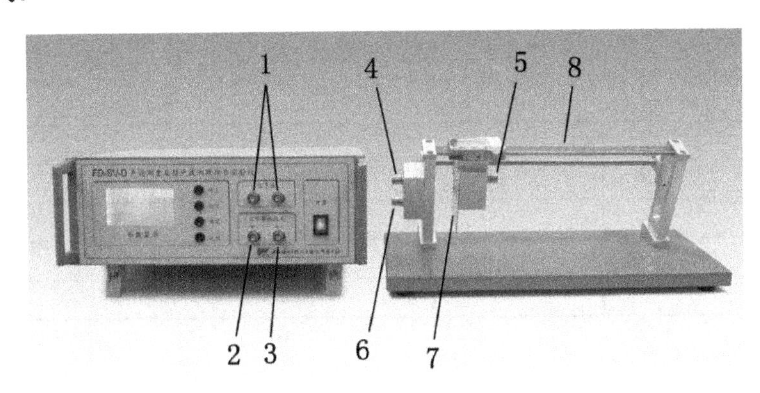

图 1.6.1　实验主机和超声波实验平台

【实验内容与方法】

1. 调整测试系统的谐振频率

不安装挡板，用信号连接线将信号源的一个接口与超声波发生器接口相连，将超声波接收器 A 的接口与信号接收放大的输入端相连，然后将信号源的另一个接口及信号接收放大的输出端分别连接示波器的 X、Y 端口。实验主机进入“频率相位测量”模式，正弦波的频率取

40kHz，先调节超声波接收器 A，使其与发射端保持一定的距离（6～7cm），在接收换能器输入示波器中的电压信号为最大（近似波节位置）处停下。继续调节频率，使该信号确实为该位置的极大值。此时，信号源输出频率为换能器的固有谐振频率。在该频率上，换能器输出较强的超声波。

2．在谐振频率处用干涉法和相位法测声速

当使用干涉法时，在“频率相位测量”模式下，当观察到振幅出现极大值后，连续地移动超声波接收器 A 的位置，测量相继出现的 10 个极大值对应的各接收面的位置 X_i，并记录在表 1.6.1 中。

表 1.6.1　干涉法测量数据记录

频率 f= ______ kHz，室温 t= ____ ℃

序号	1	2	3	4	5	6	7	8	9	10
X_i/mm										
$L=X_{i+5}-X_i$										
$\bar{L}$										
$L_i-\bar{L}$										

在用相位法时，先将接收器与发射器分开约 3cm 以上的距离（距离太近，波形会受发射器或接收器固定支架反射的影响），利用李萨如图形观察发射波与接收波的相位差，只要适当调节两个通道的增益，就能获得比较满意的李萨如图形。对于两个同频率且互相垂直的简谐振动的合成，随着两者之间的相位差从 0 到 π 变化，其李萨如图形由斜率为正的直线变为椭圆，再由椭圆变成斜率为负的直线，记录连续出现直线时游标卡尺的读数，并记录在表 1.6.2 中。

表 1.6.2　相位法测量数据记录

频率 f= ______ kHz，室温 t= ____ ℃

序号	1	2	3	4	5	6	7	8	9	10
X_i/mm										
$L=X_{i+5}-X_i$										
$\bar{L}$										
$L_i-\bar{L}$										

3．用时差法测声速

进入“时差法测量”模式，连续移动超声波接收器 A，记录接收端的位置 L，同时记录主机液晶屏上显示的时间 t，取多组数据，填在表 1.6.3 中。

表 1.6.3　时差法测量数据记录

室温 t= ____ ℃

序号	1	2	3	4	5	6	7	8	9
L/mm									
t/μs									

4. 用反射法超声波测距测量挡板间的距离

进入“超声波测距”模式，利用磁钢将挡板吸附在移动超声波接收器 A 的前面，除去超声波接收器 A 相关的连线，将超声波接收器 B（安装在超声波发生器同侧）的输出端口与主机上的接收信号输入端口相连。移动挡板，同时记录挡板的位置 L 与液晶屏上显示的距离 l，并填入表 1.6.4 中。

表 1.6.4　超声波测距数据记录

序号	1	2	3	4	5	6	7	8	9
L/mm									
l/mm									

注意：

（1）仪器与装置连接的信号线不宜多折、多接。

（2）在搬动仪器时，不能将游标卡尺当作手柄使用，应两手拿底板搬动装置。

（3）由于超声波信号比较强，因此，在搭建实验室时，应注意每台仪器的间隔距离，防止相互干扰。

（4）请缓慢平稳操作游标卡尺，不宜迅速移动，防止磨损过快。

【数据处理要求】

1. 共振法和相位法测声速：用逐差法求波长值，计算声速及其不确定度，并完整表示测量结果。

2. 时差法测声速：用线性回归法求声速 v。

3. 超声波测距：比较液晶屏显示值（测量值）与游标卡尺读数（标准值），并从温度、距离等相关因素讨论误差产生的原因。

【分析与思考】

1. 本实验温度应正确、仔细地测量，为什么？

2. 通过该装置超声波测距的数据可以看出，当超声波收发端与被测挡板距离较近时，相对误差较大；当距离较远时，相对误差较小，试分析其产生原因。

实验 1.7　透明介质折射率的测定

折射率是光在真空中的传播速度与光在该介质中的传播速度之比，它与介质的电磁性质密切相关。介质的折射率通常由实验测定。对于固体介质，常用最小偏向角法或自准直法测定，或者通过迈克耳孙干涉仪，利用等厚干涉的原理测出；对于液体介质，常用临界角法（阿贝折射仪）测定；对于气体介质，用精密度更高的干涉法（瑞利干涉仪）测定。

【实验目的】

1. 了解迈克耳孙干涉仪的工作原理。

2．掌握用迈克耳孙干涉仪测量空气折射率的方法。

3．学会用迈克耳孙干涉仪测量透明介质薄片的折射率。

【实验原理】

1．迈克耳孙干涉仪

迈克耳孙干涉仪是利用分振幅产生双光束以实现干涉的，其光路如图 1.7.1 所示。从光源发出的光束射向背面镀有半透膜且以 45°放置的分束器 BS，经 BS 反射和透射分成两路光，其中反射光被平面镜 M_1 反射，透射光通过补偿板 CP 后被平面镜 M_2 反射，两路光分别经 BS 的透射和反射，在 E 处相遇，产生明暗相间的干涉图样。M_2'是 M_2 的虚像，因此，迈克耳孙干涉仪光路相当于 M_1 和 M_2'之间的空气薄膜的干涉光路。平行于 BS 的 CP 与 BS 有相同的厚度和折射率，起补偿两路光光程的作用，使两路光在 BS、CP 等透明介质中的光程相等。

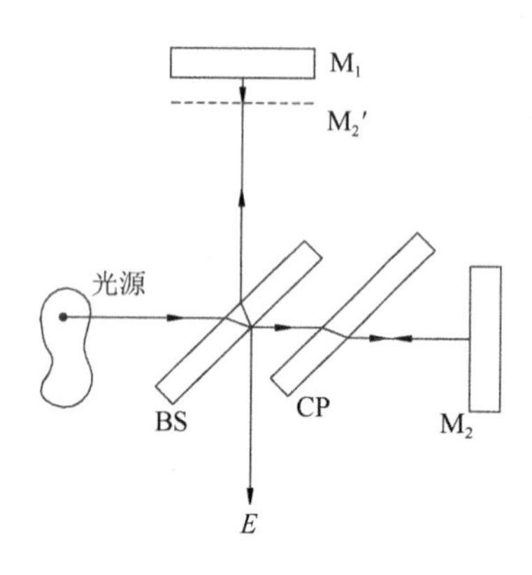

图 1.7.1　迈克耳孙干涉仪光路

2．测量空气的折射率

用小功率激光器作为光源，将内壁长为 l 的小气室置于迈克耳孙干涉仪光路中，调节干涉仪，获得适量等倾干涉条纹之后，向气室里充气（20～300mmHg），之后稍微松开阀门，在以较低速率放气的同时，计数干涉环的变化数 N，直至放气终止（压力表指针回零），如图 1.7.2 所示。

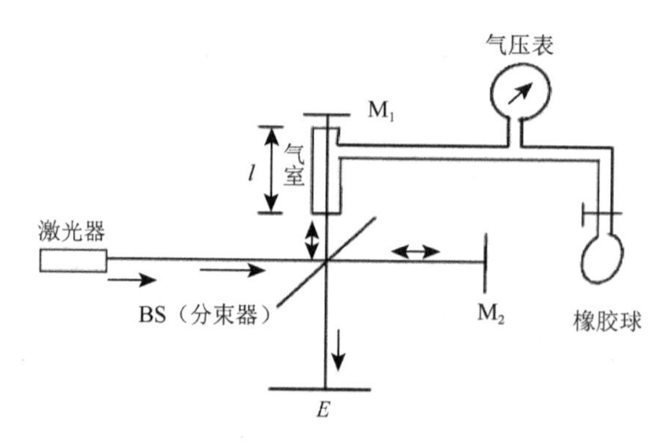

图 1.7.2　测量空气折射率实验装置示意图

理论证明，在温度和湿度一定的条件下，当气压不太大时，气体折射率的变化量 n 与气压的变化量 Δp 成正比，有

$$\frac{n-1}{p}=\frac{\Delta n}{\Delta p}=\text{常数} \tag{1.7.1}$$

公式变形得

$$n=1+\frac{|\Delta n|}{|\Delta p|}\cdot p \tag{1.7.2}$$

因此有

$$n = 1 + \frac{N\lambda}{2l} \cdot \frac{p_{\text{amb}}}{\Delta p} \tag{1.7.3}$$

式中，λ为激光波长；l为气室长度；Δp为气室内充入的气压，即气室气压与环境气压差；p_{amb}为环境气压。可见，只要测出气室内压强由p_1变化到p_2时的条纹变化数N，即可计算压强为p_{amb}的空气折射率n。

3．测量透明介质薄片的折射率

调节螺旋测微器，使平面镜M_2向分束器移动时能调出白光干涉条纹。使中央条纹对准视场中的叉丝，记下动镜位置读数l_1，在动镜前加入一片优质的透明薄片（厚度<1mm）之后，增加的光程差为

$$\delta = 2d(n-1) \tag{1.7.4}$$

致使彩色条纹移出视场，当沿原方向转动百分手轮至彩色条纹复位时，补偿的光程差$\delta'=\delta$，记下动镜位置读数l_2，由l_1和l_2计算δ，再用螺旋测微器测出薄片的厚度，即可由上述关系计算出它的折射率n：

$$n = \frac{|l_2 - l_1|}{2d} + 1 \tag{1.7.5}$$

【实验仪器】

SGM-1型迈克耳孙干涉仪、带有气压表的小气室、钠钨双灯、优质的透明薄片（厚度小于1mm）、气压计。

1．SGM-1型迈克耳孙干涉仪

如图1.7.3所示，AG为橡胶球，P_1为钠钨灯电源，P_2为He-Ne激光电源，S_2为He-Ne激光管，AP为气压（血压）表，FG为毛玻璃，S_1为钠钨双灯，BE为扩束器，BS为分束器，A为气室，M_1为参考镜，M_2为动镜，CP为补偿板，MC为螺旋测微器。其中，分束器BS、补偿板CP和两个平面镜（M_1和M_2）及其调节架安装在平台式的基座上。利用镜架背后的偏转手钮可以调节镜面的倾角。M_2是可移动镜，它的移动量由螺旋测微器MC读出，经过传动比为20:1的机构，从读数头上读出的最小分度值相当于动镜移动0.0005mm。在参考镜M_1和分束器BS之间有可以锁紧的插孔，以便在做空气折射率实验时固定气室A，气压表AP可以挂在表架上。扩束器BE可上下左右调节，不用时可以翻转90°，使之离开光路。毛玻璃架有两个位置，一个靠近光源，此处的毛玻璃起扩展光源的作用；另一个在观测位置，用于在测量空气折射率实验中接收激光干涉条纹。

图1.7.3　SGM-1型迈克耳孙干涉仪的结构

2. 带有气压表的小气室

气室长度：l=80mm。

气压表：量程为20～300mmHg，精度为2mmHg。

【实验内容与方法】

1. 获得等倾干涉条纹

（1）调节M_1和M_2背后的偏转手钮，使之半松半紧；由于M_2前、后调节的距离均为0～25mm，因此调节M_2的前后位置，使之位于中间位置（12～13mm）；调节M_1的位置，使M_1和M_2与分束器BS的距离大致相等。将扩束器BE的上下左右调节旋钮调至中间位置，使之有最大的可调节范围。

（2）将He-Ne激光器旋转90°，调节激光器的高度，使之对准扩束器。移走扩束器，调节激光器的俯仰，使激光光点打到分束器镜片的中心，且光点能回到出光口附近。

（3）观察毛玻璃，仔细调节动镜M_2后面的偏转手钮，使两组光点中最亮的两个重合。

注意：两组光点中的一组来自动镜M_2，一组来自参考镜M_1。光点中较暗的光点是多次反射的结果。

（4）加入扩束器，调节扩束器的上下左右调节旋钮，使分束器镜片均匀受光（分束器镜片大面积变红），观察毛玻璃，继续调节扩束器，使毛玻璃均匀受光。

（5）观察干涉圆环，仔细调节M_2背后的偏转手钮，使条纹向变粗、变弯曲的方向移动，使干涉圆环的圆心位于毛玻璃中心。

注意：

（1）应避免激光直射眼睛。

（2）在观察激光干涉条纹时，严禁使用反射镜作为观察屏。

（3）为更容易观察干涉现象，建议在较暗环境下进行实验。

2. 测量空气的折射率

（1）将已知长度的气室插入M_1前的孔位中，使之垂直于M_1并固定；调节干涉仪中的M_2背后的偏转手钮，使干涉圆环的圆心仍位于毛玻璃中心，如果干涉圆环剩下不多的几条，则需要调节M_2的前后位置，使干涉圆环多于五条以便于观察。

（2）将气压表夹在毛玻璃旁边的支架上以便于观察，稍稍拧紧气囊的气阀，并缓慢向气室充入空气，再拧紧气阀，待气压表读数稳定后，记下气压表读数p。

（3）缓慢松开气阀，使干涉圆环做肉眼可见的吞吐变化，同时数干涉圆环变化的条数N（估读到小数点后一位），直到气压表指针回零，此时气压变化$\Delta p=p-0$，将数据记入表1.7.1中。

表1.7.1 空气折射率的测量数据记录

λ= _____ nm，l= _____ mm，p_{amb} = _____ mmHg

测量次数	1	2	3	4	5	6
Δp/mmHg						
N						

注意：压力过大会损坏气压表，因此，充气压力请不要超过压力表的量程（300mmHg）。

3．获得白光干涉条纹

（1）获得等倾干涉条纹后，调节动镜 M_2 向条纹逐一消失于环心的方向移动，直到视场内的条纹极少，仔细调节 M_2，使其稍许倾斜，转动螺旋测微器，使弯曲条纹向圆心方向移动，可见陆续出现一些直条纹，即等厚干涉条纹。

（2）在产生等厚干涉直条纹之后，将扩束器移出光路。取下 He-Ne 激光器，换上钠钨双灯光源，转动观察屏，使当前观察屏为反射屏。

（3）将一针孔屏（针孔屏可以自己做，用大头针在名片上刺个小孔即可）置于钠灯前，这时可以从反射屏中看见两个针孔的像，调节动镜后面的偏转手钮使它们重合，此时可得干涉图样。以极慢的速度旋转精密测微头，并保证在旋转过程中始终能在视场中看到钠的干涉条纹。这样可以快速接近零光程，而且不会错过白光干涉。

（4）当彩色条纹逐渐出现时，可以看到中央暗条纹，这就是零光程处的干涉。关闭钠灯，只开钨灯，在扩束器和分束器中间的孔位中插入毛玻璃，可以看到更清晰的白光干涉环。

注意：调出白光干涉的难度较大，如果条纹抖动，则可能是桌面不稳定造成的。因此，不要把手臂放在桌面上，也不要来回走动，以免震动。另外，空气的流动也会对条纹产生影响。

4．测量透明介质薄片的折射率

（1）使中央条纹对准视场中的叉丝（可画在光源与分束器之间的毛玻璃上），记下动镜 M_2 位置读数 l_1。

（2）将一已知厚度的优质透明薄片（可以自己选择材料，但厚度要小于 1mm）安装在薄片夹上，使薄片垂直于光路。

（3）这时彩色条纹移出视场，当沿原方向转动螺旋测微器至彩色条纹复位时，补偿的光程差 $\delta'=\delta$，记下动镜位置读数 l_2，再用螺旋测微器测出透明介质的厚度 d，多次测量，并记录于表 1.7.2 中。

表 1.7.2　透明介质薄片的折射率的测量数据记录

单位：mm

折射率	测量次数				
	1	2	3	4	5
l_1					
l_2					
d					

注意：

（1）在使用 He-Ne 激光器做光源时，眼睛不可以直接面对激光光束传播方向；在接收和观察干涉条纹时，应使用毛玻璃，不要用肉眼直接观察，以免伤害视网膜。

（2）所有光学镜片均不可用手触摸。

（3）干涉仪上的螺旋测微器有回程误差，因此，在测量过程中不可回调。

【数据处理要求】

1．根据公式计算空气的折射率，推导 n 的不确定度的传递公式并计算不确定度，完整表示测量结果（p_{amb} 从实验室的气压计读出）。

2．根据公式计算透明介质的折射率，推导 n 的不确定度的传递公式并计算不确定度，完整表示测量结果。

【分析与思考】

1．在什么条件下产生等倾干涉条纹？在什么条件下产生等厚干涉条纹？
2．如何鉴别 M_2 的移动方向是靠近还是远离 M_1 和 M_2 的等臂位置？
3．试简述如何使干涉条纹的宽度变大。

实验 1.8　牛顿环与劈尖干涉实验

若将同一单色点光源发出的光分成两束，让它们经过不同路径后相遇，则当光程差小于光源的相干长度时，一般会产生干涉现象。利用此原理可精确地测量长度、厚度和角度，检验试件表面的粗糙度、光洁度，研究机械零件内应力的分布等。牛顿环和劈尖干涉实验是两个典型的实验案例，它们均是用分振幅的方法产生等厚干涉现象的。

【实验目的】

1．掌握用牛顿环仪测定平凸透镜曲率半径的方法。
2．掌握用劈尖干涉测定细丝直径的方法。
3．通过实验加深对等厚干涉现象的理解。

【实验原理】

1．等厚干涉

当一束单色光入射到透明薄膜上时，通过薄膜上下表面依次反射产生两束相干光。如果这两束相干光相遇时的光程差仅取决于薄膜厚度，则同一级干涉条纹对应的薄膜厚度相等，即等厚干涉。

如图 1.8.1 所示，玻璃板 A 和玻璃板 B 叠放，中间夹有一空气层。设单色光 1 近似垂直地入射到厚度为 d 的空气薄膜上。入射光线在玻璃板 A 下表面和玻璃板 B 上表面分别产生反射光线 2 和 2′，二者在玻璃板 A 上方相遇，由于两束光线都是由光线 1 分出来的（分振幅法），故其频率相同、相位差（与该处空气薄膜的厚度 d 有关）恒定、振动方向相同，因而会产生干涉。若考虑光线 2 和 2′的光程差与空气薄膜厚度 d 之间的关系，那么显然光线 2′比光线 2 多传播了一段距离（$2d$）。此外，由于反射光线 2′是由光疏介质（空气）向光密介质（玻璃）反射，会产生半波损失，故总的光程差应该为

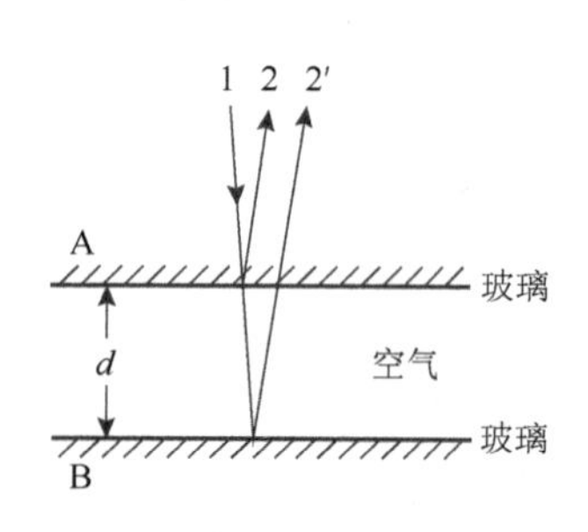

图 1.8.1　等厚干涉形成示意图

$$\Delta = 2d + \frac{\lambda}{2} \tag{1.8.1}$$

根据干涉条件，当光程差为波长的整数倍时，光强相互加强，出现明纹；当光程差为半波

长的奇数倍时，光强互相减弱，出现暗纹。因此有

$$\Delta = 2d + \frac{\lambda}{2} = \begin{cases} 2K \cdot \dfrac{\lambda}{2}，K = 1,2,3,\cdots（明纹） \\ (2K+1) \cdot \dfrac{\lambda}{2}，K = 0,1,2,\cdots（暗纹） \end{cases}$$

可见，光程差 Δ 取决于产生反射光的薄膜厚度 d，由于同一级干涉条纹对应的空气薄膜的厚度相同，故称为等厚干涉。

2. 牛顿环

如图 1.8.2 所示，当将一块曲率半径（R）很大的理想平凸透镜的凸面放在一块光学平板玻璃上时，在透镜的凸面和平板玻璃间会形成一个上表面是球面、下表面是平面的空气薄层，即构成牛顿环仪。牛顿环仪中的空气层厚度从中心接触点到边缘逐渐增大，与接触点等距的位置厚度相同。若单色平行光垂直照射到牛顿环仪上，则经空气层上、下两表面反射的两束光会产生光程差，根据前述等厚干涉的理论分析，其等厚干涉条纹是以接触点为圆心的同心圆环，称为牛顿环。

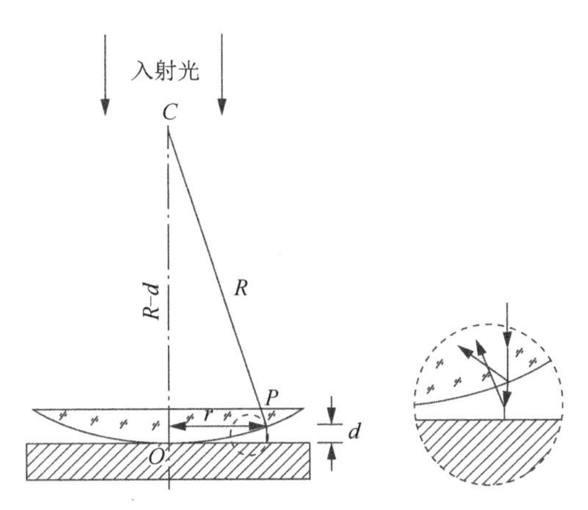

图 1.8.2　平凸透镜的干涉光路图

如图 1.8.2 所示，考虑空气层上表面的某一点 P，设该处的环形干涉条纹半径为 r，对应的空气层厚度为 d，则由几何关系可得

$$R^2 = (R-d)^2 + r^2 = R^2 - 2Rd + d^2 + r^2$$

因为 R 远大于 d，故可略去 d^2 项，则有

$$d = \frac{r^2}{2R} \tag{1.8.2}$$

将式（1.8.2）代入式（1.8.1），有

$$\Delta = \frac{r^2}{R} + \frac{\lambda}{2} \tag{1.8.3}$$

式（1.8.3）表明，离中心越远，光程差增加速度越快，因此，离中心越远，牛顿环分布越密集，根据等厚干涉条件，有

$$\Delta=\frac{r^2}{R}+\frac{\lambda}{2}=\begin{cases}2K\cdot\dfrac{\lambda}{2}，K=1,2,3,\cdots（明纹）\\(2K+1)\cdot\dfrac{\lambda}{2}，K=0,1,2,\cdots（暗纹）\end{cases}$$

可得牛顿环的明、暗纹半径分别为

$$r_K{}'=\sqrt{(2K-1)R\cdot\frac{\lambda}{2}}，K=1,2,3,\cdots（明纹）$$

$$r_K=\sqrt{KR\lambda}，K=0,1,2,\cdots（暗纹）$$

式中，K 为干涉条纹的级数；$r_K{}'$ 为第 K 级明纹的半径；r_K 为第 K 级暗纹的半径。当 λ 已知时，只要测出第 K 级明纹（或暗纹）的半径，就可计算出透镜的曲率半径 R；相反，当 R 已知时，也可根据条纹半径算出 λ。

在牛顿环实验中会观察到，牛顿环中心并不是一点，而是一个不甚清晰的或明或暗的圆斑，产生的原因是：当透镜和平玻璃板接触时，接触压力会引起形变，从而使接触处非一点而为一圆面，又因镜面上可能有微小灰尘等，故会引起附加光程差，这些都会给测量带来较大的系统误差。为消除附加光程差带来的误差，在实验中，需要测量距离中心较远且清晰的两个暗环半径的平方差。假定附加厚度为 a，则光程差为

$$\Delta=2(d\pm a)+\frac{\lambda}{2}=(2K+1)\cdot\frac{\lambda}{2} \tag{1.8.4}$$

则有

$$d=K\cdot\frac{\lambda}{2}\pm a \tag{1.8.5}$$

将式（1.8.5）与式（1.8.2）联立得

$$r^2=KR\lambda\pm 2Ra$$

若 K 取第 m、n 级暗条纹，则对应的暗环半径为

$$r_m^2=mR\lambda\pm 2Ra$$

$$r_n^2=nR\lambda\pm 2Ra$$

两式相减得

$$r_m^2-r_n^2=(m-n)R\lambda \tag{1.8.6}$$

由式（1.8.6）可知，$r_m^2-r_n^2$ 与附加厚度 a 无关。由于暗环圆心不易确定，故用暗环的直径 D_m、D_n 替换半径 r_m、r_n，因而，由式（1.8.6）得透镜的曲率半径为

$$R=\frac{D_m^2-D_n^2}{4(m-n)\lambda} \tag{1.8.7}$$

由式(1.8.7)可以看出，半径 R 与附加厚度 a 无关，但与环数差 $m-n$ 有关。对于 $D_m^2-D_n^2$，由几何关系可以证明，两同心圆直径平方差等于对应弦长的平方差。因此，测量时无须确定环心位置，只需测出同心暗环对应的弦长 d 即可，即式（1.8.7）可变形为

$$R=\frac{d_m^2-d_n^2}{4(m-n)\lambda} \tag{1.8.8}$$

式中，d_m、d_n 为两暗环的弦长。当入射光波长已知（λ=589.3nm）时，即可求得透镜的曲率半径 R。

3．劈尖干涉

将两块理想的平面玻璃板叠放在一起，一端用细丝将其隔开，此时两平面玻璃板之间就会形成一个空气薄层，称为劈尖。在单色光束的垂直照射下，经劈尖上、下表面反射后，两束反射光会产生等厚干涉现象，其干涉条纹是间隔相等且平行于两块平面玻璃交线的明暗交替的条纹，这种条纹称为劈尖干涉条纹，如图 1.8.3 所示。

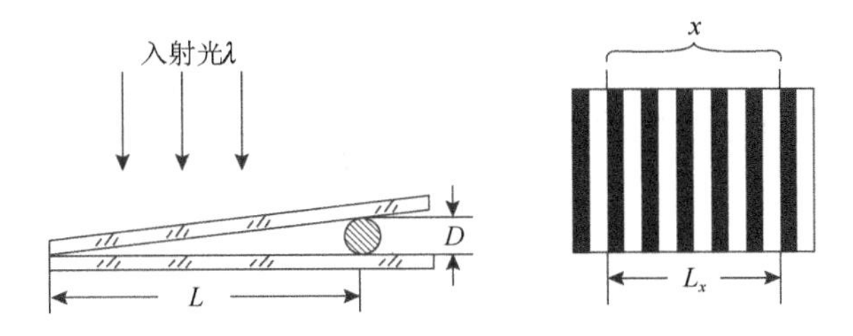

图 1.8.3　劈尖干涉的形成和劈尖干涉条纹

根据等厚干涉条件，空气劈尖上、下两表面反射的两束单色光发生干涉并产生暗条纹的条件是

$$\Delta = 2h + \frac{\lambda}{2} = (2K+1)\frac{\lambda}{2},\ K = 0,1,2,\cdots \tag{1.8.9}$$

式中，h 为该位置的空气薄膜厚度。由式（1.8.9）可得，与 m 级暗条纹对应的薄膜厚度为

$$h_m = m \cdot \frac{\lambda}{2}$$

则两相邻暗条纹对应的空气膜厚度差为

$$h_{m+1} - h_m = \frac{\lambda}{2}$$

如果从两平面玻璃板交接处到细丝处的劈尖面上共有 N 条干涉条纹，则细丝的直径为

$$D = N \cdot \frac{\lambda}{2}$$

由于 N 很大，实验测量不方便，所以为了避免数错，实验可测出某长度 L_x 内的干涉条纹间隔数 x（x 建议取 10），由此可求出单位长度的条纹数 $n = \frac{x}{L_x}$，此时只需测出两平面玻璃板交接处至细丝的距离 L，则

$$N = nL$$

$$D = \frac{x}{L_x} \cdot L \cdot \frac{\lambda}{2} \tag{1.8.10}$$

已知入射光波长 λ，只需测出 x、L_x 和 L，即可算出细丝的直径 D。

【实验仪器】

牛顿环仪、劈尖、测微目镜、光具座、微米位移台、钠光灯（λ=589.3nm）、分光镜、会聚透镜、游标卡尺。

1. 牛顿环仪

如图 1.8.4 所示，牛顿环仪是由待测平凸透镜 L 和磨光的平玻璃板 P 叠合安装在金属框架 F 中构成的。框架边上有三颗螺钉 H，用以调节 L 和 P 之间的接触，以改变干涉环纹的形状和位置。当调节 H 时，不可旋得过紧，以免接触压力过大引起透镜弹性形变，甚至损坏透镜。

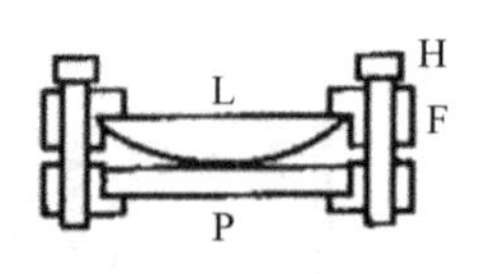

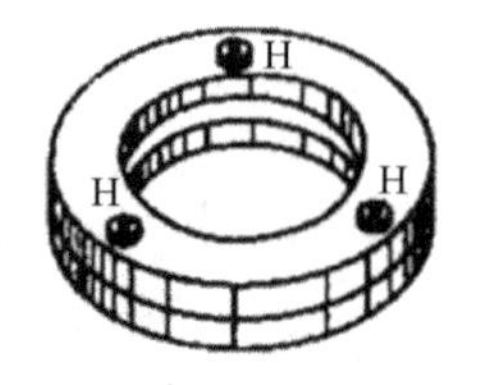

图 1.8.4　牛顿环仪的结构示意图

2. 劈尖

劈尖由两块平玻璃板（一端加持待测细丝，一端直接接触）组成，两块平玻璃板由四颗螺钉夹紧，如图 1.8.5 所示。实验中应旋紧螺钉，但不可旋得过紧，以免接触压力过大引起平玻璃板弹性形变，甚至损坏平玻璃板。

图 1.8.5　劈尖照片

3. 测微目镜

测微目镜是用来测量微小位移的仪器，它主要由目镜、固定分划板、可动分划板、读数鼓轮和物镜筒等组成，如图 1.8.6 所示。测微目镜的具体使用方法为：①调节目镜，使分划板（叉丝）成像清晰；②调节测微目镜的高低和左右位置，使物镜对准物体的待测部分，十字叉丝的水平丝与底座平行；③调节测微目镜的前后位置，使物体成像清晰。

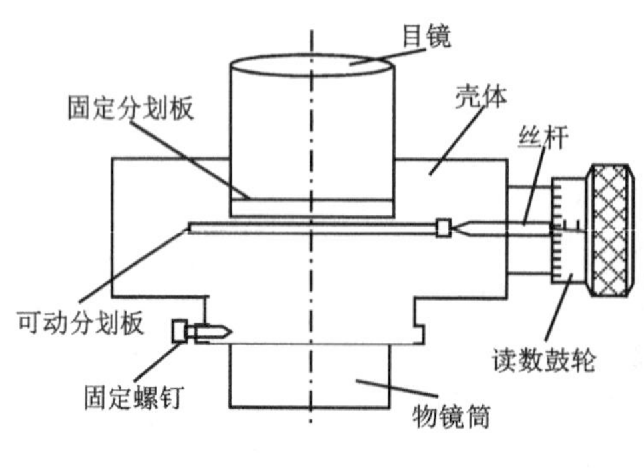

图 1.8.6　测微目镜的结构图和实物照片

注意：在测微目镜中，十字叉丝的移动方向应与被测物线度方向平行，即竖线与之垂直。为消除读数鼓轮的丝杆螺纹与螺母之间存在的间隙，以及读数鼓轮空转引起的系统误差，测量时应缓慢朝一个方向转动读数鼓轮，中途不可逆转。在转动读数鼓轮观测十字叉丝的位置时，不要移出其观测范围（0～6mm）。

【实验内容与方法】

1．利用牛顿环仪测定平凸透镜的曲率半径

（1）搭建装置。

按照图 1.8.7 搭建牛顿环仪测平凸透镜曲率半径的实验装置，将带有底座的钠光灯、会聚透镜、微米位移台依次安装在光具座上，并打开钠光灯预热。在微米位移台上加装测微目镜支架、测微目镜、分光镜、多孔支架，牛顿环仪先不安装，使分光镜与光具座成 45°，目测调节各元件位置，使钠光灯、会聚透镜、分光镜和测微目镜的物镜筒同轴等高。

注意：在光学实验中，不要用手触摸任何镜面。

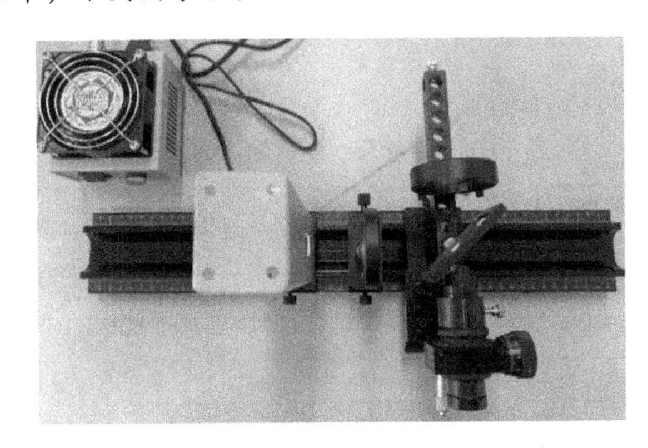

图 1.8.7　牛顿环仪测平凸透镜曲率半径的实验装置

（2）调节测微目镜的目镜，直到能清楚地看到叉丝和刻度，且叉丝的两条线分别水平和竖直。

（3）借助室内光，用肉眼直接观察牛顿环仪，调节牛顿环仪的三颗螺钉 H，使干涉环呈圆形，且位于中心。

注意：在调节螺钉时，不可旋得过紧，以免损坏镜片。

（4）确定聚焦面。

将一张有字的纸片放在测微目镜的物镜筒后，前后移动纸片，从测微目镜中观察，直至看到纸片上的字迹清晰，此时纸片位置即测微目镜聚焦面的大致位置。大致确定聚焦面后，将牛顿环仪插入多孔支架中与聚焦面所在位置最近的孔内，上下调节牛顿环仪，使其与测微目镜的物镜筒目测等高。

（5）从测微目镜中观察图像，调节微米位移台上测微目镜的前后位置，使测微目镜中的牛顿环图像清晰，且圆心在正中间。

（6）观察测微目镜中的图像，细调分光镜的角度、会聚透镜的位置和测微目镜的前后位置，直到干涉圆环均匀受光且为黄色明亮视场（见图 1.8.8），锁紧各个元件。

（7）将测微目镜对准牛顿环仪的中心，由前向后移动物镜筒，对干涉条纹进行调焦，使看到的环纹尽可能清晰，并且与测微目镜中的叉丝之间无视差。测量时始终保持叉

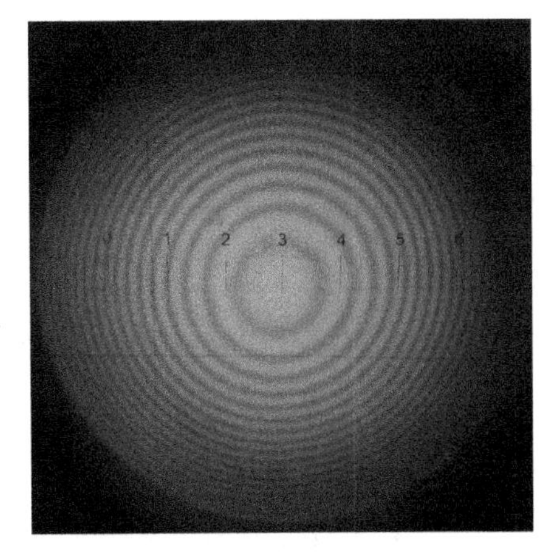

图 1.8.8　测微目镜中观察到的牛顿环

丝中的一条线与牛顿环相切，这样便于观察测量。

注意：在调节焦距时，应由前向后移动物镜筒，以免物镜筒挤压被测物。

（8）测量牛顿环的弦长。

由于牛顿环中心附近比较模糊，所以一般取 m 大于 3，至于 m_2-m_1 具体取多大，可根据实际观察到的牛顿环的清晰度而定，但是从减小测量误差方面考虑，m_2-m_1 不宜过小；从牛顿环的清晰度方面考虑，m_2-m_1 也不宜过大。转动测微目镜的读数鼓轮，使竖直叉丝由视场中心向右移动，同时数叉丝移过去的暗环环序（中心圆斑环序为 0），当数到 15 环时，反方向转动读数鼓轮，使叉丝交点依次对准牛顿环右半部分各条暗环中心，分别记下相应暗环的位置，从 13 环开始记录数据，从 X_{13}～X_4（下标为暗环环序）。当竖直叉丝移到环心另一侧后，继续读出左半部分相应暗环的位置读数 X_4'～X_{13}'，并记录于表 1.8.1 中（暗环环序也可根据实际情况自行设定）。

表 1.8.1　牛顿环仪实验测量数据记录

	次数									
	1	2	3	4	5	6	7	8	9	10
左暗环环序 i	13	12	11	10	9	8	7	6	5	4
读数 X_i'/mm										
右暗环环序 i	13	12	11	10	9	8	7	6	5	4
读数 X_i/mm										
$d_i=(X_i-X_i')$/mm										

注意：在使用测微目镜时，为了避免引起螺距差，当转动读数鼓轮时，必须朝同一方向旋转，中途不可逆转，至于是自右向左读数，还是自左向右读数都是可以的。对于测微目镜 0 刻度左边的读数，要特别注意读数方法，以免读错。

2. 劈尖干涉测量细丝直径

（1）将细丝夹在劈尖两玻璃板的一端，另一端用螺钉夹持住，形成空气劈尖，用游标卡尺测量细丝距劈尖玻璃板接触处的距离 L，多次测量，将数据记录于表 1.8.2 中。

注意：在劈尖上加持细丝时，细丝不可弯曲。

表 1.8.2　劈尖干涉实验测量数据记录

x=______

项目	次数					
	1	2	3	4	5	平均值
L/mm						
L_x/mm						

（2）将劈尖装在支架上，替换之前装置中的牛顿环，调节分光镜，使钠黄光充满整个视场，此时测微目镜中的视场由暗变亮。参照牛顿环仪实验中的调节方法，调节测微目镜的叉丝方位和劈尖方位，直到从测微目镜中能看到清晰的干涉条纹，且竖直方向的叉丝与干涉条纹平行，如图 1.8.9 所示。

（3）用测微目镜读出叉丝越过 x 条暗条纹时的距离 L_x，将数据记录于表 1.8.2 中，测五次。

注意：读数时应使叉丝对准条纹中心。在测量长度时，从起点到终点必须始终沿着同一个方向移动，中途不能倒退，以避免回程误差。

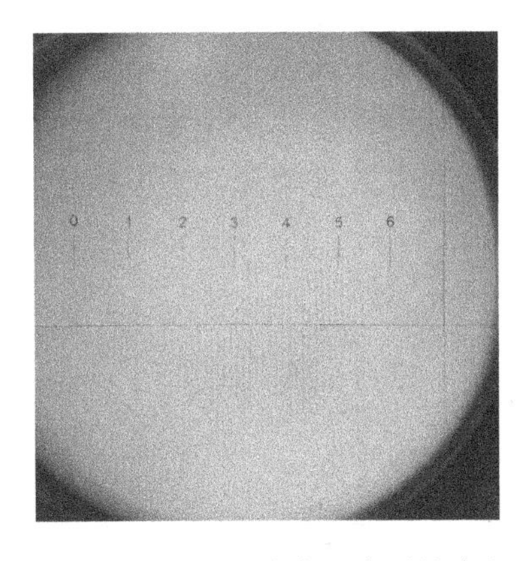

图 1.8.9　测微目镜中观察到的劈尖干涉条纹

【数据处理要求】

1. 根据式（1.8.8）计算平凸透镜的曲率半径 R 及其不确定度，完整表示结果。

2. 根据式（1.8.10）计算细丝直径 D 的平均值及其不确定度，并完整表示结果。

【分析与思考】

1. 在牛顿环仪实验测平凸透镜的曲率半径公式中，为什么不直接用暗环直径 D，而是改用弦长 d 呢？请自行推导直径与弦长的换算公式。

2. 在牛顿环仪实验中，当平凸透镜竖直向上缓慢平移远离平板玻璃时，干涉条纹将向外冒出还是向中间收缩？

3. 在劈尖干涉实验中，当细丝直径增大时，条纹会如何移动呢？

实验 1.9　透镜成像像差和透镜组成像

在几何光学中，把组成物体的物点看作几何点，把它发出的光束看作无数几何光线的集合，光线的方向代表光的传播方向。在此假设下，根据光线的传播规律，在研究物体被透镜或其他光学元件成像的过程及设计光学仪器的光学系统等方面都显得十分方便和实用。

【实验目的】

1. 了解几何光学光路图的画法。
2. 理解透镜成像中的球差、彗差、色差、景深的概念及形成原因，并能在光具座上演示。
3. 掌握投影仪、望远镜、显微镜的成像原理，能在光具座上演示并推导放大倍率公式。

【实验原理】

1. 透镜成像的像差

（1）球差。

球差（Spherical Aberration）是指轴上物点发出的光束经光学系统后，与光轴成不同角度的光线交光轴于不同位置，从而在像面上形成一个圆形弥散斑的现象。球差一般以实际光线在像方与光轴的交点相对于近轴光线与光轴的交点（高斯像点）的轴向距离来度量。观察球差的光学元件的摆放位置如图 1.9.1 所示。

（2）彗差。

由位于主轴外的某一轴外物点向光学系统发出的单色圆锥形光束，经该光学系统折射后，若在理想平面处不能结成清晰点，而是结成拖着明亮尾巴的彗星形光斑，则此光学系统的成像误差称为彗差（Comatic Aberration）。彗差属轴外物点的单色像差，当轴外物点以大孔径光束成像时，发出的光束通过透镜后，不再相交于一点，此时一光点的像便会得到一逗点状。观察彗差的光学元件的摆放位置如图 1.9.2 所示。

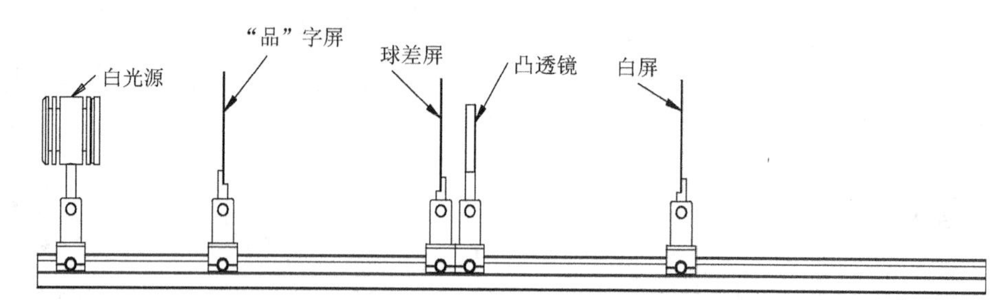

图 1.9.1　观察球差的光学元件的摆放位置

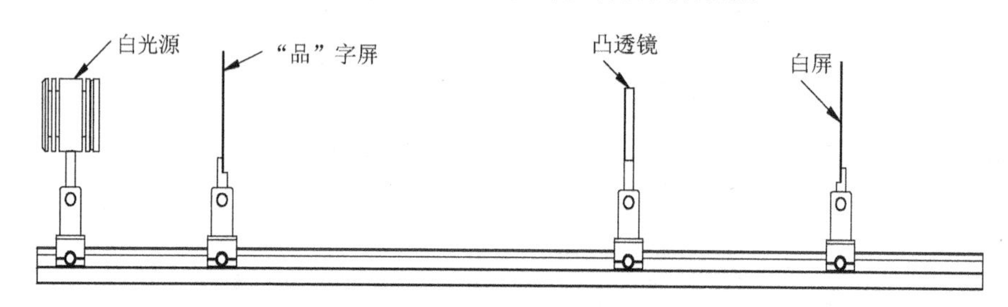

图 1.9.2　观察彗差的光学元件的摆放位置

（3）色差。

色差（Chromatic Aberration）是透镜成像的一个严重缺陷，色差简单来说就是颜色的差别，发生在多色光为光源的情况下（单色光不产生色差）。可见光的波长为 380～780nm，不同波长的光的颜色各不相同，在通过透镜时的折射率也不相同。这样，物方一个点，在像方可能形成一个色斑。色差一般有位置色差和放大率色差两种。位置色差使像在任何位置观察，都带有色斑或晕环，使像模糊不清；放大率色差使像带有彩色边缘。观察色差的光学元件的摆放位置如图 1.9.3 所示。

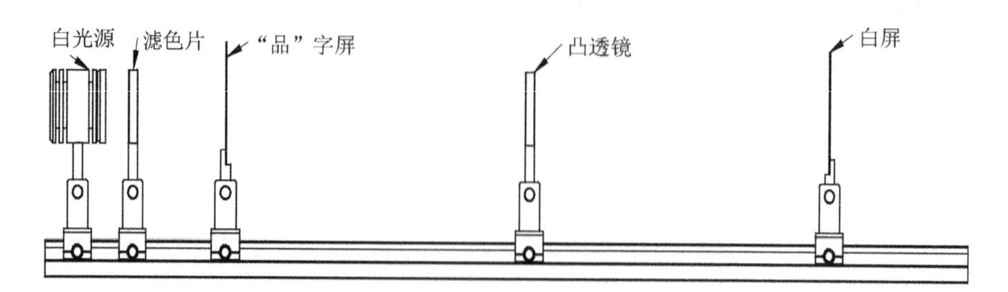

图 1.9.3　观察色差的光学元件的摆放位置

（4）景深。

景深（Depth of Focus）是指在摄影机镜头或其他成像器前能够取得清晰图像的成像所测定的被摄物体前后距离的范围。换言之，在这段空间内的被摄物体，其呈现在底片面的影像模糊度都在容许弥散圆的限定范围内，这段空间的长度就是景深。观察景深的光学元件的摆放位置如图 1.9.4 所示。

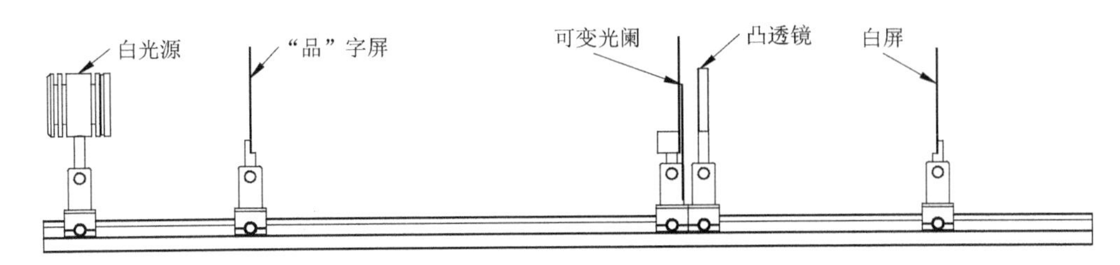

图 1.9.4　观察景深的光学元件的摆放位置

2. 透镜组成像

（1）投影仪。

投影仪（Projector）以精确的放大倍率将物体放大投影在投影屏上。投影仪的光学元件摆放图如图 1.9.5 所示。

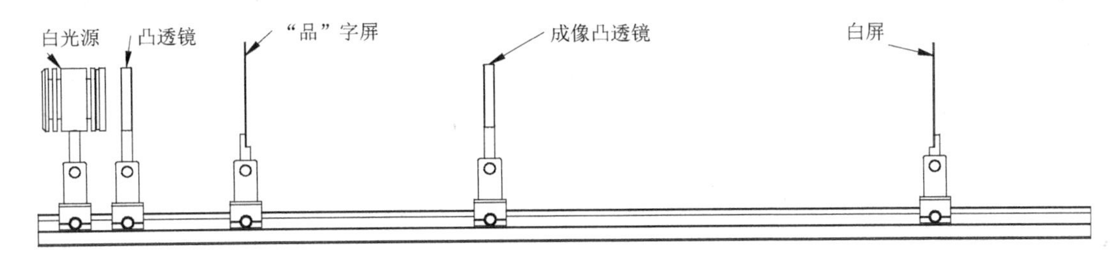

图 1.9.5　投影仪的光学元件摆放图

（2）开普勒望远镜。

开普勒望远镜（Keplerian Telescope）是折射式望远镜的一种，其物镜和目镜均为凸透镜。这种望远镜成像是上下左右颠倒的，但视场可以设计得较大，最早由德国科学家开普勒于 1611 年发明。为了成正立的像，采用这种设计的某些折射式望远镜，特别是多数双筒望远镜，在光路中增加了转像棱镜系统。此外，几乎所有的折射式天文望远镜的光学系统均为开普勒式。开普勒望远镜的光学元件摆放图如图 1.9.6 所示。

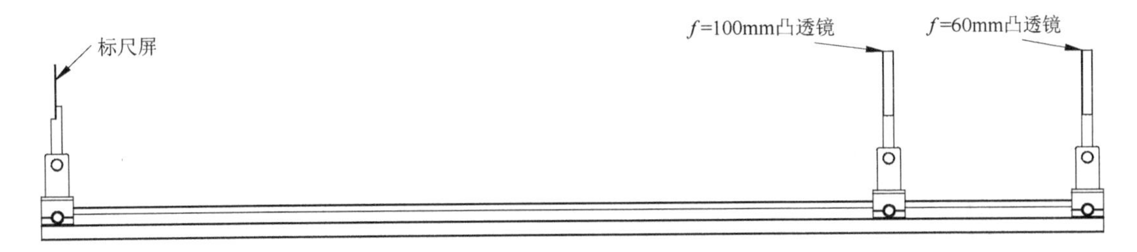

图 1.9.6　开普勒望远镜的光学元件摆放图

（3）伽利略望远镜。

伽利略望远镜（Galileo Telescope）是指物镜是会聚透镜、目镜是发散透镜的望远镜。光线经过物镜折射所成的实像在目镜的后方（靠近人眼）焦点上，该实像对目镜是一个虚像，因此经它折射后，会成一个放大的正立虚像。伽利略望远镜的放大率等于物镜焦距与目镜焦距的比值。伽利略望远镜的优点是镜筒短而能成正像，缺点是视野比较小。伽利略望远镜的光学元件摆放图如图 1.9.7 所示。

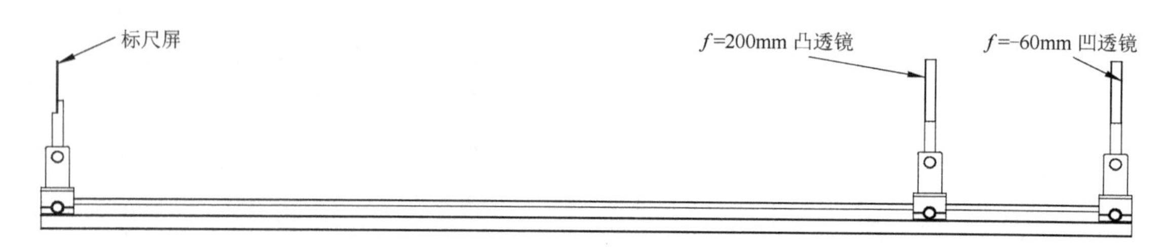

图 1.9.7　伽利略望远镜的光学元件摆放图

（4）显微镜。

显微镜（Microscope）是由一个透镜或几个透镜的组合构成的一种光学仪器，主要用于放大微小物体。显微镜分为光学显微镜和电子显微镜。光学显微镜是在 1590 年由荷兰的杨森父子首创的，现在的光学显微镜可把物体放大 1600 倍，分辨的最小极限达 0.1μm。电子显微镜是 1931 年在德国柏林由克诺尔和哈罗斯卡首先装配完成的，它用高速电子束代替光束，由于电子的波长比光波的波长短得多，因此电子显微镜的放大倍数可达 20 万倍，分辨极限达 0.2nm。

显微镜成像是利用凸透镜的成像原理把物体放大的。当物体处在物镜物方后焦距和二倍焦距之间时，在物镜像方的二倍焦距以外会形成放大的倒立实像。在显微镜的设计上，将此像落在目镜的一倍焦距之内，使物镜放大的第一次像（中间像）被目镜再一次放大，最终在目镜的物方、中间像的同侧形成放大的直立（相对于中间像而言）虚像。显微镜的光学元件摆放图如图 1.9.8 所示。

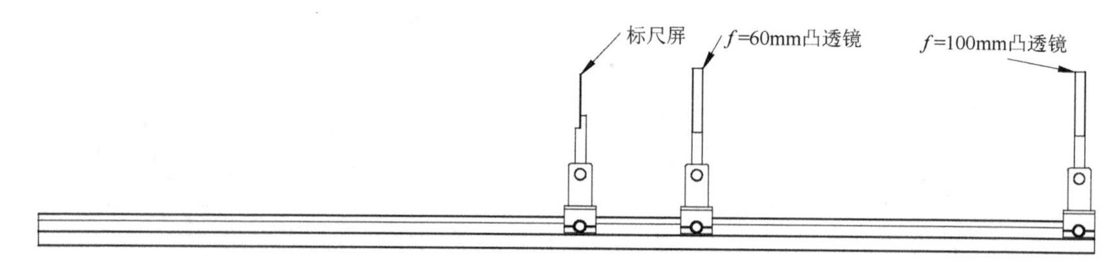

图 1.9.8　显微镜的光学元件摆放图

【实验仪器】

光具座、光学元件底座、白光光源、“品”字屏、滤色片（红色和蓝色）、可变光阑、球差屏（圆孔和环形）、凸透镜（f=60mm、f=100mm、f=200mm）、标尺屏、白屏。

【实验内容与方法】

1．球差

（1）将白光源、“品”字屏、球差屏、f=60mm 的凸透镜、白屏按图 1.9.1 依次排列在光具座上，调整各元件，使之同轴等高。将“品”字屏置于白光源后约 50mm 处；球差屏尽量靠近凸透镜；调整白屏位置，直到在白屏上观察到清晰放大的实像，记录白屏位置 l_1。

（2）用环形球差屏换下圆孔球差屏，并调整其同轴等高，此时白屏上的像将变得模糊，调节白屏位置，直到重新观察到清晰的实像，记录此时白屏位置 l_2。

（3）将 f=60mm 的凸透镜换成 f=100mm 和 f=200mm 的凸透镜，重复步骤（1）、（2），将

数据记录于表 1.9.1 中。

表 1.9.1　透镜的焦距与球差测量数据记录

焦距 f/mm	60	100	200
用圆孔球差屏时的白屏位置 l_1/cm			
用环形球差屏时的白屏位置 l_2/cm			
球差 $\|l_1-l_2\|$/cm			

2. 彗差

（1）将白光源、“品”字屏、f=100mm 的凸透镜、白屏按图 1.9.2 依次排列在光具座上，调整各元件，使之同轴等高。将“品”字屏置于白光源后约 50mm 处；调整凸透镜和白屏的位置，直到在白屏上观察到清晰的实像。

（2）将凸透镜转动一个角度，移动白屏并观察像的变化。

3. 色差

（1）将白光源、红色滤色片、“品”字屏、f=60mm 的凸透镜、白屏按图 1.9.3 依次排列在光具座上，调整各元件，使之同轴等高。将“品”字屏置于白光源后约 50mm 处；调整凸透镜和白屏的位置，直到在白屏上观察到红色清晰的实像，记下白屏的位置 l_1。

（2）旋下红色滤色片，装上蓝色滤色片，此时白屏上的实像将变得模糊，调节白屏位置，直到重新得到蓝色清晰的实像，记下此时白屏的位置 l_2。

（3）将 f=60mm 的凸透镜换成 f=100mm 和 f=200mm 的凸透镜，重复步骤（1）、（2），将数据记录于表 1.9.2 中。

表 1.9.2　透镜的焦距与色差测量数据记录

焦距 f/mm	60	100	200
用红色滤色片时的白屏位置 l_1/cm			
用蓝色滤色片时的白屏位置 l_2/cm			
色差 $\|l_1-l_2\|$/cm			

4. 景深

（1）将白光源、“品”字屏、f=100mm 的凸透镜、白屏按图 1.9.4 依次排列在光具座上，调整各元件，使之同轴等高。将“品”字屏置于白光源后约 50mm 处；调整凸透镜和白屏的位置，直到在白屏上观察到清晰的实像。

（2）在凸透镜前加一可变光阑，将可变光阑靠近凸透镜，改变光阑孔径，移动“品”字屏，观察像清晰的范围。

（3）将可变光阑孔径调至最小，前后移动“品”字屏，记录下像清晰的“品”字屏的位置范围 $|l_1-l_2|$（景深）。

（4）将可变光阑孔径调至最大，前后移动“品”字屏，记录下像清晰的“品”字屏的位置范围$|l_1-l_2|$（景深）。

（5）将f=60mm 的凸透镜换成f=100mm 和f=200mm 的凸透镜，重复步骤（3）、（4），将数据记录于表 1.9.3 中。

表 1.9.3　透镜的焦距与景深测量数据记录

焦距 f/mm	60	100	200
光阑孔径最小时的景深 $\lvert l_1-l_2 \rvert$/cm			
光阑孔径最大时的景深 $\lvert l_1-l_2 \rvert$/cm			

5．投影仪

（1）将白光源、凸透镜 1、“品”字屏、凸透镜 2、白屏按图 1.9.5 依次排列在光具座上，调整各元件，使之同轴等高，调整“品”字屏和凸透镜 2 的位置，使“品”字屏在白屏上成一个放大的像。

（2）取下凸透镜 1，观察像的明暗变化，思考两个凸透镜分别起到的作用。

6．开普勒望远镜

（1）将标尺屏、f =100mm 的凸透镜、f=60mm 的凸透镜按图 1.9.6 依次排列在光具座上，调整各元件，使之同轴等高，凸透镜之间的距离约为两个凸透镜的焦距的和。

（2）仔细调整两个凸透镜的间距，直到得到远处景物的清晰倒立的像。

7．伽利略望远镜

（1）将标尺屏、f=200mm 的凸透镜、f=60mm 的凹透镜按图 1.9.7 依次排列在光具座上，调整各元件，使之同轴等高，凸透镜和凹透镜之间的距离约为两个透镜的焦距之差。

（2）仔细调整两个透镜的间距，直到得到远处景物的清晰正立的像。

（3）将标尺屏挪至导轨的另一端，重新调整两透镜间的距离，直到可清晰地看到标尺屏上的刻度。用眼睛分别从透镜里和透镜外同时观察标尺屏，根据两个像的大小比例，估测伽利略望远镜的放大倍数。

8．显微镜

（1）将标尺屏、f=60mm 的凸透镜、f=100mm 的凸透镜按图 1.9.8 依次排列在光具座上，调整各元件，使之同轴等高。标尺屏位于物镜（f=60mm 的凸透镜）一倍焦距外一点，两凸透镜相距 300mm 以上。

（2）移动目镜（f=100mm 的凸透镜），直到得到标尺屏清晰倒立的像。

注意：所有光学元件均不可用手触碰，并且不用的光学元件应合理放置，以防跌落。

【数据处理要求】

1．画出物体在有限远处的开普勒望远镜、伽利略望远镜的光路图，推导放大倍数公式，并比较两种望远镜有何不同。

2．画出显微镜的光路图，并推导其放大倍数。

【分析与思考】

1．简述透镜焦距与球差、色差的关系，以及透镜光阑孔径与景深的关系。
2．孔径越小，清晰范围越大（景深越深），原因是什么？
3．开普勒望远镜和伽利略望远镜有何不同？
4．投影仪透镜组在什么情况下成一个放大的像？简述其中两个凸透镜的作用。

实验 1.10　非线性电学元件伏安特性的测定

用伏安法研究电学元件的伏安特性是电学实验中的基础实验。它能使学生正确地使用电学基本仪器、连接线路，并能在电路分析和电学仪器的选择方面受到有效的训练。

【实验目的】

1．掌握线性电阻伏安特性测量的基本方法。
2．掌握锗二极管和硅二极管的非线性特点。
3．掌握二端式稳压二极管的使用方法。
4．了解钨丝灯泡电阻随电压的变化规律。

【实验原理】

1．线性电阻的伏安特性

在电阻两端施加一直流电压，电阻内会有电流通过。根据欧姆定律，电阻值为

$$R=\frac{U}{I} \tag{1.10.1}$$

以 U 为自变量、I 为函数作电压与电流的关系曲线，称为该元件的伏安特性曲线。

线绕电阻、金属膜电阻等的阻值比较稳定，其伏安特性曲线是一条通过原点的直线，即电阻内通过的电流与两端施加的电压成正比，这种电阻称线性电阻，其伏安特性曲线如图 1.10.1 所示。

当电流表内阻为 0 且电压表内阻无穷大时，电流表外接和电流表内接两种测试电路都不会带来附加测量误差（见图 1.10.2），被测电阻的阻值 $R=\dfrac{U}{I}$。

但是，实际电流表有一定的内阻，记为 R_I；实际电压表的内阻也不是无穷大的，记为 R_U。由于 R_I 和 R_U 的存在，如果简单地用 $R=\dfrac{U}{I}$ 计算电阻的阻值，则必然带来附加系统误差。为了减小这种附加误差，可以对测试电路进行粗略的估算，分以下几种情况。

（1）当 $R_U \gg R$ 且 R_I 和 R 相差不大时，宜选用电流表外接电路。

（2）当 $R \gg R_{\mathrm{I}}$ 且 R_{U} 和 R 相差不大时，宜选用电流表内接电路。

（3）当 $R \gg R_{\mathrm{I}}$ 且 $R_{\mathrm{U}} \gg R$ 时，必须用电流表内接电路和电流表外接电路进行测试而定。

此时 R 为估计值，估计方法为：先按电流表外接电路接好测试电路，调节直流稳压电源电压，使两表指针都指向较大的位置；保持电源电压不变，记下两表值 U_1 和 I_1，将电路改成电流表内接测试电路，记下两表值 U_2 和 I_2；将 U_1、U_2 和 I_1、I_2 进行比较，如果电压值变化不大，而 I_2 较 I_1 显著减小，则说明电阻是高值电阻，此时选择电流表内接测试电路为好。反之，若电流值变化不大，而 U_2 较 U_1 显著减小，则说明电阻为低值电阻，此时选择电流表外接测试电路为好。当电压值和电流值均变化不大时，两种测试电路均可。

如果要得到测量准确值，就必须予以修正。电流表内接测试电路的修正公式为

$$R = \frac{U}{I} - R_{\mathrm{I}} \tag{1.10.2}$$

电流表外接测试电路的修正公式为

$$\frac{1}{R} = \frac{I}{U} - \frac{1}{R_{\mathrm{U}}} \tag{1.10.3}$$

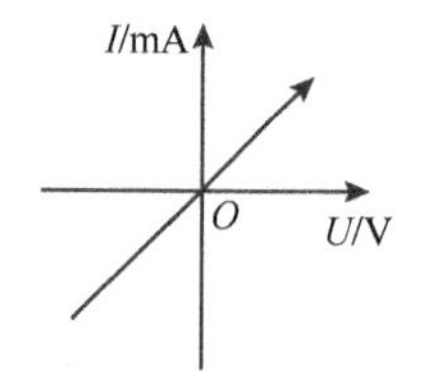

图 1.10.1　线性电阻的伏安特性曲线

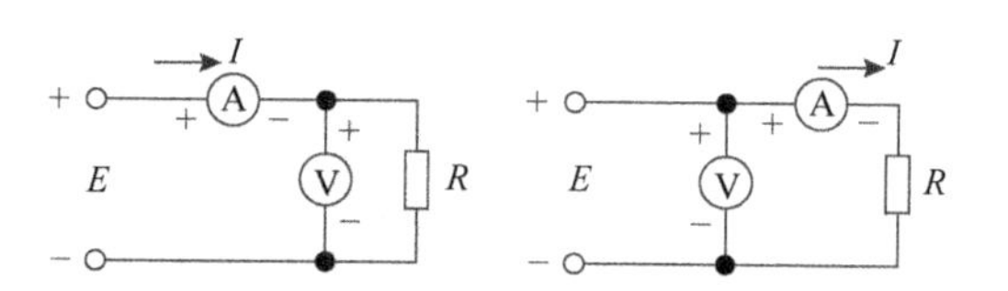

图 1.10.2　电流表外接和电流表内接测试电路

2．二极管的伏安特性

当对二极管施加正向偏置电压时，二极管中会有正向电流通过（多数载流子导电）。随着正向偏置电压的增大，开始时，电流随电压变化缓慢，当正向偏置电压增至接近二极管导通电压时（锗管为 0.2V 左右，硅管为 0.7V 左右，如图 1.10.3 所示），电流急剧增大。二极管导通后，即使电压有少许变化，电流的变化都会很大。当对二极管施加反向偏置电压时，二极管处于截止状态，电流几乎为 0。当反向电压增至该二极管的击穿电压时，电流猛增，二极管被击穿。在二极管的使用过程中，应避免出现击穿现象，这很容易造成二极管的永久性损坏，因此，在做二极管反向特性实验时，应串入限流电阻，以防因反向电流过大而损坏二极管。

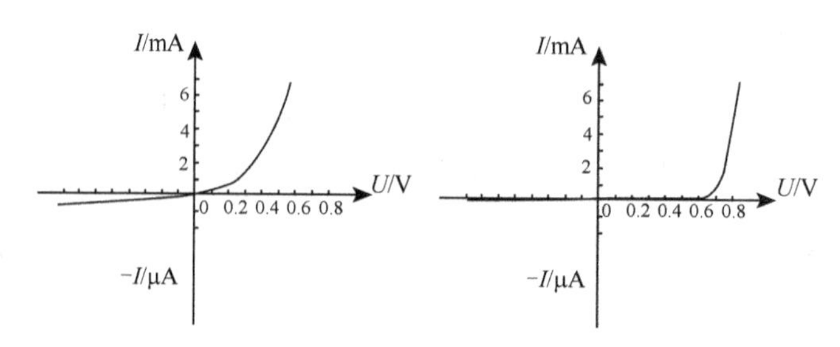

图 1.10.3　锗二极管和硅二极管的伏安特性曲线

3．稳压二极管的伏安特性

2CW56 型稳压二极管属硅半导体稳压二极管，其正向伏安特性类似于 1N4007 型二极管的伏安特性；其反向特性变化甚大。当在 2CW56 型稳压二极管两端加反向偏置电压时，其电阻值很大，反向电流极小，资料显示，其值不大于 0.5μA。随着反向偏置电压的进一步增大，当为 7.0～8.8V 时，会出现反向击穿现象（有意掺杂而成），产生雪崩效应，其电流迅速增大，电压少许变化，将引起电流的巨大变化。只要在线路中对雪崩产生的电流进行有效的限流措施，即使其电流有少许变化，二极管两端电压仍是稳定的（变化很小），这就是稳压二极管的使用原则，其应用电路如图 1.10.4 所示。

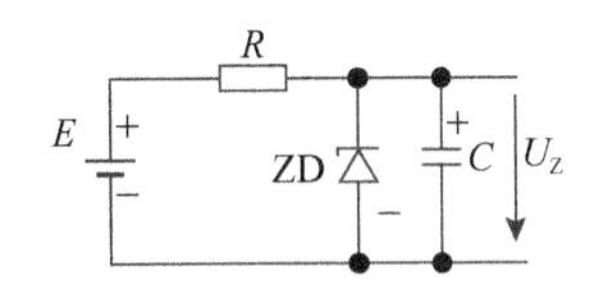

图 1.10.4 稳压二极管的应用电路

在图 1.10.4 中，E 为供电电源，R 为限流电阻，C 为电解电容，对稳压二极管（ZD）产生的噪声进行平滑滤波，U_Z 为稳压输出电压。

4．钨丝灯泡的伏安特性

本实验所用钨丝灯泡的规格为 12V/0.1A，与家用白炽灯泡中的钨丝属同一种材料，仅钨丝的粗细和长短有所不同。金属钨的电阻温度系数为 4.8×10^{-5}ppm/℃，系正温度系数。当在钨丝灯泡两端施加电压后，钨丝上就会有电流流过，产生功耗，钨丝温度上升，致使钨丝灯泡电阻增大。钨丝灯泡不加电时的电阻称为冷态电阻；施加额定电压时测得的电阻称为热态电阻。由于正温度系数的关系，冷态电阻小于热态电阻。在一定的电流范围内，电压和电流的关系为

$$U = KI^n \tag{1.10.4}$$

式中，K 和 n 为与钨丝灯泡有关的常数。

为求得常数 K 和 n，可以通过两次测量所得的 U_1、I_1 和 U_2、I_2，得

$$U_1 = KI_1^n \tag{1.10.5}$$

$$U_2 = KI_2^n \tag{1.10.6}$$

将式（1.10.5）除以式（1.10.6）可得

$$n = \frac{\lg\dfrac{U_1}{U_2}}{\lg\dfrac{I_1}{I_2}} \tag{1.10.7}$$

将式（1.10.7）代入式（1.10.5）可得

$$K = U_1 I_1^{-n} \tag{1.10.8}$$

【实验仪器】

DH6102 型伏安特性实验仪、插头导线若干。

DH6102 型伏安特性实验仪由直流稳压电源、可变电阻器、电流表、电压表及被测元件五部分组成，其面板如图 1.10.5 所示。

电压表和电流表采用四位半数显表头，可以独立完成对线性电阻、半导体二极管、钨丝灯泡等电学元件的伏安特性的测量。

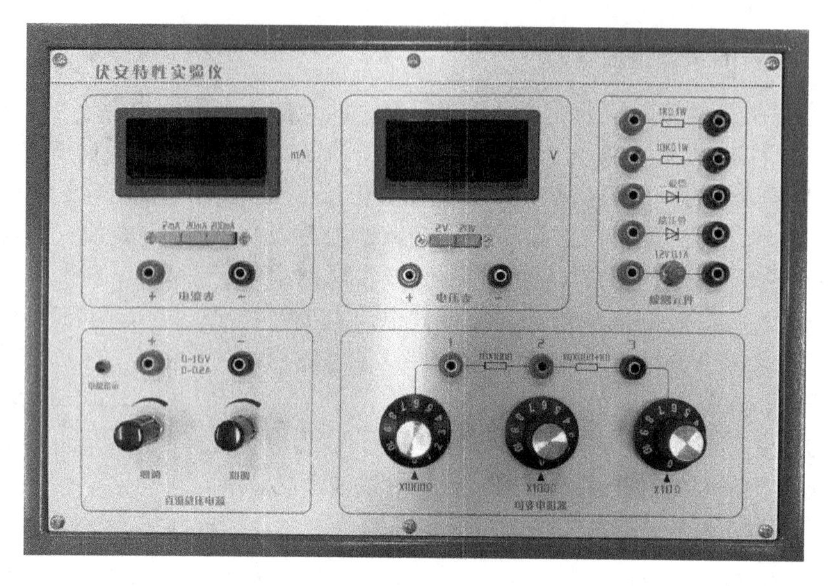

图 1.10.5　DH6102 型伏安特性实验仪面板①

五种被测元件的主要参数如下。

（1）1kΩ 1W 电阻：金属膜电阻，阻值为(1±0.05)kΩ，安全电压为 20V。

（2）10kΩ 1W 电阻：金属膜电阻，阻值为(10±0.5)kΩ，安全电压为 20V。

（3）二极管：最高反向峰值电压为 13V，正向最大电流≤0.2A（正向压降值为 0.8V）。

（4）稳压管：2CW56 型稳压二极管，稳定电压为 7.0～8.8V，最大工作电流为 27mA。当工作电流为 5mA 时，动态电阻为 15Ω，正向压降≤1V。

（5）12V 0.1A 钨丝灯泡：室温下的冷态电阻在 10Ω 左右，12V/0.1A 时的热态电阻在 80Ω 左右，安全电压≤13V。

【实验内容与方法】

1．测试电阻的伏安特性

（1）选择 1kΩ 1W 电阻作为待测元件，将电源电压旋钮调至 0，按照图 1.10.6 连接电路。

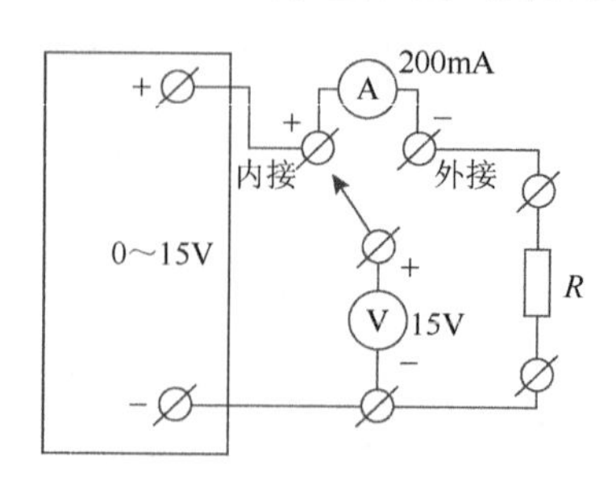

图 1.10.6　电阻伏安特性电路图

（2）用电流表外接和内接两种方法分别进行测试，确定电路优选方案，按式（1.10.2）和式（1.10.3）修正计算结果，将测量结果记录于表 1.10.1 中。

注：①面板图中的“KΩ”的正确写法为“kΩ”。

表 1.10.1　1kΩ 1W 电阻伏安特性测量数据记录

电流表内接测试				电流表外接测试			
U/V	I/mA	电阻直算值 R/Ω	电阻修正值 R'/Ω	U/V	I/mA	电阻直算值 R/Ω	电阻修正值 R'/Ω

2. 测试二极管的伏安特性

（1）选择二极管作为待测元件，将电源电压旋钮调至 0。

（2）测试二极管的反向特性：由于二极管的反向电阻值很大，因此采用电流表内接测试电路以减小测量误差，按照图 1.10.7 连接电路，将变阻器调至 700Ω，调节电源电压，以得到所需电流值，将数据记录于表 1.10.2 中。

表 1.10.2　二极管反向伏安特性测量数据记录

U/V								
I/μA								
电阻直算值 R/kΩ								

（3）测试二极管的正向特性：二极管在正向导通时呈现的电阻值较小，因此采用电流表外接测试电路，按照图 1.10.8 连接电路，电源电压在 0～10V 内调节，将变阻器设置为 700Ω，调节电源电压，以得到所需电流值，将数据记录于表 1.10.3 中。

注意：实验时，二极管正向电流不得超过 20mA。

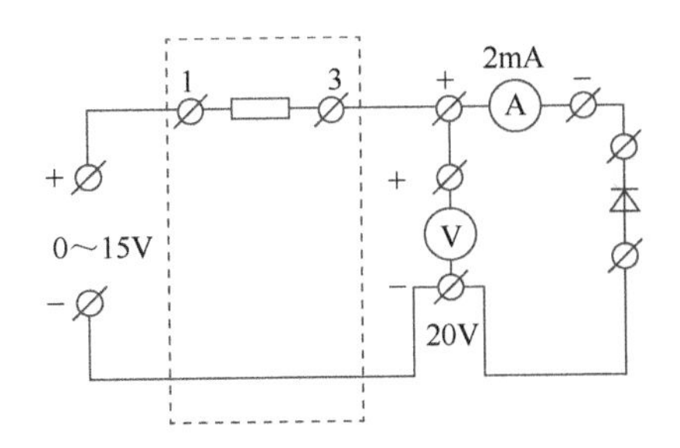

图 1.10.7　二极管反向特性测试电路图

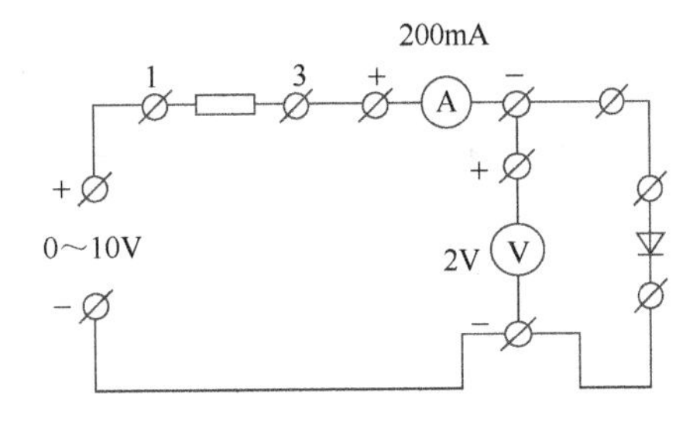

图 1.10.8　二极管正向特性测试电路图

表 1.10.3　二极管正向伏安特性测量数据记录

U/V								
I/mA								
电阻直算值 R/kΩ								
电阻修正值 R'/Ω								

注意：电阻修正值按式（1.10.3）计算。

3．测试 2CW56 型稳压二极管的反向伏安特性

（1）选择稳压管作为待测元件，将电源电压旋钮调至 0，当 2CW56 型稳压二极管的反向偏置电压为 0～7V 时，阻抗很大，因此采用电流表内接测试电路，将电压表“＋”端接于电流表“＋”端，如图 1.10.9 所示。

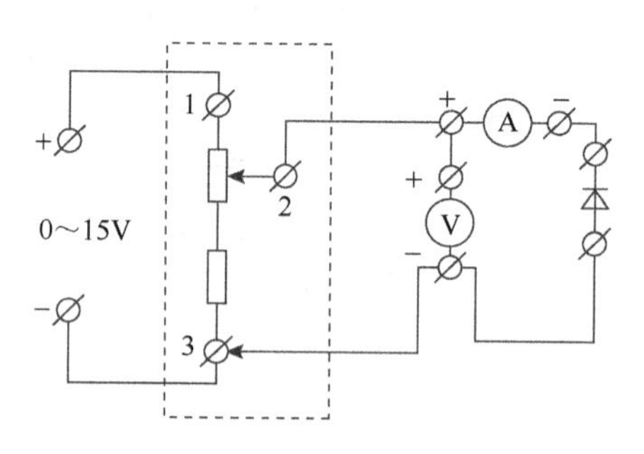

图 1.10.9　2CW56 型稳压二极管反向伏安特性测试电路图

（2）将变阻器旋到 1100Ω 后，慢慢地增大电源电压，记下电压表对应数据并填入表 1.10.4 中。

（3）当观察到电流开始增大并有迅速加快现象时，说明 2CW56 型稳压二极管已开始进入反向击穿过程，这时将电流表改为外接式，即将电压表“＋”端接于电流表“－”端，继续慢慢地将电源电压增大至 10V。为了继续增大 2CW56 型稳压二极管的工作电流，可以逐步减小变阻器的电阻值，为了得到整数电流值，可以辅助微调电源电压。

表 1.10.4　2CW56 型稳压二极管反向伏安特性测量数据记录

电流表接法	数　据								
内接式	U/V								
	I/μA								
外接式	U/V								
	I/mA								

4．测试钨丝灯泡的伏安特性

（1）选择钨丝灯泡作为待测元件，将电源电压旋钮调至 0。

（2）钨丝灯泡的阻值在端电压 12V 范围内为几欧姆到一百多欧姆，当电压表在 20V 挡位时，其内阻为 1MΩ，远大于灯泡电阻；当电流表在 200mA 挡位时，其内阻为 10Ω 或 1Ω，和灯泡电阻相比，小得不多，因此采用电流表外接法进行测量，按图 1.10.10 连接电路，将变阻器设置为 100Ω。

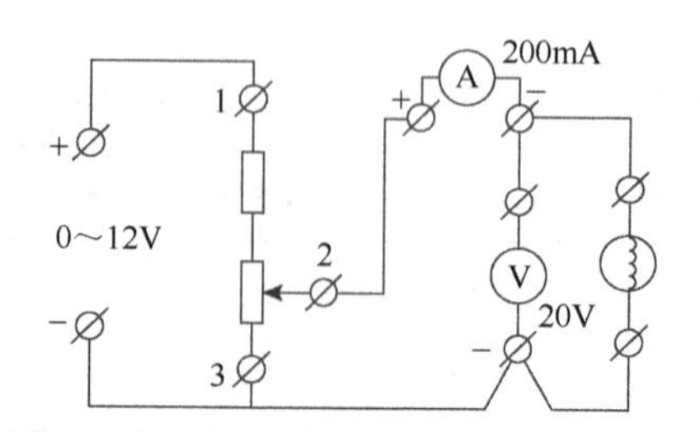

图 1.10.10　钨丝灯泡伏安特性测试电路图

（3）将实验数据记录于表 1.10.5 中。

表 1.10.5　钨丝灯泡伏安特性测量数据记录

灯泡电压 U/V													
灯泡电流 I/mA													
灯泡电阻直算值 R/Ω													

【数据处理要求】

1．在坐标纸上画出二极管的伏安特性曲线（包含正向和反向）。

2．在坐标纸上画出 2CW56 型稳压二极管的伏安特性曲线（包含正向和反向）。

3．在坐标纸上画出钨丝灯泡的伏安特性曲线，并将电阻直算值标注在坐标图上。选择两组数据（如 U_1=2V、U_2=8V，以及相应的 I_1、I_2），按式（1.10.7）和式（1.10.8）计算 K 和 n。

【分析与思考】

1．根据 R=1kΩ、R_U=1MΩ、R_I= 10Ω 和测试误差，讨论电流表内接和电流表外接两种测试方法的优劣。

2．二极管反向电阻和正向电阻差异如此大，其物理原理是什么？二极管的正向伏安特性测试数据中的“电阻修正值”和“电阻直算值”相比，其误差产生过程有哪些？

3．稳压二极管的限流电阻值如何确定？（提示：根据要求的稳压二极管动态内阻确定工作电流，再由工作电流计算限流电阻的大小）当选择工作电流为 8mA、供电电压为 10V 时，限流电阻大小是多少？当供电电压为 12V 时，限流电阻又是多少？

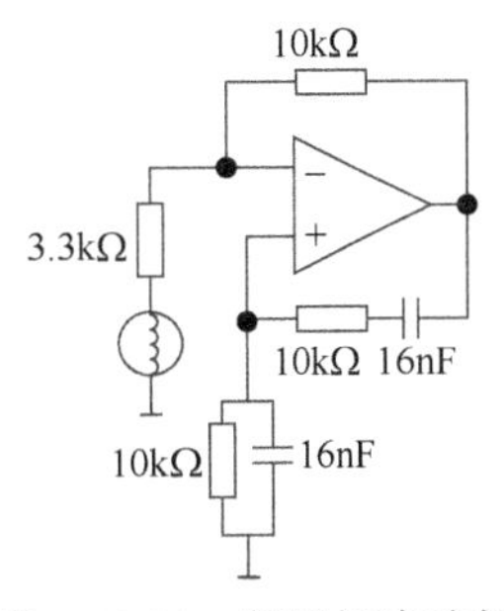

图 1.10.11　钨丝灯泡稳幅的 1kHz 振荡电路

4．在电子振荡器电路中，经常利用正温度系数的灯泡作为振荡器电压稳定的自动调节元件，参考图 1.10.11，试从钨丝灯泡伏安特性方面说明该振荡器的稳幅原理。

附录 A　DH6102 型伏安特性实验仪使用说明

前面提到，DH6102 型伏安特性实验仪由直流稳压电源、可变电阻器、电流表、电压表及被测元件五部分组成，电压表和电流表采用四位半数显表头，可以独立完成对线性电阻元件、半导体二极管、钨丝灯等电学元件的伏安特性测量。实验中必须合理配接电压表和电流表，只有这样才能使测量误差最小。

1．直流稳压电源

输出电压：0～15V。

负载电流：0～0.2A。

输出电压稳定性：优于 1×10^{-4}。

输出纹波：≤$U_{p\text{-}p}\times10^{-3}$。

负载稳定性：优于 1×10^{-3}。

输出设有短路和过流保护电路，输出电流最大为 0.2A。

输出电压调节：有粗调、细调两种调节方式。两种调节方式配合使用。

输入电源：(220±22)V，50Hz；功耗最大为 20W。

2. 可变电阻器

可变电阻器由(0～10)×1000Ω，(0～10)×100Ω 和(0～10)×10Ω 三个可变电阻开关盘构成，其电路结构如图 A.1 所示。

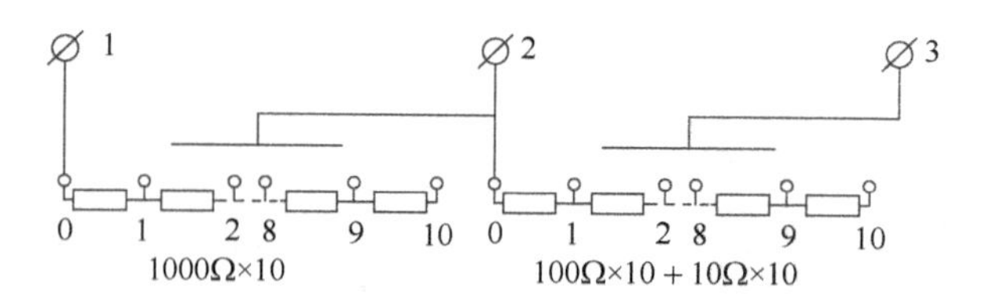

图 A.1　可变阻器的电路结构

技术指标如下。

（1）电阻变化范围：0～11100Ω，最小步进值为 10Ω，精度为 1%。

（2）电阻的功耗值：(0～10)×1000Ω，0.5W；(0～10)×100Ω，1W；(0～10)×10Ω，5W。

使用说明如下。

（1）作为变阻器。

如图 A.1 所示，1 号、2 号和 3 号端子间的电阻值等于三个开关盘电阻示值之和，电阻为 0～11100Ω，最小步进值为 10Ω。

（2）构成变阻输入式分压箱。

当电源正极接于 1 号端子、负极接于 3 号端子时，从 2 号端子上获得电源电压的分压输出，其原理如图 A.2 所示。

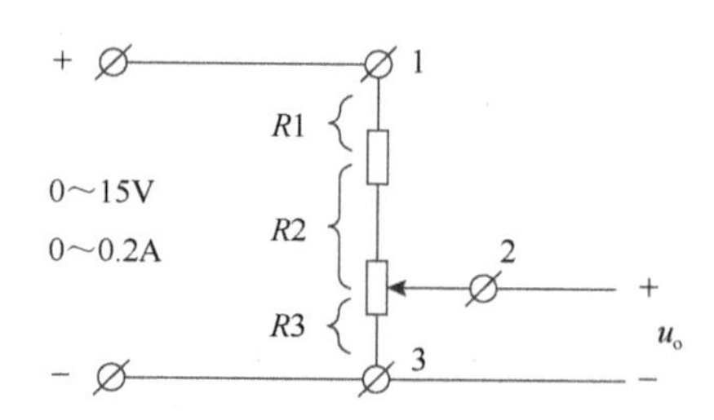

图 A.2　变阻输入式分压箱的原理

由图 A.2 可得

$$u_o = E \cdot \frac{R3}{R1 + R2 + R3}$$

式中，u_o 为分压电压输出值；E 为电源电压；$R1$ 为×1000Ω 开关盘示值电阻，可由开关旋钮转接而变化；$R2+R3$ 为×10Ω 和×100Ω开关盘总电阻，共 1100Ω。

变阻输入式分压箱的优点是分压工作电流可变。

3. 电流表

（1）满量程电流：200mA。

（2）表头最大显示：19999。

电流表量程及其对应内阻如表 A.1 所示。

表 A.1　电流表量程及其对应内阻

电流表量程	2mA	20mA	200mA
电流表内阻	100Ω	10Ω	1Ω
测量精度	0.5%	0.5%	0.5%

4. 电压表

（1）满量程电压：2V。

（2）表头最大显示：19999。

电压表量程及其对应内阻如表 A.2 所示。

表 A.2　电压表量程及其对应内阻

电压表量程	2V	20V
电压表内阻	1MΩ	10MΩ
测量精度	0.2%	0.2%

注意：当换用量程测量时，必须转换量程开关和对应的测量输入插座。

5. 被测元件安全性说明

（1）RJ-0.5W-1kΩ，RJ-0.5W-10kΩ 两个电阻的安全电压都是按额定功耗的 80%计算所得的，本实验仪的直流稳压电源电压为 0～15V，因此，在对这两个电阻做伏安特性测量时，不加任何限流电阻或采取分压降压措施，都是安全的。

（2）稳压管和二极管的正向伏安特性大致相同，正向测量时一定要限制正向电流，不要超过最大正向电流的 70%左右。稳压管反向击穿电压即稳压值，此时要串入电阻箱以限制其稳压工作电流不超过最大工作电流，二极管在反向击穿时，电流值会比较大，此时也要限制其反向电流不超过 200mA，以免击穿损坏二极管。

（3）钨丝灯泡冷态电阻约为 10Ω，当突然加上 12V 的电压时，有可能造成钨丝断裂。为了保证钨丝灯泡的安全，加电前应串入 100Ω 的限流电阻。

实验 1.11　交流电桥测电容、电感和电阻

交流电桥用于交流等效电阻及其时间常数、电容及其介质损耗、自感及其线圈品质因数和互感等电参数的精密测量，它在电测技术中占有重要的地位。常用的交流电桥分为阻抗比电桥和变压器电桥两大类，习惯上，一般称阻抗比电桥为交流电桥，本实验中的交流电桥指的是阻抗比电桥。交流电桥线路虽然和直流单臂电桥线路具有同样的结构形式，但因为它的四个臂都是阻抗，所以它的平衡条件、线路的组成及实现平衡的调整过程都比直流单臂电桥复杂。

【实验目的】

1．掌握交流电桥的平衡条件和测量原理。
2．设计各种实际测量用的交流电桥。
3．验证交流电桥的平衡条件。
4．学会用交流电桥测定电容、电感和电阻。

【实验原理】

图 1.11.1 为交流电桥的电路图，它与直流单臂电桥的结构相似。在交流电桥中，四个桥臂一般是由交流电路元件，如电阻、电感、电容组成的，电桥的电源通常是正弦交流电源。交流平衡指示仪的种类很多，适用于不同频率范围。当频率在 200Hz 以下时，可采用谐振式检流计；当频率在音频范围内时，可采用耳机作为平衡指示器；当频率为音频或更高的频率时，也可采用电子指零仪，也有用电子示波器或交流毫伏表作为平衡指示器的。本实验采用高灵敏度的电子放大式指零仪，它具有足够高的灵敏度。当仪器指零时，电桥达到平衡。

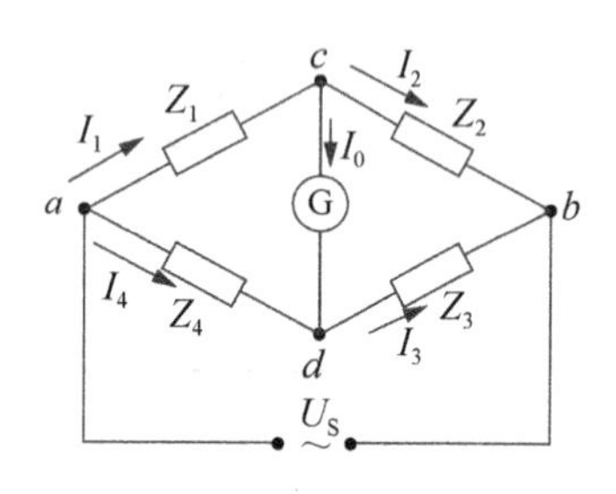

图 1.11.1　交流电桥的电路图

1．交流电桥的平衡条件

在正弦稳态的条件下讨论交流电桥的基本原理。在交流电桥中，四个桥臂由阻抗元件组成，在电桥的一条对角线 *cd* 上接入交流指零仪，在另一对角线 *ab* 上接入交流电源。当调节电桥参数，使交流指零仪中无电流通过时（$I_0=0$），*cd* 两点的电位相等，电桥达到平衡，这时有 $U_{ac}=U_{ad}$，$U_{cb}=U_{db}$，即 $I_1Z_1=I_4Z_4$，$I_2Z_2=I_3Z_3$，两式相除，有 $\dfrac{I_1Z_1}{I_2Z_2}=\dfrac{I_4Z_4}{I_3Z_3}$，当电桥平衡时，$I_0=0$，由此可得 $I_1=I_2$，$I_3=I_4$，因此有

$$Z_1Z_3=Z_2Z_4 \tag{1.11.1}$$

式（1.11.1）就是交流电桥的平衡条件，说明当交流电桥达到平衡时，相对桥臂的阻抗的乘积相等。

由图 1.11.1 可知，若第一桥臂由被测阻抗构成，则 $Z_x=\dfrac{Z_2}{Z_3}\cdot Z_4$，当其他桥臂的参数已知时，就可决定被测阻抗的值 Z_x。

2．交流电桥平衡的分析

在正弦交流情况下，桥臂阻抗可以写成复数的形式

$$Z=R+\mathrm{j}X=Z\mathrm{e}^{\mathrm{j}\varphi}$$

若将电桥的平衡条件用复数的指数形式表示，则可得

$$Z_1\mathrm{e}^{\mathrm{j}\varphi_1}\cdot Z_3\mathrm{e}^{\mathrm{j}\varphi_3}=Z_2\mathrm{e}^{\mathrm{j}\varphi_2}\cdot Z_4\mathrm{e}^{\mathrm{j}\varphi_4}$$

即

$$Z_1\cdot Z_3\mathrm{e}^{\mathrm{j}(\varphi_1+\varphi_3)}=Z_2\cdot Z_4\mathrm{e}^{\mathrm{j}(\varphi_2+\varphi_4)}$$

根据复数相等的条件，等式两端的幅模和幅角必须分别相等，故有

$$\begin{cases} Z_1Z_3 = Z_2Z_4 \\ \varphi_1 + \varphi_3 = \varphi_2 + \varphi_4 \end{cases} \tag{1.11.2}$$

以上就是平衡条件的另一种表现形式，可见，交流电桥的平衡必须满足两个条件：一是相对桥臂上阻抗幅模的乘积相等；二是相对桥臂上阻抗幅角之和相等。由式（1.11.2）可以得出如下两点重要结论。

（1）交流电桥必须按照一定的方式配置桥臂阻抗。

如果用任意不同性质的四个阻抗组成一个电桥，则不一定能够调节平衡，因此，必须把电桥各元件的性质按电桥的两个平衡条件进行适当的配合。

在很多交流电桥中，为了使电桥结构简单和调节方便，通常将交流电桥中的两个桥臂设计为纯电阻。由式（1.11.2）可知，如果相邻两桥臂接入纯电阻，则另外相邻两桥臂也必须接入相同性质的阻抗。也就是说，若被测对象 Z_x 在第一桥臂中，两相邻桥臂 Z_2 和 Z_3（见图 1.11.1）为纯电阻，即 $\varphi_2=\varphi_3=0$，那么由式（1.11.2）可得 $\varphi_4=\varphi_x$；若被测对象 Z_x 是电容，则它相邻桥臂 Z_4 也必须是电容；若 Z_x 是电感，则 Z_4 也必须是电感。

如果相对桥臂接入纯电阻，则另外相对两桥臂必须为异性阻抗。也就是说，若相对桥臂 Z_2 和 Z_4 为纯电阻，即 $\varphi_2=\varphi_4=0$，那么由式（1.11.2）可知 $\varphi_3=-\varphi_x$；若被测对象 Z_x 为电容，则它的相对桥臂 Z_3 必须是电感；若被测对象 Z_x 是电感，则 Z_3 必须是电容。

（2）交流电桥要想平衡，必须反复调节两个桥臂的参数。

在交流电桥中，为了满足上述两个条件，必须调节两个桥臂的参数，只有这样才能使电桥完全达到平衡，而且往往需要对这两个参数进行反复调节。因此，交流电桥的平衡调节要比直流电桥的平衡调节困难一些。

3. 交流电桥的设计

本实验采用独立的测量元件，既可设计一个理论上能平衡的桥路类型，又可设计一个理论上不能平衡的桥路类型，以验证交流电桥的工作原理。

对于交流电桥的四个桥臂，要按一定的原则配以不同性质的阻抗，只有这样才有可能达到平衡。根据前面的分析，满足平衡条件的桥臂类型可以有许多种。设计一个好的、实用的交流电桥应注意以下几方面。

（1）桥臂尽量不采用标准电感。由于制造工艺上的原因，标准电容的准确度要高于标准电感的准确度，并且标准电容不易受外磁场的影响。因此，常用的交流电桥不论是测电感，还是测电容，除了被测桥臂，其他三个桥臂都采用电容和电阻。

（2）尽量使平衡条件与电源频率无关，只有这样才能发挥交流电桥的优点，使被测对象只取决于桥臂参数，而不受电源的电压或频率的影响。有些形式的桥路的平衡条件与频率有关，此时，电源的频率不同将直接影响测量的准确性。

（3）电桥在平衡中需要反复调节，只有这样才能使幅角关系和幅模关系同时得到满足。通常将电桥趋于平衡的快慢程度称为交流电桥的收敛性。收敛性越好，电桥趋向平衡越快；收敛性差，电桥不易平衡，或者说平衡过程时间很长，需要测量的时间也较长。电桥的收敛性取决于桥臂阻抗的性质及调节参数的选择。因此，收敛性差的电桥，由于平衡比较困难，也不常用。

当然，出于对理论验证的需要，我们也可以组建自己需要的各种形式的交流电桥。

4．常用交流电桥

1）电容电桥

电容电桥主要用来测量电容的电容量及损耗角，为了弄清电容电桥的工作情况，首先对被测电容的等效电路进行分析，然后介绍电容电桥的典型线路。

（1）被测电容的等效电路。

实际电容并非理想元件，它存在介质损耗，因此，通过电容的电流和它两端的电压的相位差并不是 90°，而是比 90°要小一个 δ 角，为介质损耗角。具有损耗的电容可以用两种形式的等效电路表示，一种是理想电容和一个电阻相串联的等效电路，如图 1.11.2（a）所示；一种是理想电容与一个电阻相并联的等效电路，如图 1.11.2（b）所示。在等效电路中，理想电容表示实际电容的等效电容，而串联（或并联）等效电阻则表示实际电容的发热损耗。

图 1.11.3（a）、（b）分别画出了相应电压、电流的矢量图。必须注意的是，等效串联电路中的 C 和 R 与等效并联电路中的 C'、R'是不相等的。在一般情况下，当电容的介质损耗不大时，应当有 $C \approx C'$，$R \leqslant R'$。因此，当用 R 或 R'表示实际电容的损耗时，还必须说明它是对于哪一种等效电路而言的。因此，为了表示方便，通常用电容的损耗角 δ 的正切值 $\tan\delta$ 表示它的介质损耗特性，并用符号 D 表示，通常称它为损耗因数。

在等效串联电路中，有

$$D = \tan\delta = \frac{U_R}{U_C} = \frac{IR}{\dfrac{I}{\omega C}} = \omega CR$$

在等效并联电路中，有

$$D = \tan\delta = \frac{I_R}{I_C} = \frac{\dfrac{U}{R'}}{\omega C'U} = \frac{1}{\omega C'R'}$$

应当指出的是，在图 1.11.3 中，$\delta = 90° - \varphi$，这对两种等效电路都是适合的，因此，不管用哪种等效电路，求出的损耗因数是一致的。

（a）等效串联电路图　　（b）等效并联电路图

图 1.11.2　有损耗电容等效电路

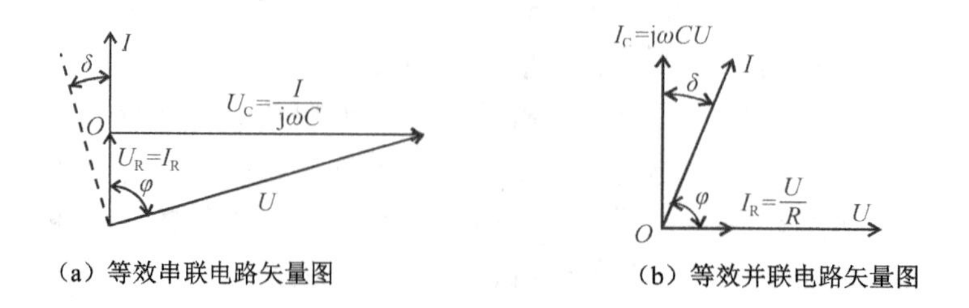

（a）等效串联电路矢量图　　（b）等效并联电路矢量图

图 1.11.3　有损耗电容矢量图

（2）测量损耗小的电容电桥（串联电阻式）。

图 1.11.4 为适合用来测量损耗小的电容的电容电桥，将被测电容 C_x 接到电桥的第一桥臂上，等效为电容 C_x'和串联电阻 R_x'，其中 R_x'表示它的损耗；将与被测电容相比较的标准电容 C_n 接入相邻的第四桥臂上，同时与 C_n 串联一个可变电阻 R_n，桥的另外两臂为纯电阻 R_b 及 R_a，当电桥达到平衡时，有

$$\left(R_x+\frac{1}{\mathrm{j}\omega C_x}\right)R_a=\left(R_n+\frac{1}{\mathrm{j}\omega C_n}\right)R_b$$

令上式的实数部分和虚数部分分别相等，有

$$\begin{cases}R_xR_a=R_nR_b\\ \dfrac{R_a}{C_x}=\dfrac{R_b}{C_n}\end{cases}$$

得到

$$\begin{cases}R_x=\dfrac{R_b}{R_a}R_n & (1.11.3)\\ C_x=\dfrac{R_a}{R_b}C_n & (1.11.4)\end{cases}$$

由此可知，要使电桥达到平衡，必须同时满足上面两个条件，因此至少调节两个参数。如果改变 R_n 和 C_n，便可以单独调节，互不影响地使电容电桥达到平衡。通常，标准电容都是做成固定的，因此 C_n 不能连接可变，这时可以调节 R_a/R_b 的比值以使式（1.11.4）得到满足，但在调节 R_a/R_b 的比值时，又会影响式（1.11.3）的平衡。因此，要使电桥同时满足两个平衡条件，必须对 R_n 和 R_a/R_b 等参数进行反复调节才能实现。因此，在使用交流电桥时，必须通过实际操作取得经验，只有这样才能迅速获得电桥的平衡。电桥达到平衡后，R_x 和 C_x 可以分别按式（1.11.3）和式（1.11.4）计算得出，其被测电容的损耗因数 D 为

$$D=\tan\delta=\omega C_xR_x=\omega C_nR_n \qquad (1.11.5)$$

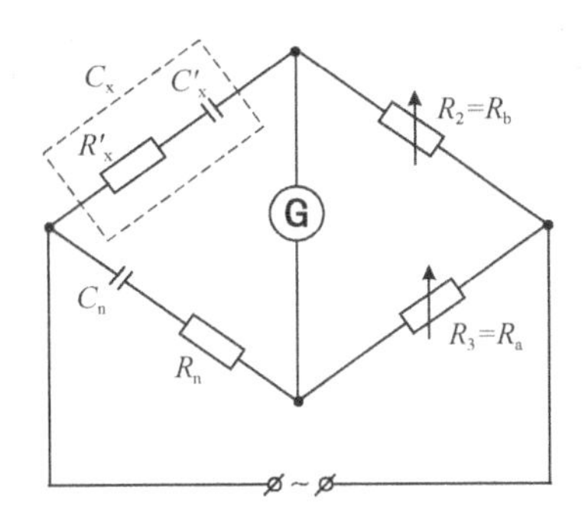

图 1.11.4　串联电阻式电容电桥

（3）测量损耗大的电容电桥（并联电阻式）。

假如被测电容的损耗大，则在用上述电桥测量时，与标准电容相串联的电阻必须很大，这将会降低电桥的灵敏度。因此，当被测电容的损耗大时，宜采用如图 1.11.5 所示的电容电桥进行测量，它的特点是标准电容 C_n 与电阻 R_n 是彼此并联的。根据电桥的平衡条件，有

$$\left(\frac{1}{\frac{1}{R_n}+j\omega C_n}\right)R_b=\left(\frac{1}{\frac{1}{R_x}+j\omega C_x}\right)R_a$$

整理后得

$$\begin{cases} C_x = C_n\dfrac{R_a}{R_b} & (1.11.6)\\ R_x = R_n\dfrac{R_b}{R_a} & (1.11.7)\end{cases}$$

而损耗因数为

$$D=\tan\delta=\frac{1}{\omega C_x R_x}=\frac{1}{\omega C_n R_n} \tag{1.11.8}$$

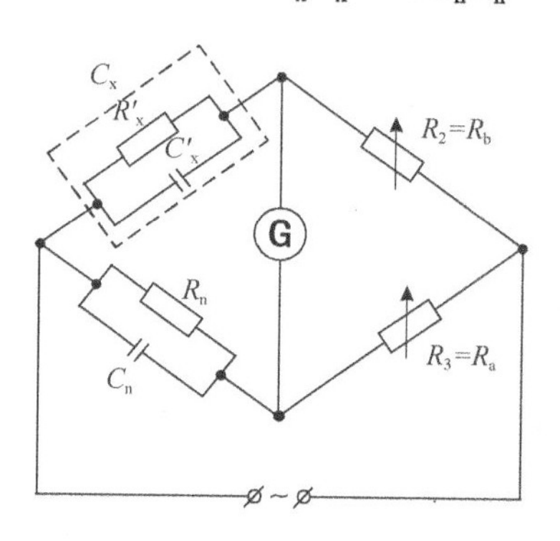

图 1.11.5　并联电阻式电容电桥

在用交流电桥测量电容时，根据需要，还有一些其他形式，也可参见有关的书籍进行设计。

2）电感电桥

电感电桥是用来测量电感的，它有多种线路，通常采用标准电容作为与被测电感相比较的标准元件，从前面的分析可知，这时标准电容一定要安置在与被测电感相对的桥臂中。根据实际需要，也可采用标准电感作为标准元件，这时标准电感一定要安置在与被测电感相邻的桥臂中，这里不再详细介绍。

一般实际的电感线圈都不是纯电感，除了电抗 $X_L=\omega L$，还有有效电阻值 R，两者之比称为电感线圈的品质因数 Q，即

$$Q=\frac{\omega L}{R}$$

下面介绍两种电感电桥电路，它们分别适于测量高 Q 值和低 Q 值的电感元件。

（1）测量高 Q 值电感的电感电桥。

测量高 Q 值电感的电感电桥的原理线路如图 1.11.6 所示，该电桥线路又称海氏电桥。当电桥平衡时，根据平衡条件可得

$$(R_x+j\omega L_x)\left(R_n+\frac{1}{j\omega C_n}\right)=R_bR_a$$

简化整理后得

$$\begin{cases} L_x = \dfrac{R_b R_a C_n}{1+(\omega C_n R_n)^2} \\ R_x = \dfrac{R_b R_a R_n (\omega C_n)^2}{1+(\omega C_n R_n)^2} \end{cases} \quad (1.11.9)$$

由式（1.11.9）可知，海氏电桥的平衡条件与频率有关。因此，在应用成品电桥时，若改用外接电源供电，则必须注意使电源的频率与该电桥说明书上规定的电源频率相符，而且电源波形必须是正弦波形，否则，谐波频率就会影响测量的精度。

当用海氏电桥进行测量时，Q 值为

$$Q = \frac{\omega L}{R_x} = \frac{1}{\omega C_n R_n} \quad (1.11.10)$$

由式（1.11.10）可知，被测电感的 Q 值越低，要求标准电容的值 C_n 越大，但一般标准电容的容量都不能做得太大。此外，若被测电感的 Q 值过低，则海氏电桥的标准电容的桥臂中所串的 R_n 也必须很大，但当电桥中某个桥臂的阻抗数值过大时，将会影响电桥的灵敏度。可见，海氏电桥线路适于测 Q 值较高的电感参数，而在测量 Q<10 的电感元件的参数时则需要用另一种电桥线路，下面介绍这种适于测量低 Q 值电感的电桥线路。

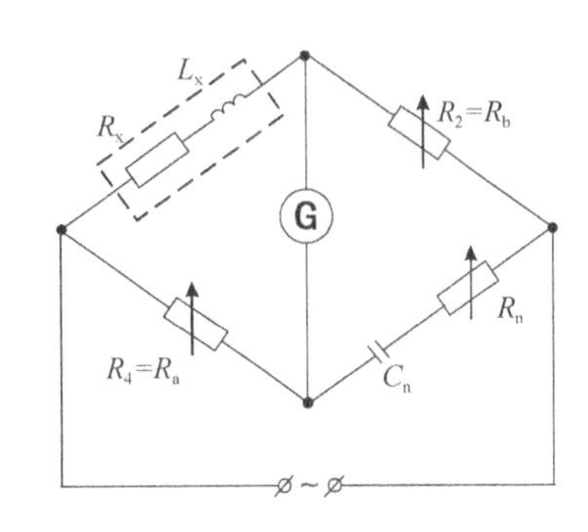

图 1.11.6　测量高 Q 值电感的电感电桥的原理线路

（2）测量低 Q 值电感的电感电桥。

测量低 Q 值电感的电感电桥的原理线路如图 1.11.7 所示，该电桥线路又称麦克斯韦电桥。这种电桥与上面介绍的测量高 Q 值电感的电感电桥线路的不同之处是，标准电容的桥臂中的 C_n 和 R_n 是并联的。在电桥平衡时，有

$$(R_x + j\omega L_x)\left(\frac{1}{\dfrac{1}{R_n} + j\omega C_n}\right) = R_b R_a$$

相应的测量结果为

$$\begin{cases} L_x = R_b R_a C_n \\ R_x = \dfrac{R_b}{R_a} R_n \end{cases} \quad (1.11.11)$$

被测对象的品质因数 Q 为

$$Q = \frac{\omega L_x}{R_x} = \omega C_n R_n \quad (1.11.12)$$

麦克斯韦电桥的平衡条件式（1.11.11）表明，它的平衡是与频率无关的，即在电源为任何频率或非正弦波的情况下，电桥都能平衡，且其实际可测量的 Q 值的范围也较大，因此该电桥的应用范围较广。但是实际上，由于电桥内各元件间的相互影响，交流电桥的测量频率对测量精度仍有一定的影响。

3）电阻电桥

在测量电阻时，采用惠斯通电桥，由图 1.11.8 可见，其桥路形式与直流单臂电桥的形式相同，只是这里用交流电源和交流指零仪作为测量信号。

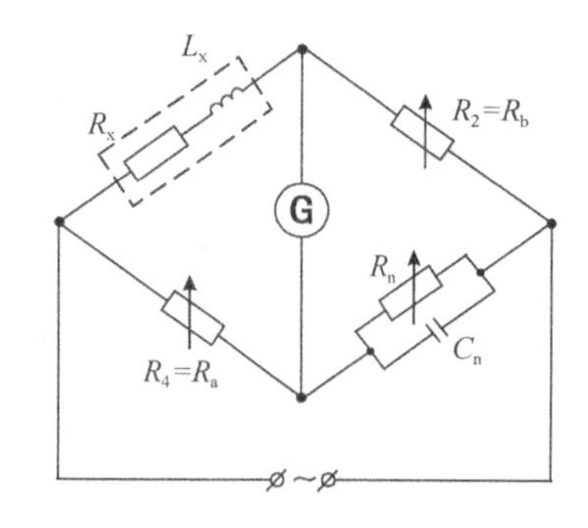

图 1.11.7　测量低 Q 值电感的电感电桥的原理线路

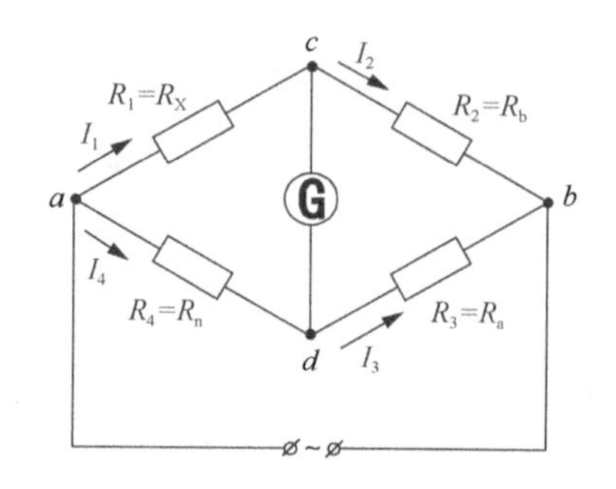

图 1.11.8　交流电桥测量电阻

当检流计 G 平衡时，其中无电流流过，cd 两点为等电位点，即 $I_1=I_2$，$I_3=I_4$，有下式成立：

$$\begin{cases} I_1R_1 = I_4R_4 \\ I_2R_2 = I_3R_3 \end{cases}$$

于是有

$$\frac{R_1}{R_2} = \frac{R_4}{R_3}$$

因此

$$R_x = \frac{R_4}{R_3} \cdot R_2$$

即

$$R_x = \frac{R_n}{R_a} \cdot R_b$$

由于采用交流电源和交流电阻作为桥臂，所以在测量一些残余电抗较大的电阻时不易达到平衡，这时可改用直流电桥进行测量。

【实验仪器】

DH4518 型交流电桥实验仪、插头导线若干。

DH4518 型交流电桥实验仪工作面板如图 1.11.9 所示。

图 1.11.9　DH4518 型交流电桥实验仪工作面板

【实验内容与方法】

1. 串联电阻式电桥测量损耗小的电容

（1）按图 1.11.4 连线，选择 C_x=0.01μF 作为待测电容。

（2）根据式（1.11.3）、式（1.11.4），选择 R_a 为 1kΩ，C_n 为 0.01μF，预估 R_b 的值在 1kΩ 左右。

（3）将灵敏度调低，直到指针在表头刻度的 60%处左右，调节 R_b 和 R_n，使检流计指示最小；再提高灵敏度，直到指针在表头刻度的 60%处左右，再调节 R_b 和 R_n，使检流计指示最小，反复这个操作，直至灵敏度最高且指针指示最小（一般可达零刻度），这时电桥达到平衡。

注意：C_n、R_n 的选择必须满足 $D=\tan\delta=\omega C_n R_n$，不适当的 C_n 会影响测量的灵敏度，从而影响测量精度。

2. 并联电阻式电桥测量损耗大的电容

（1）按图 1.11.5 连线，选择 C_x=0.1μF 作为待测电容。

（2）根据式（1.11.6）、式（1.11.7），选择 R_a 为 1kΩ，C_n 为 0.1μF，预估 R_b 的值在 1kΩ 左右。

（3）将灵敏度调低，直到指针在表头刻度的 60%处左右，调节 R_b 和 R_n，使检流计指示最小；再提高灵敏度，直到指针在表头的刻度的 60%处左右，再调节 R_b 和 R_n，使检流计指示最小，反复这个操作，直至灵敏度最高且指针指示最小（一般可达零刻度），这时电桥达到平衡。

注意：C_n、R_n 的选择必须满足 $D=\tan\delta=\dfrac{1}{\omega C_n R_n}$，不适当的 C_n 会影响测量的灵敏度，从而影响测量精度。

3. 串联电阻式电桥测量高 Q 值的电感

（1）按图 1.11.6 连线，选择 L_x=10mH 作为待测电感。

（2）根据（1.11.9）式，选择 R_a 为 100Ω，C_n 为 0.1μF，预估 R_b 的值在 1kΩ 左右。

（3）将灵敏度调低，直到指针在表头刻度的 60%处左右，调节 R_b 和 R_n，使检流计指示最小；再提高灵敏度，直到指针在表头的刻度的 60%处左右，再调节 R_b 和 R_n，使检流计指示最小，反复这个操作，直至灵敏度最高且指针指示最小，这时电桥达到平衡。

注意：C_n、R_n 的选择必须满足 $Q=\dfrac{\omega L_x}{R_x}=\dfrac{1}{\omega C_n R_n}$，不适当的 C_n 会影响测量的灵敏度，从而影响测量精度。

4. 并联电阻式电桥测量低 Q 值的电感

（1）按图 1.11.7 连线，选择 L_x=1mH 作为待测电感。

（2）根据式（1.11.11），选择 R_a 为 100Ω，C_n 为 0.01μF，预估 R_b 的值在 1kΩ 左右。

（3）将灵敏度调低，直到指针在表头刻度的 60%处左右，调节 R_b 和 R_n，使检流计指示最小；再提高灵敏度，直到指针在表头刻度的 60%处左右，再调节 R_b 和 R_n，使检流计指示最小，反复这个操作，直至灵敏度最高且指针指示最小，这时电桥达到平衡。

注意：C_n、R_n 的选择必须满足 $Q=\dfrac{\omega L_x}{R_x}=\omega C_n R_n$，不适当的 C_n 会影响测量的灵敏度，从

而影响测量精度。

【数据处理要求】

1．对于串联电阻式电桥测量损耗小的电容，根据式（1.11.3）～式（1.11.5）计算 R_x、C_x 和 D。

2．对于并联电阻式电桥测量损耗大的电容，根据式（1.11.6）～式（1.11.8）计算 C_x、R_x 和 D。

3．对于串联电阻式电桥测量高 Q 值的电感，根据式（1.11.9）和式（1.11.10）计算 L_x、R_x 和 Q。

4．对于并联电阻式电桥测量低 Q 值的电感，根据式（1.11.11）和式（1.11.12）计算 L_x、R_x 和 Q。

【分析与思考】

1．交流电桥的桥臂是否可以任意选择不同性质的阻抗元件组成？应如何选择？

2．为什么在交流电桥中至少需要选择两个可调参数？怎样调节才能使电桥趋于平衡？

3．交流电桥对使用的电源有何要求？交流电源对测量结果有无影响？

附录 A　交流电桥平衡时指针不能完全回零的原因分析

（1）在测量电阻时，被测电阻的分布电容或电感太大。

（2）在测量电容和电感时，损耗平衡（R_n）的调节细度受到限制，尤其低 Q 值的电感或高损耗的电容，在测量时更为明显。另外，电感线圈极易感应外界的干扰，也会影响电桥的平衡，这时可以试着变换电感的位置以减小这种影响。

（3）用不合适的桥路形式测量也可能使指针不能完全回零。

（4）由于桥臂元件并非理想的电抗元件，也存在损耗，所以即使被测元件的损耗很小，甚至小于桥臂元件的损耗，也会使电桥难以完全平衡。

（5）选择的测量量程不当，或者被测元件的电抗值太小或太大，也会使电桥难以平衡。

（6）在保证精度的情况下，灵敏度不要调得太高，灵敏度太高也会引入一定的干扰，形成一定的指针偏转。

附录 B　DH4518 型交流电桥实验仪的使用说明

1．概述

DH4518 型交流电桥实验仪采用通用化、模块化的开放式结构进行设计制造，具有设计合理、制作精细、造型大方、操作简便等优点。如图 1.11.9 所示，DH4518 型交流电桥实验仪中包含交流电桥实验所需的所有部件：三个独立的电阻桥臂（R_B 电阻箱、R_N 电阻箱、R_A 电阻箱）、标准电容 C_N、标准电感 L_N、被测电容 C_X、被测电感 L_X 及信号源和交流指零仪。通过这些开放式模块化的元件、部件，配以高质量的专用接插线，就可以自己动手组成不同类型的交流电桥了，非常适合教学实验。

2．主要技术性能

（1）环境适应性。

工作温度：10～35℃。

相对湿度：(25%～85%)RH。

（2）抗电强度：仪器能耐受50Hz正弦波500V电压1min耐压试验。

（3）内置功率信号源部分。

信号频率：1kHz±10Hz。

正弦波失真：小于1%。

输出电压幅度：1.5V。

（4）内置数显交流电压表。

交流电压测量范围：0～2V，三位半数显。

（5）内置频率计。

测量范围：20～10kHz。

测量误差：优于0.2%。

四位LED数显。

（6）内置交流指零仪。

本仪器的交流指零仪带有过量程保护功能，使用时不会打坏表头。

带通滤波：中心频率1kHz，带外衰减-20dB/10倍频程。

灵敏度：≤1×10^{-8}A/格（1kHz），连续可调。

（7）内置桥臂电阻。

R_A：由1Ω、10Ω、100Ω、1kΩ、10kΩ、100kΩ、1MΩ七个交流电阻组成，精度为0.2%。

R_B：由一个10×1kΩ、10×100Ω、10×10Ω、10×1Ω、10×0.1Ω交流电阻箱组成，精度为0.2%。

R_N：由一个10×1kΩ、10×100Ω、10×10Ω、10×1Ω交流电阻箱组成，精度为0.2%。

（8）内置标准电容C_N、标准电感L_N。

标准电容：0.001μF、0.01μF、0.1μF，精度为1%。

标准电感：1mH、10mH、100mH，精度为1.5%。

（9）内置被测电阻R_X、被测电容C_X、被测电感L_X。

各有两个不同参数和性能的元件供测量用，其中，1mH电感的Q值较低，适合用麦克斯韦电桥测量；10mH电感的Q值较高，适合用海氏电桥和麦克斯韦电桥测量；0.01 μF低损耗电容适合用串联电阻式电容电桥测量；0.1μF高损耗电容适合用并联电阻式电容电桥测量。

（10）供电电源：220(1±10%)V，功耗为50VA。

第二部分　物理实验方法拓展

实验 2.1　用惯性秤测定物体质量

惯性质量和引力质量是由两个不同的物理定律——牛顿第二定律和万有引力定律引入的两个物理概念。惯性质量是表示物体惯性大小的量度，引力质量是表示物体引力大小的量度。但现已精确证明，任一物体的引力质量和它的惯性质量都成正比，两种质量若以同一物体作为单位质量，则任何物体的两种质量值都是相等的。因此，可以用同一个物理量“质量”来表示惯性质量和引力质量。

【实验目的】

1．理解惯性质量和引力质量的概念，掌握惯性秤的物理模型分析。
2．学习惯性秤的定标和使用方法，研究重力对惯性秤的影响。
3．学会用惯性秤测定物体质量。

【实验原理】

从牛顿第二定律和万有引力定律出发，可以有两种测定质量的方法：一种通过待测物体和选作质量标准的物体达到力矩平衡的杠杆原理求得，用电子天平称衡质量根据的就是该原理；另一种由测定待测物体和标准物体在相同的外力作用下的加速度而求得，惯性秤测定质量就是采用的这种方法。但惯性秤不是直接比较物体的加速度，而是用振动法比较反映物体加速度的振动周期，从而确定物体的质量。该方法对处于失重状态下的物体质量的测定有独特的优点。

调平惯性秤平台后，将悬臂振动体沿水平方向推开一段距离，然后松手，悬臂振动体及其上的物体将在弹性钢片的弹性恢复力作用下左右摆动。在秤台负载不大且位移较小的情况下，可以近似地认为弹性恢复力和秤台的位移成正比，即秤台在水平方向做简谐振动。设弹性恢复力 $F=-KX$（K 为秤臂的弹性系数，X 为秤台质心偏离平衡位置的距离），根据牛顿第二定律，可得

$$\left(m_0+m_{\mathrm{i}}\right)\frac{\mathrm{d}^2x}{\mathrm{d}t^2}=-KX \tag{2.1.1}$$

式中，m_0 为空秤台的等效惯性质量；m_{i} 为砝码或待测物体的惯性质量。解此方程，得秤台加砝码的周期为

$$T=2\pi\sqrt{\frac{m_0+m_{\mathrm{i}}}{K}} \tag{2.1.2}$$

先测得空秤台（m_i=0 时）的周期 T，然后将具有相同惯性质量的片状砝码依次插入秤台，测得相应的周期（$T_1,T_2,\cdots$）。作 T-m_i 曲线，若测得待测物体的周期，则可从图线上找出相应的惯性质量值。

将式（2.1.2）改写为

$$m_i = -m_0 + \frac{K}{4\pi^2}T^2 \tag{2.1.3}$$

用线性回归法处理数据，即可得到截距 $-m_0$ 和斜率 $\frac{K}{4\pi^2}$ 的精确解。仪器的常数，即空秤台的等效惯性质量 m_0 和弹性钢片的弹性系数 K 分别由截距和斜率求得。若已知待测物体的周期，则可得到该物体的惯性质量值。

惯性秤的灵敏度定义为

$$\frac{dT}{dm_i} = \frac{\pi}{\sqrt{K(m_0 + m_i)}} \tag{2.1.4}$$

【实验仪器】

惯性秤实验装置（含 10 片定标标准质量块、待测重物等）、光电门支架、DHTC-1A 通用计数器、水平仪、电子天平（选配）。

1. 惯性秤实验装置

惯性秤实验装置结构示意图如图 2.1.1 所示，其中 1 为三脚架，2 为水平螺栓，3 为立柱，4 为固定座，5 为旋钮，6 为滚花扁螺母，7 为吊杆，8 为挂钩，9 为平台，10 为球形手柄，11 为秤台，12 为悬臂振动体，13 为挡光片。惯性秤实验装置的主要部分是两根弹性钢片连成的一个悬臂振动体，其一端是秤台 11，秤台的槽中可插入定标用的标准质量块；另一端是平台 9，通过球形手柄 10 把悬臂振动体固定在固定座 4 上。挡光片 13 用于光电门测周期，光电门和周期测试仪用导线相连；吊杆 7 上的挂钩 8 用以悬挂待测物体，用来研究重力对惯性秤振动周期的影响。

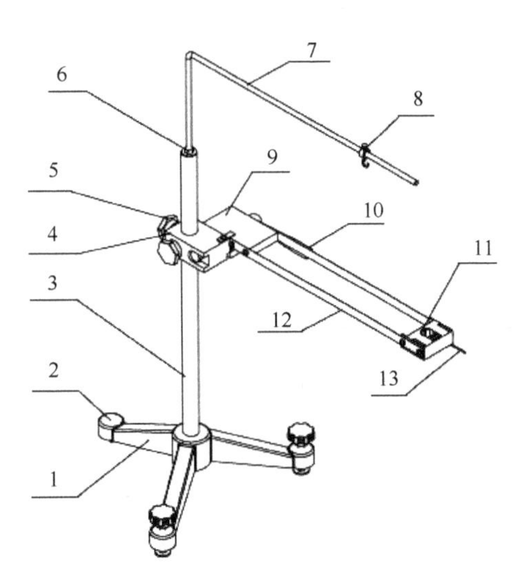

图 2.1.1　惯性秤实验装置结构示意图

2. DHTC-1A 通用计数器

DHTC-1A 通用计数器的面板示意图如图 2.1.2 所示。其中，1 为液晶显示器，2 为功能键区（含上键、下键、左键、右键和确认键），3 为系统复位键，4 为传感器 I 接口（对应光电门 I），5 为传感器 II 接口（对应光电门 II），6 为电磁铁输出接口。本通用计数器的测量功能有周期测量、脉宽测量、秒表计时、自由落体测量、角加速度测量等，本实验会用到周期测量功能。

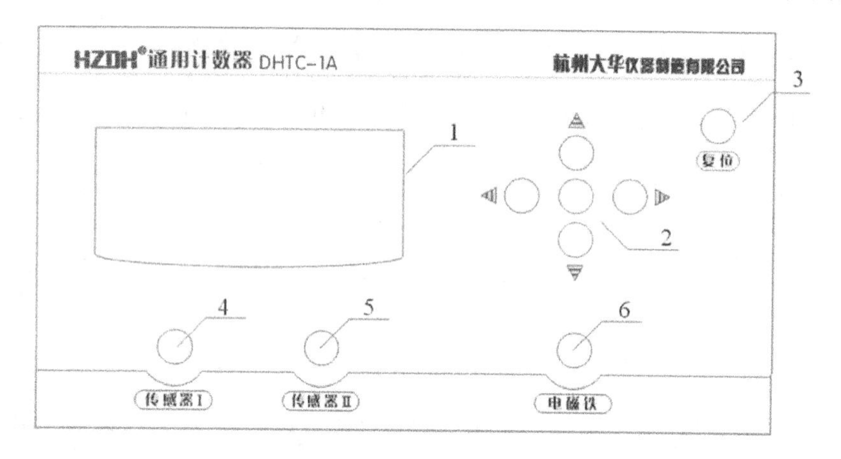

图 2.1.2　DHTC-1A 通用计数器的面板示意图

【实验内容与方法】

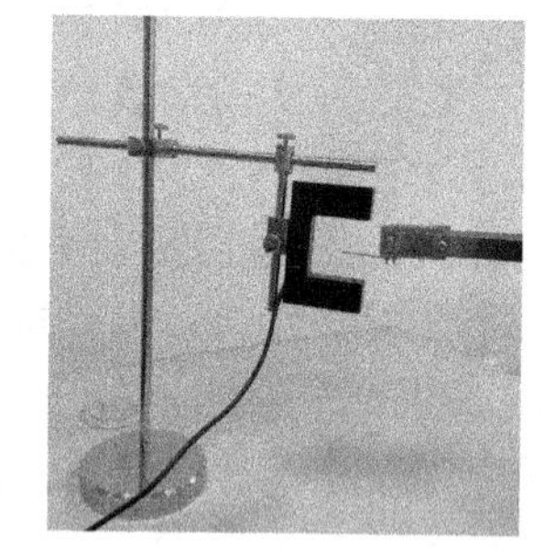

图 2.1.3　光电门装置搭建图

（1）利用水平仪调节惯性秤平台水平，借助光电门支架，按照图 2.1.3 搭建光电门。将光电门信号线与 DHTC-1A 通用计数器的传感器 I 接口相连，通用计数器开机，按任意键进入，选择“周期测量”功能并按确认键，将测量周期数 n 设为 10 后，选择“开始测量”，先不要按确认键。

（2）推动空秤台，使之以小角度左右振动，按通用计数器的确认键，开始测量空秤台的周期，再依次把定标标准质量块插入秤台中，分别测量相应的周期，记入表 2.1.1 中。

表 2.1.1　惯性秤测量数据记录

$m_{小}$ = ______g，$m_{大}$ = ______g

砝码 m/g	$30T_1$/s	$30T_2$/s	$30T_3$/s
0			
25			
50			
75			
100			
125			
150			
175			
200			

续表

砝码 m/g	$30T_1$/s	$30T_2$/s	$30T_3$/s
小圆柱			
大圆柱			
大圆柱悬吊			

（3）读出小圆柱、大圆柱的实标质量 $m_{小}$、$m_{大}$，或者用电子天平自行称量质量。分别将待测小圆柱、大圆柱放入秤台中央的圆孔中，测定其周期，记入表 2.1.1 中。

（4）惯性秤秤台水平放置，用 50cm 长的细线，通过吊杆上的挂钩将大圆柱体铅直悬吊，并将大圆柱放入秤台中央孔中，使悬线对大圆柱的拉力平衡大圆柱的重力，测定其摆动周期，并与原来直接放在圆孔中的周期进行比较。

【数据处理要求】

1. 用作图法画出 T-m_i 图线，并在 T-m_i 图线上找出小圆柱和大圆柱相应的惯性质量。
2. 用线性回归法处理数据，求出截距和斜率的精确解，计算空秤台的等效惯性质量 m_0 和弹性钢片的弹性系数 K，得出式（2.1.3）的精确表达式。由待测物体的周期直接求出待测物体的惯性质量。

【分析与思考】

1. 用物理天平称量各砝码（定标标准质量块）的引力质量（以 g 为单位）。它们在惯性秤实验误差范围内具有相同的引力质量吗？在本仪器的实验误差范围内，分析上述数据，对惯性质量和引力质量得出了什么结论？本实验中选取的惯性质量单位和以 g 为单位之间的比例为多大？惯性质量与引力质量的取值一样可以吗？怎样评价所得的实验结果？
2. 惯性秤竖直放置，测量空秤台和分别加 1、3、5 个砝码时的周期，并与水平放置时的周期进行比较，试分析两者有什么不同。

实验 2.2　用复摆测量重力加速度

重力加速度是一个重要的地球物理常数，地球上各个地区的重力加速度随地球纬度和海拔高度的变化而变化。准确测定重力加速度的值，无论是从理论上、科研上考虑，还是从生产上考虑，都有极其重大的意义。测量重力加速度的方法很多，有单摆法、滴水法、电磁打点计时器法、平衡法、自由落体运动等。复摆通常用于研究周期与摆轴位置的关系，也可用来测量重力加速度。

【实验目的】

1. 掌握复摆装置及其运动特征。
2. 掌握用复摆测量重力加速度的三种方法。
3. 学会用作图法和线性回归法处理数据。

【实验原理】

复摆是一刚体绕固定的水平轴在重力作用下做微小摆动的动力运动体系，通常用于研究周期与摆轴位置的关系。如图 2.2.1 所示，质量为 m 的刚体绕固定轴 O 在竖直平面内左右摆动；G 是该刚体的质心，与轴 O 的距离为 h；θ 为摆动角度。若规定右转角为正，则此时刚体所受力矩 M 与角位移方向相反，为负，即刚体所受力矩为

$$M=-mgh\cdot\sin\theta \tag{2.2.1}$$

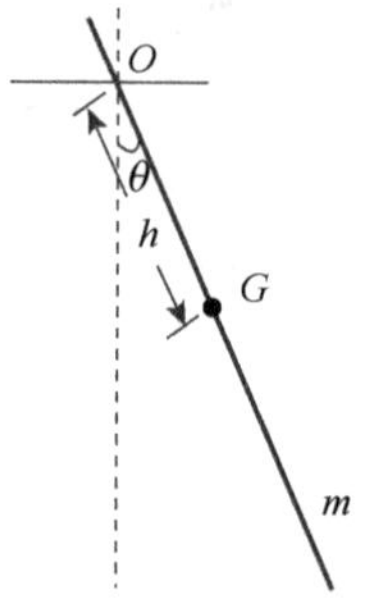

图 2.2.1　复摆物理模型示意图

又根据转动定律，该复摆有

$$M=J\ddot{\theta} \tag{2.2.2}$$

式中，J 为该物体的转动惯量；$\ddot{\theta}$ 为角加速度。由式（2.2.1）和式（2.2.2）联立可得

$$\ddot{\theta}=-\omega^2\cdot\sin\theta \tag{2.2.3}$$

式中，$\omega^2=\dfrac{mgh}{J}$。若 θ 很小（θ<5°），则近似有

$$\ddot{\theta}=-\omega^2\theta \tag{2.2.4}$$

此方程说明该复摆在小角度下做简谐振动，该复摆的振动周期为

$$T=2\pi\sqrt{\frac{J}{mgh}} \tag{2.2.5}$$

设 J_G 为转轴过质心且与 O 轴平行时的转动惯量，那么根据平行轴定律可得

$$J=J_G+mh^2 \tag{2.2.6}$$

将式（2.2.6）代入式（2.2.5），得

$$T=2\pi\sqrt{\frac{J_G+mh^2}{mgh}} \tag{2.2.7}$$

由此可测量重力加速度 g。利用此公式可推出三种测量重力加速度 g 的方案。

方案一：

对于固定刚体而言，J_G 是固定的，因而实验时只需改变质心到转轴的距离（h_1、h_2），即可得刚体周期分别为

$$T_1=2\pi\sqrt{\frac{J_G+mh_1^2}{mgh_1}} \tag{2.2.8}$$

$$T_2=2\pi\sqrt{\frac{J_G+mh_2^2}{mgh_2}} \tag{2.2.9}$$

为了简化计算公式，取 h_2=2h_1，合并式（2.2.8）和式（2.2.9），得

$$g=\frac{12\pi^2h_1}{\left(2T_2^2-T_1^2\right)} \tag{2.2.10}$$

方案二：

设式（2.2.6）中的 J_G=mk^2，将其代入式（2.2.7），得

$$T=2\pi\sqrt{\frac{mk^2+mh^2}{mgh}}=2\pi\sqrt{\frac{k^2+h^2}{gh}} \tag{2.2.11}$$

式中，k 为复摆对 G 轴的回转半径；h 为质心到转轴的距离。对式（2.2.11）取平方，并改写为

$$T^2 h = \frac{4\pi^2}{g}k^2 + \frac{4\pi^2}{g}h^2 \tag{2.2.12}$$

设 $y = T^2 h$，$x = h^2$，则式（2.2.12）可改写为

$$y = \frac{4\pi^2}{g}k^2 + \frac{4\pi^2}{g}x \tag{2.2.13}$$

式（2.2.13）为直线方程，测出 n 组(x, y)值，用作图法或线性回归法求直线的截距 A 和斜率 B，由于 $A = \frac{4\pi^2}{g}k^2$，$B = \frac{4\pi^2}{g}$，所以

$$\begin{aligned} g &= \frac{4\pi^2}{B} \\ k &= \sqrt{\frac{Ag}{4\pi^2}} = \sqrt{\frac{A}{B}} \end{aligned} \tag{2.2.14}$$

由式（2.2.14）可求得重力加速度 g 和回转半径 k。

方案三：

在刚体上加摆锤 A 和 B，其质量分别为 m_A、m_B，使之既可以 O_1 为轴摆动，又可以 O_2 为轴摆动，构成一可逆摆，如图 2.2.2 所示。可逆摆的总质量为 M($M=m+m_A+m_B$)，由于摆锤的加持，可逆摆的质心移至 G'点。当可逆摆以 O_1 为轴摆动时，若满足摆角较小（$\theta<5°$）的条件，则其周期 T_1 为

$$T_1 = 2\pi\sqrt{\frac{J_1}{Mgh_1}} \tag{2.2.15}$$

式中，J_1 是可逆摆以 O_1 为轴转动时的转动惯量；h_1 为支点 O_1 到可逆摆质心 G'的距离。

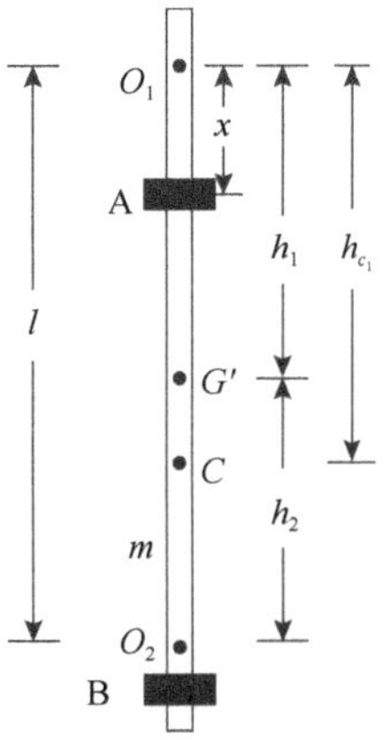

图 2.2.2　复摆模型中各点的位置关系

当可逆摆以 O_2 为轴摆动时，其周期 T_2 为

$$T_2 = 2\pi\sqrt{\frac{J_2}{Mgh_2}} \tag{2.2.16}$$

式中，J_2 是可逆摆以 O_2 为轴转动时的转动惯量；h_2 为支点 O_2 到可逆摆质心 G'的距离。

设 $J_{G'}$为可逆摆对通过质心的水平轴的转动惯量，根据平行轴定理 $J_1 = J_{G'} + Mh_1^2$，$J_2 = J_{G'} + Mh_2^2$，可将式（2.2.15）、式（2.2.16）改写为

$$T_1 = 2\pi\sqrt{\frac{J_{G'} + Mh_1^2}{Mgh_1}} \tag{2.2.17}$$

$$T_2 = 2\pi\sqrt{\frac{J_{G'} + Mh_2^2}{Mgh_2}} \tag{2.2.18}$$

消去 $J_{G'}$和 M，可得

$$g=\frac{4\pi^2\left(h_1^2-h_2^2\right)}{T_1^2h_1-T_2^2h_2} \tag{2.2.19}$$

适当地调节摆锤 A、B 的位置之后，可使 $T_1=T_2=T$，有

$$g=\frac{4\pi^2}{T^2}\left(h_1+h_2\right) \tag{2.2.20}$$

式中，h_1+h_2 为支点 O_1O_2 的间距 l，即

$$g=\frac{4\pi^2}{T^2}l \tag{2.2.21}$$

由式（2.2.21）可知，测出复摆正挂与倒挂时相等的周期值 T 和 l，就可算出当地的重力加速度。式中，l 为 O_1O_2 的距离，能测得很精确，因此能使测量 g 值的准确性提高。

为了寻找 $T_1=T_2$ 的周期值，就要研究 T_1 和 T_2 在移动摆锤时的变化规律。如图 2.2.2 所示，设 O_1 到摆锤 A 的距离为 x，并取 $\overline{O_1O_2}$ 为正方向。除摆锤 A 之外，摆的质量为 $m_0=m+m_B$，设质心在 C 点，摆对 O_1 的转动惯量为 J_0，令 $O_1C=h_{c_1}$。由于摆锤 A 较小，所以式（2.2.17）可近似写为

$$T_1=2\pi\sqrt{\frac{J_0+m_Ax^2}{\left(m_0h_{c_1}+m_Ax\right)g}} \tag{2.2.22}$$

由式（2.2.22）可知，此摆在以 O_1 为轴时的等值摆长为

$$l_1=\frac{J_0+m_Ax^2}{m_0h_{c_1}+m_Ax} \tag{2.2.23}$$

经分析可知，在一定条件下，$\frac{\mathrm{d}l_1}{\mathrm{d}x}=0$，并且 $\frac{\mathrm{d}^2l_1}{\mathrm{d}x^2}>0$，即在改变摆锤 A 的位置时，等值摆长 l_1 有一极小值，即周期 T_1 有一极小值，并且和此极小值对应的 x 小于 l。这说明，当摆锤 A 从 O_1 移向 O_2 时，T_1 的变化如图 2.2.3 所示，当 x 增大时，T_1 先减小，在 T_1 达到极小值之后又增大。T_2 的变化规律和 T_1 的变化规律相似，但是变化较明显。

为了利用式（2.2.21）计算 g 值，就必须在移动摆锤 A 的过程中，使 T_1 曲线和 T_2 曲线相交。理论分析和实际测量都表明，T_1 曲线和 T_2 曲线是否相交取决于摆锤 B 的位置（见图 2.2.4）。本实验是通过实际测量来确定能使 T_1 曲线和 T_2 曲线相交的摆锤 B 的位置的[见图 2.2.4(b)]。

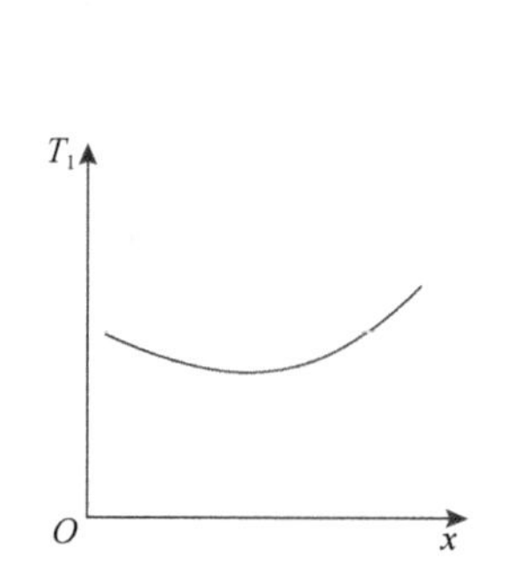

图 2.2.3　T_1 与 x 的关系曲线

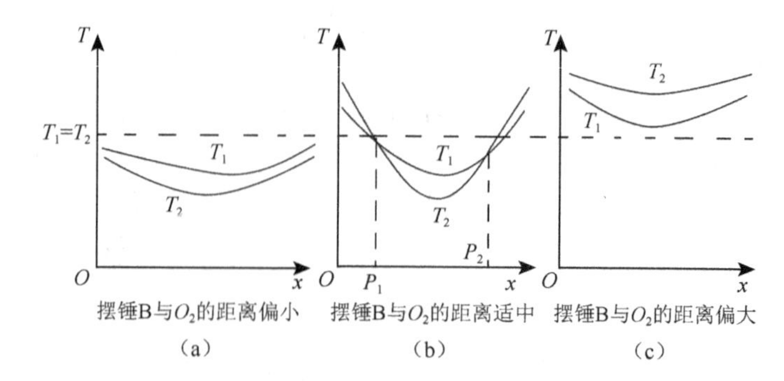

图 2.2.4　复摆周期 T 与 x 的关系曲线（摆锤 B 的位置不同）

【实验仪器】

复摆实验装置、DHTC-1A 通用计数器、米尺。

1. 复摆实验装置

复摆实验装置如图 2.2.5 所示。其中，1 为左侧顶尖，2 为夹座，3 为支架柱，4 为锁紧螺钉（1），5 为摆杆座，6 为摆杆座锁紧螺钉，7 为摆杆，8 为挡光针，9 为右侧顶尖，10 为锁紧螺帽，11 为锁紧螺钉（2），12 为转动圆环，13 为顶尖轴，14 为刻度盘，15 为刻度指针，16 为底座脚，17 为底座，18 为光电门，19 为光电门安装轴，20 为锁紧螺钉（3）。左侧顶尖和右侧顶尖的轴线应在一条线上，调节夹座以调节顶尖的上下位置，调节支架柱以调节顶尖的左右位置。调节右侧顶尖，使摆杆座松紧适度，直到顶尖与摆杆座的摩擦力最小，调好后用锁紧螺帽固定。松开锁紧螺钉（2），可旋转转动圆环，即调节光电门的位置；旋紧锁紧螺钉（2），可固定光电门。

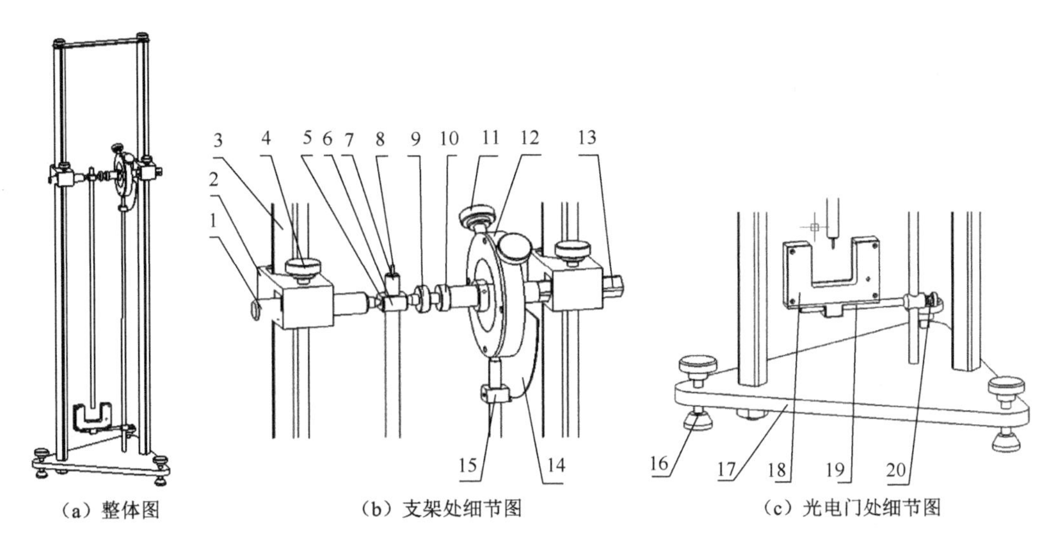

图 2.2.5　复摆实验装置

2. DHTC-1A 通用计数器

DHTC-1A 通用计数器的面板示意图如图 2.2.6 所示。其中，1 为液晶显示器，2 为功能键区（含上键、下键、左键、右键和确认键），3 为系统复位键，4 为传感器 I 接口（对应光电门 I），5 为传感器 II 接口（对应光电门 II），6 为电磁铁输出接口。

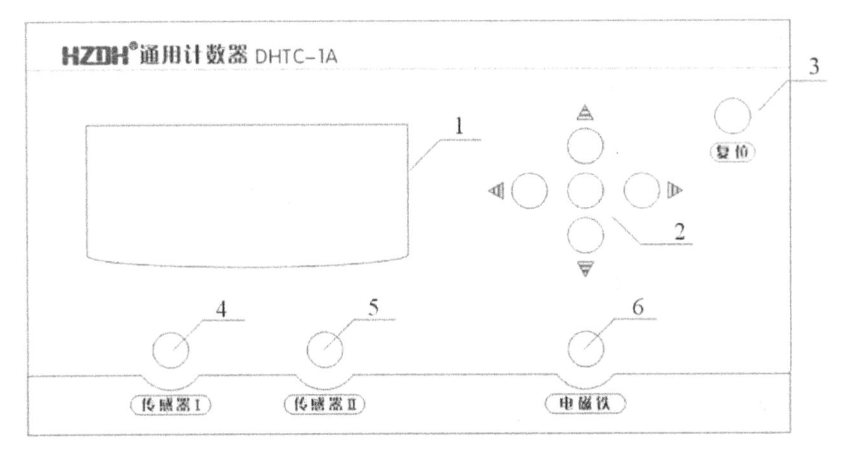

图 2.2.6　DHTC-1A 通用计数器的面板示意图

【实验内容与方法】

1. 方案一测量重力加速度 g

（1）按照图 2.2.5 安装复摆实验装置，调节左、右侧顶尖，不可过松，否则容易产生圆周摆运动，也不可过紧。取下摆锤，将光电门信号线连接传感器 I 接口，通用计数器开机，按任意键进入，选择“周期测量”功能并按确认键，将测量周期数 n 设为 10，选择“开始测量”（先不按确认键）。

图 2.2.7　摆杆读数示例

（2）摆杆上标有刻度，选择距离质心点为 h_2 的位置，松开摆杆座锁紧螺钉，将 h_2 刻度对准顶尖位置，读数时将摆杆座上沿读数与下沿读数相加除以 2，即顶尖对准的刻度。如图 2.2.7 所示，若摆杆座上沿对准 8.9cm、下沿对准 7.1cm，则顶尖对准的刻度为 8.0cm。调节光电门高度，使摆杆挡光针能在光电门中自由摆动，且摆动时挡光针能切断光电门的探测光。

（3）待系统稳定后，推动摆杆，让摆杆以小于 5°的角度摆动，按确认键，启动计数。待测量完毕（摆杆 $2n$ 次经过光电门），读取平均周期 T_2 并记录于表 2.2.1 中。

（4）选择离质心点为 $h_1=0.5h_2$ 的位置，重复（2）、（3）步，读取平均周期 T_1。

（5）更换 h_2 的值，多次测量，重复（2）～（4）步，并记录数据。

表 2.2.1　方案一测量重力加速度实验数据记录

测量次数	h_1/cm	h_2/cm	T_1/s	T_2/s	g/（m/s^2）
1					
2					
3					
4					
5					

2. 方案二测量重力加速度 g

自行设计实验步骤。

3. 方案三测量重力加速度 g

（1）确定摆锤 B 的位置：在摆杆的两端分别固定一挡光片，将光电门置于摆杆下端的挡光片处并和通用计数器连好，同样使用周期测量功能。确定好 O_1 和 O_2 点（如 25cm 处），将摆锤 A 置于 O_1O_2 的中点处，将摆锤 B 置于 O_2 外侧的中间位置，测 T_1 和 T_2（设 n 为 1），若 $T_1>T_2$，那么将属于图 2.2.4（a）或（b）所示的情形。将摆锤 A 移至 O_2 附近，在 $\overline{AO_2}$ 约 10cm 处（摆锤 B 不动），再测 T_1 和 T_2，如果此时 $T_1<T_2$，就说明摆锤 B 的位置属于图 2.2.4（b）所示的情形，在以下的测量中，摆锤 B 即固定在此位置。若测量结果和上述不一致，就要参照图 2.2.4 去改变摆锤 B 的位置，直至和上述要求一致。

（2）测绘 T_1、T_2 曲线：将摆锤 A 置于 $\overline{O_1A}$ 约等于 10cm 处，测 T_1 和 T_2。每将摆锤 A 移

动 10cm，测一下 T_1 和 T_2，直至 $\overline{AO_2}$ 大约为 10cm。以 $\overline{O_1A}$ 为横坐标、周期为纵坐标作图，如图 2.2.4（b）所示，两曲线交点对应的 $\overline{O_1A}$ 值分别为 P_1 和 P_2，并且其对应的周期应相等。

（3）测量 $T_1=T_2=T$ 的精确值：将摆锤 A 置于 P_2 处（该点对应的两曲线的交角较大），测 T_1 和 T_2，各重复测 10 次后取平均值（由于这次测得较精细，所以会发现 T_1 和 T_2 不等，即以前测得的 P_2 不准）。当 $T_1<T_2$ 时，就使 $\overline{O_1A}$ 减少 2mm（若 $T_1>T_2$，就使 $\overline{O_1A}$ 增加 2mm），再利用上面的方法测周期为 T_1' 和 T_2'，这时应当是 $T_1'>T_2'$（若实际测量结果仍然是 $T_1'<T_2'$，就要再移动摆锤 A 并进行测量）。在进行这一步测量时，要使每次摆尖离开平衡位置的位移（振幅）相同，并测出振幅大小 s 和支点到摆尖的长度 L，得小摆角 $\theta=\dfrac{s}{L}$，在小摆角 θ 测得的周期 T_θ 和摆角趋于 0 时的周期 T_0 之间存在关系 $T_0=T_\theta\left(1-\dfrac{\theta^2}{16}\right)$。在测量之前的周期值时，需要根据上式修正为摆角趋于 0 时的周期。用测得的 T_1、T_1、T_1' 和 T_2'，参照图 2.2.4 作图，其交点对应的周期值就是所求的 $T_1=T_2=T$ 的数值。

（4）读出 O_1O_2 之间的距离 l。

【数据处理要求】

1. 求出方案一、方案二测量的重力加速度 g 的值，并与当地重力加速度理论值进行比较，计算误差百分比。

2. 使用方案三测量重力加速度 g，计算其不确定度，并做出结果的完整表示。

【分析与思考】

1. 在用复摆测重力加速度时，在实验设计上有什么特点？避免了什么量的测量？实验中是如何实现的？

2. 在复摆的某一位置加上配重时，其振动周期将如何变化？

3. 比较用单摆和复摆测量重力加速度的精确度并给予说明。

实验 2.3　用双线摆和扭摆测量转动惯量

转动惯量是刚体转动惯性的量度，它与刚体的质量分布和转轴的位置有关。对于形状简单的均匀刚体，只要测出其外形尺寸和质量，就可以计算其转动惯量。对于形状复杂、质量分布不均匀的刚体，通常利用转动实验来测定其转动惯量。三线摆、双线摆和扭摆是测量刚体转动惯量常用的三种仪器。其中，三线摆在基础物理实验中已有详细说明，本实验旨在学习双线摆和扭摆测量转动惯量的原理与方法。

【实验目的】

1. 学会用双线摆和扭摆测量转动惯量，验证平行轴定理。

2. 了解切变模量的概念，学会测量悬线的切变模量。

【实验原理】

1. 双线摆

双线摆模型的结构示意图如图 2.3.1 所示，均匀细杆的质量为 m_0，长为 l，绕通过质心的竖直轴 OO'转动，双绳之间的距离为 d，绳长为 L。均匀细杆所做曲线运动可分解为两个分运动：一个水平面上的转动；一个竖直方向上的往返振动。在水平面上的转动为绕 OO'轴的转动（轴的附加压力为零），将竖直方向上的运动视为一质点的往返运动。

设双线摆绕竖直转动轴转过一初始角度 θ，双线摆将上升一定的高度 h，由于绳拉力和重力的作用，双线摆将自由摆动，系统的动能和势能相互转化，在无阻尼状态下，其机械能将保持恒定，为一无限循环运动。如图 2.3.2 所示，设当双线摆摆锤运动至最低点时，横杆的中心位置 O 为直角坐标系的原点，并以此时原点所在的平面为零势能面，以横杆方向为 x 方向，以竖直转动轴为 y 方向。由此可得 $\alpha=\arccos\dfrac{s}{L}$，式中，$s$ 为以 $d/2$ 为半径、θ 角对应的弦，因此有

$$h=L-L\sin\alpha=L\left[1-\sin\arccos\left(\frac{d}{L}\sin\frac{\theta}{2}\right)\right] \tag{2.3.1}$$

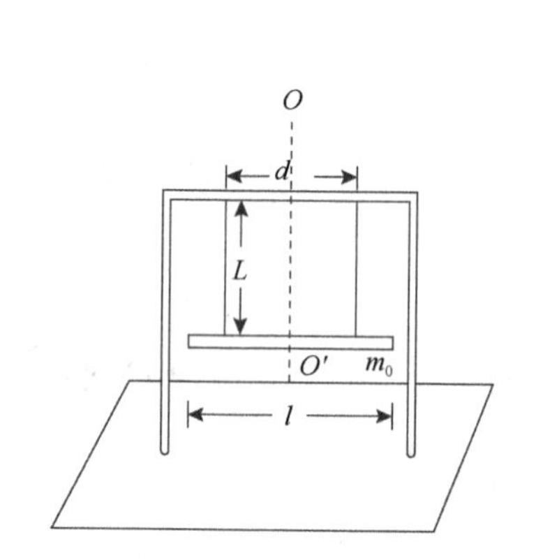

图 2.3.1　双线摆模型的结构示意图

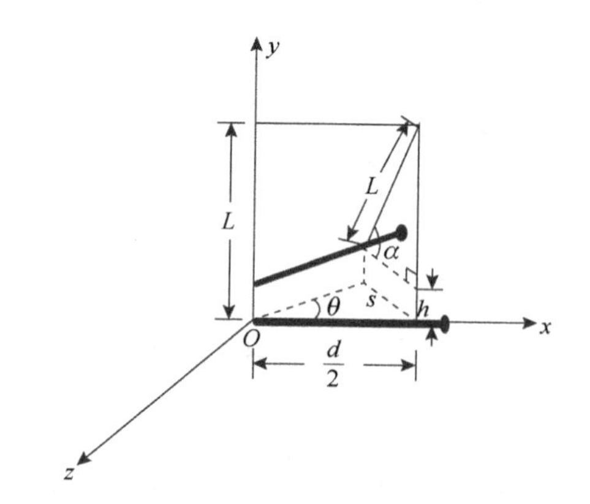

图 2.3.2　双线摆振动空间几何分析

如果令 $L=d$，则

$$h=L\left(1-\cos\frac{\theta}{2}\right)=2L\sin^2\frac{\theta}{4} \tag{2.3.2}$$

当摆角 θ 很小时，可近似认为 $\theta\approx\sin\theta$，则

$$h=L\left(1-\cos\frac{\theta}{2}\right)=\frac{1}{8}L\theta^2 \tag{2.3.3}$$

由式（2.3.3）可知系统的势能为

$$E_\mathrm{p}=m_0gh=\frac{1}{8}m_0gL\theta^2 \tag{2.3.4}$$

细杆的转动动能为

$$E_\mathrm{k}=\frac{1}{2}J_0\left(\frac{\mathrm{d}\theta}{\mathrm{d}t}\right)^2 \tag{2.3.5}$$

式中，J_0 为均匀细杆的转动惯量，根据能量守恒定律，得

$$\frac{1}{2}J_0\left(\frac{\mathrm{d}\theta}{\mathrm{d}t}\right)^2+\frac{1}{8}m_0gL\theta^2=m_0gh_0 \tag{2.3.6}$$

式中，h_0 为初始摆的最大高度，两边对 t 求一阶导数，并除以 $\frac{\mathrm{d}\theta}{\mathrm{d}t}$，得

$$\frac{\mathrm{d}^2\theta}{\mathrm{d}t^2}+\frac{m_0gL\theta}{4J_0}=0 \tag{2.3.7}$$

式（2.3.7）是简谐振动方程，有

$$\omega_0^2=\frac{m_0gL}{4J_0} \tag{2.3.8}$$

因此细杆的振动周期为

$$T_0=4\pi\sqrt{\frac{J_0}{m_0gL}} \tag{2.3.9}$$

则

$$J_0=\frac{m_0gL}{16\pi^2}T_0^{\ 2} \tag{2.3.10}$$

根据式(2.3.10)，实验时先测出两绳间距 d，再调节摆线长 $L=d$，双线摆以一小角度摆动，测量其振动周期 T_0，可得均匀细杆的转动惯量 J_0。

将质量为 m_x 的待测物体固定在细杆上，使待测物体的质心与均匀细杆的质心在同一竖直平面内，由式（2.3.10）可知系统总的转动惯量为

$$J=\frac{(m_0+m_x)gL}{16\pi^2}T_x^{\ 2} \tag{2.3.11}$$

则待测物体的转动惯量为

$$J_x=\frac{(m_0+m_x)gL}{16\pi^2}T_x^{\ 2}-J_0=\frac{(m_0+m_x)gL}{16\pi^2}T_x^{\ 2}-\frac{m_0gL}{16\pi^2}T_0^{\ 2} \tag{2.3.12}$$

用双线摆还可以验证平行轴定理。如图 2.3.3 所示，若质量为 m_1 的物体绕过其质心轴的转动惯量为 J_c，当转轴平行移动距离 x 时，此物体对新轴 OO'的转动惯量为 $J_1=J_c+m_1x^2$。这一结论称为转动惯量的平行轴定理。

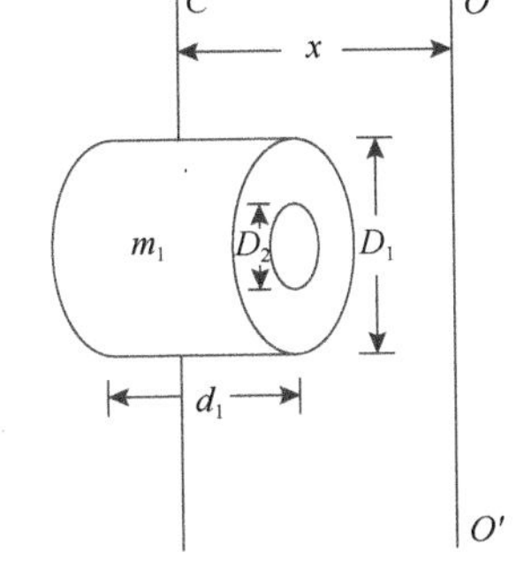

图 2.3.3　平行轴定理示意图

实验时，将质量均为 m_1 且形状和质量分布完全相同的两个圆环体对称地套在均匀细杆上。按同样的方法，测出两个小圆环体和细杆的转动周期 T_1，即可求出每个圆环体对中心转轴 OO'的转动惯量：

$$J_1=\frac{(m_0+2m_1)gL}{32\pi^2}T_1^2-\frac{J_0}{2}=\frac{(m_0+2m_1)gL}{32\pi^2}T_1^2-\frac{m_0gL}{16\pi^2}T_0^2 \tag{2.3.13}$$

如果测出小圆环体中心与细杆质心之间的距离 x，以及小圆环体的参数（环的外直径为 D_1，环的内直径为 D_2，小圆环体的厚度为 d_1，单个小圆环体的质量为 m_1），则已知均匀圆环体绕垂直于侧面并通过质心轴的转动惯量的理论值为

$$J=m_1\left(\frac{D_1^2+D_2^2}{16}+\frac{d_1^2}{12}\right) \tag{2.3.14}$$

由平行轴定理可得，小圆环体绕双线摆竖直轴的转动惯量为

$$J_1{}' = m_1x^2 + m_1\left(\frac{D_1^2 + D_2^2}{16} + \frac{d_1^2}{12}\right) \tag{2.3.15}$$

比较 J_1 与 J_1' 的大小，可验证平行轴定理。

2. 扭摆

将一金属丝上端固定，然后在下端悬挂一刚体，就构成了扭摆。图 2.3.4 表示扭摆的悬挂物为圆盘。在圆盘上施加一外力矩，使之以 O 点为圆心扭转一角度 θ。由于悬线上端是固定的，悬线因扭转而产生弹性恢复力矩，所以撤去外力后，在弹性恢复力矩 M 的作用下，圆盘做往复扭动。忽略空气阻尼力矩的作用，根据刚体转动定理，有

$$M = J_0\ddot{\theta} \tag{2.3.16}$$

式中，J_0 为刚体对悬线轴的转动惯量；$\ddot{\theta}$ 为圆盘的角加速度。弹性恢复力矩 M 与 θ 的关系为

$$M = -K\theta \tag{2.3.17}$$

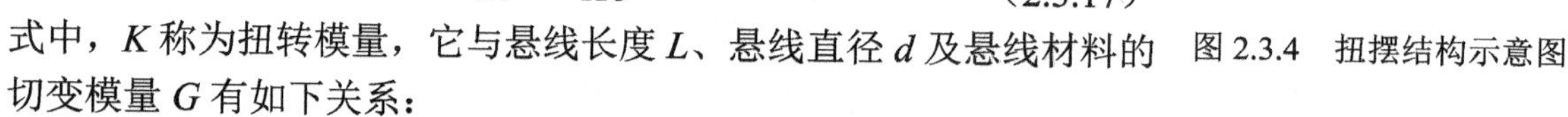

图 2.3.4　扭摆结构示意图

式中，K 称为扭转模量，它与悬线长度 L、悬线直径 d 及悬线材料的切变模量 G 有如下关系：

$$K = \frac{\pi G d^4}{32L} \tag{2.3.18}$$

扭摆的运动微分方程为

$$\ddot{\theta} = -\frac{K}{J_0}\theta \tag{2.3.19}$$

可见，圆盘做简谐振动，其周期 T_0 为

$$T_0 = 2\pi\sqrt{\frac{J_0}{K}} \tag{2.3.20}$$

若悬线的扭转模量 K 已知，则测出圆盘的摆动周期 T_0 后，由式（2.3.20）就可计算出圆盘的转动惯量。若 K 未知，则可将一个对其质心轴的转动惯量 J_1 为已知的物体附加到圆盘上，并使其质心位于扭摆悬线上，组成复合体。此复合体对以悬线为轴的转动惯量为 J_0+J_1，复合体的摆动周期 T 为

$$T = 2\pi\sqrt{\frac{J_0 + J_1}{K}} \tag{2.3.21}$$

由式（2.3.20）、式（2.3.21）可得

$$J_0 = \frac{T_0^2}{T^2 - T_0^2}J_1 \tag{2.3.22}$$

$$K = \frac{4\pi^2}{T^2 - T_0^2}J_1 \tag{2.3.23}$$

测出 T_0 和 T 后，就可以计算圆盘的转动惯量 J_0 和悬线的扭转模量 K，由式（2.3.18）还可求出悬线的切变模量 G。

圆环体对悬线轴的转动惯量 J_1 的理论值为

$$J_1 = \frac{m_1}{8}\left(D_1^2 + D_2^2\right) \tag{2.3.24}$$

式中，m_1为圆环体的质量，D_1、D_2分别为圆环体的内直径、外直径。

【实验仪器】

双线摆实验仪、扭摆实验仪、DHTC-1A 通用计数器、水平仪、米尺、游标卡尺、待测物体。

1．双线摆实验仪和扭摆实验仪

双线摆实验仪和扭摆实验仪如图 2.3.5 所示。

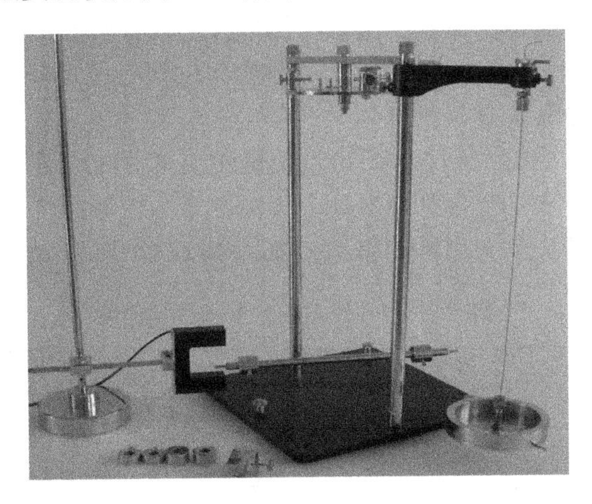

图 2.3.5　双线摆实验仪和扭摆实验仪

2．DHTC-1A 通用计数器

DHTC-1A 通用计数器的面板示意图如图 2.3.6 所示。其中，1 为液晶显示器，2 为功能键区（含上键、下键、左键、右键和确认键），3 为系统复位键，4 为传感器 I 接口（对应光电门 I），5 为传感器 II 接口（对应光电门 II），6 为电磁铁输出接口。本通用计数器的测量功能有周期测量、脉宽测量、秒表计时、自由落体测量、角加速度测量等，本实验会用到周期测量功能。

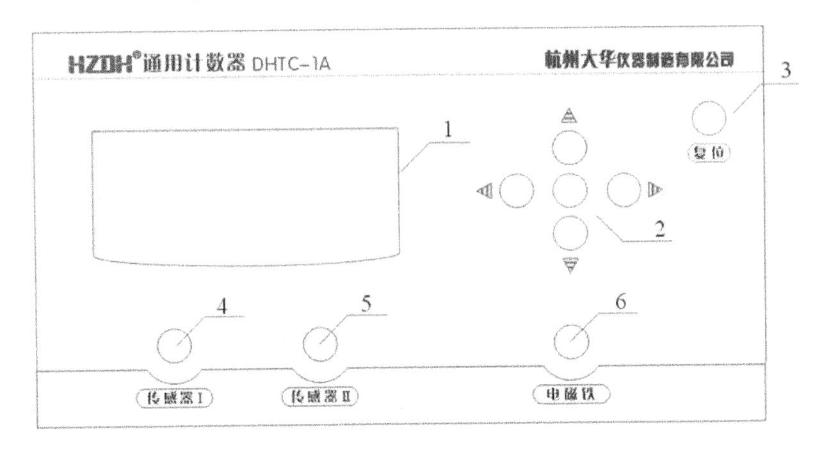

图 2.3.6　DHTC-1A 通用计数器的面板示意图

【实验内容与方法】

1．双线摆实验

（1）将水平仪放在上盘上，通过调节底座水平螺钉调节上盘水平，用米尺测出细杆两头拴绳位置之间的距离 d，并调节两绳长度，使两绳长度 $L=d$。

（2）读取均匀细杆、待测物体、单个待测圆环体的质量，分别为 m_0、m_x、m_1。用游标卡尺测量待测圆环体的外环直径 D_1、内环直径 D_2 和厚度 d_1。

（3）将光电门安装在光电门架上，使双线摆其中一头的挡光针在摆动时能通过光电门，如图 2.3.5 所示。将光电门信号线与传感器 I 接口相连，通用计数器开机，按任意键进入，选择“周期测量”功能并按确认键，将测量周期数 n 设为 10，选择“开始测量”（不要按确认键）。

（4）拨动上盘，使双线摆以小角度振动，然后按通用计数器的确认键，开始测量 T_0。

（5）将待测物体安装在均匀细杆上，使待测物体的质心位于均匀细杆的质心截平面内，依照步骤（3）、（4）测量 T_x（多次测量）。

（6）将两个待测小圆环体对称地套在均匀细杆两端（用米尺辅助确定安装位置），使两个待测小圆环体的中心距均匀细杆的中心相等，读出两个小待测圆环体中心之间的距离 $2x$，依照步骤（3）、（4）测量 T_1，多次测量并将数据填入表 2.3.1 中。

表 2.3.1　双线摆实验测量数据记录

L/mm		d_1/mm		$2x$/mm	
D_1/mm			D_2/mm		
m_0/g		m_x/g		m_1/g	
T_0/s					
T_x/s					
T_1/s					

2．扭摆实验

（1）读取扭摆上圆环体的质量为 m_1，用游标卡尺测量圆环体的外直径 D_1、D_2。用米尺测量悬线长度 L，用游标卡尺测量悬线直径 d。

（2）将光电门安装在光电门架上，使扭摆的挡光针在摆动时能通过光电门。将光电门信号线与传感器 I 接口相连，通用计数器开机，按任意键进入，选择“周期测量”功能并按确认键，将测量周期数 n 设为 10，选择“开始测量”（不要按确认键）。

（3）拨动上盘，使扭摆以小角度振动，然后按通用计数器的确认键，开始测量空盘周期 T_0。

（4）将圆环体放置于扭摆盘上，使二者质心对齐，参照步骤（2）、（3）测量周期 T，将数据记录于表 2.3.2 中。

表 2.3.2　扭摆实验测量数据记录

m_1/g		D_1/mm		D_2/mm	
d/mm			L/cm		
T_0/s					
T/s					

注意：区分扭摆实验中的 d 和双线摆实验中的 d。

【数据处理要求】

1. 在双线摆实验中，计算待测物体和待测圆环体转动惯量的测量值。用平行轴定理计算待测圆环体转动惯量的理论值，并与测量值进行比较，计算误差百分比。
2. 在扭摆实验中，计算空盘的转动惯量，并计算悬线的切变模量 G。

【分析与思考】

1. 双线摆在摆动过程中受到空气阻力，振幅会越来越小，其周期是否会随时间而改变？
2. 在双线摆实验中，产生误差的原因有哪些？

实验 2.4　用恒力矩转动法测量转动惯量

在实验 2.3 中，已经对转动惯量进行了一定的介绍，它取决于刚体的总质量、质量分布、形状大小和转轴位置。对于形状简单、质量均匀分布的刚体，可以通过数学方法计算出它绕特定转轴的转动惯量；但对于形状比较复杂或质量分布不均匀的刚体，用数学方法计算其转动惯量是非常困难的，因而大多采用实验方法来测定。转动惯量的测定在涉及刚体转动的机电制造、航空、航天、航海、军工等工程技术和科学研究中具有十分重要的意义。测定转动惯量常采用扭摆法或恒力矩转动法。本实验采用恒力矩转动法测量刚体的转动惯量。

【实验目的】

1. 掌握用恒力矩转动法测定刚体转动惯量的原理和方法。
2. 观测刚体转动惯量随其质量、质量分布及转轴不同而改变的情况，验证平行轴定理。
3. 学会使用通用计数器测量角加速度。

【实验原理】

1. 恒力矩转动法测定转动惯量的原理

根据刚体的定轴转动定律

$$M = J\beta \tag{2.4.1}$$

可知，只要测定刚体转动时所受的合外力矩 M 及该力矩作用下刚体转动的角加速度 β，即可计算出该刚体的转动惯量 J。

设以某初始角速度转动的空实验台的转动惯量为 J_1，在未加砝码时，在摩擦阻力矩 M_μ 的作用下，实验台将以角加速度 β_1 做匀减速运动，即

$$-M_\mu = J_1\beta_1 \tag{2.4.2}$$

将质量为 m 的砝码用细线绕在半径为 R 的实验台塔轮上，并让砝码下落，系统在恒外力矩的作用下将做匀加速运动。如图 2.4.1 所示，T'为拉绳对塔轮的作用力，由于力的相互作用

及拉绳上的张力处处相等，因此拉绳对砝码的拉力 $T=T'$，即

$$mg-T=ma \tag{2.4.3}$$

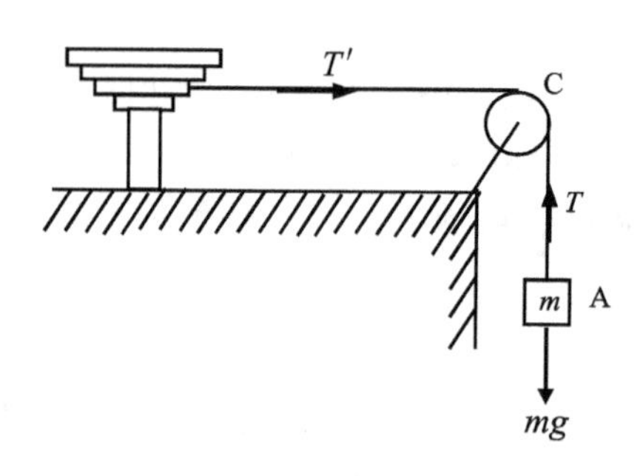

图 2.4.1　砝码受力分析

若此时实验台的角加速度为 β_2，则绕线塔轮边沿处的切向加速度 $a_\tau=a=R\beta_2$。经线施加给实验台的力矩为 $TR=m(g-R\beta_2)R$，此时有

$$m(g-R\beta_2)R-M_\mu=J_1\beta_2 \tag{2.4.4}$$

将式（2.4.2）、式（2.4.4）联立消 M_μ 后，可得

$$J_1=\frac{mR(g-R\beta_2)}{\beta_2-\beta_1} \tag{2.4.5}$$

同理，若在实验台上加上被测物体后，系统的转动惯量为 J_2，加砝码前后的角加速度分别为 β_3 与 β_4，则有

$$J_2=\frac{mR(g-R\beta_4)}{\beta_4-\beta_3} \tag{2.4.6}$$

由转动惯量的迭加原理可知，被测物体的转动惯量 J_3 为

$$J_3=J_2-J_1 \tag{2.4.7}$$

当测得塔轮半径 R、砝码质量 m 及角加速度 β_1、β_2、β_3、β_4 时，由式（2.4.5）～式（2.4.7）即可计算被测物体的转动惯量。

2．β 的测量

转动惯量仪上的载物台与塔轮固定且以同角度转动（详见图 2.4.2），载物台圆周边缘相差 π 角度处有两根挡光棒，每转动半圈遮挡一次固定在底座上的光电门，即产生一个计数光电脉冲，载物台在转动时，计数器记下遮挡次数 k 和相应的时间 t。若从第一次挡光（k=0, t=0）开始计次、计时，将 t=0 时的角速度计为初始角速度 ω_0，将 t_m 作为第 k_m 次遮挡时所用的总时间，则对于匀变速运动中测量得到的任意两组数据(k_m, t_m)、(k_n, t_n)，相应的角位移 $\Delta\theta_m$ 和 $\Delta\theta_n$ 分别为

$$\Delta\theta_m=k_m\pi=\omega_0 t_m+\frac{1}{2}\beta\cdot t_m^2 \tag{2.4.8}$$

$$\Delta\theta_n=k_n\pi=\omega_0 t_n+\frac{1}{2}\beta\cdot t_n^2 \tag{2.4.9}$$

从式（2.4.8）、式（2.4.9）中消去 ω_0，可得

$$\beta=\frac{2\pi\left(k_n t_m-k_m t_n\right)}{t_n^2 t_m-t_m^2 t_n} \tag{2.4.10}$$

转动惯量仪即采用式（2.4.10）测量并计算角加速度 β。

3．转动惯量的理论公式及平行轴定理

设待测圆盘（或圆柱）的质量为 m、半径为 R，则圆盘或圆柱绕几何中心轴的转动惯量的理论值为

$$J'=\frac{1}{2}mR^2 \tag{2.4.11}$$

设待测圆环质量为 m，内、外半径分别为 $R_{内}$、$R_{外}$，则圆环绕几何中心轴的转动惯量的理论值为

$$J'=\frac{m}{2}\left(R_{内}^2+R_{外}^2\right) \tag{2.4.12}$$

理论分析表明，质量为 m 的物体围绕通过质心的转轴转动时的转动惯量 J_c 最小。当转轴平行移动距离 d 后，绕新转轴转动的转动惯量为

$$J_{平行}=J_c+md^2 \tag{2.4.13}$$

【实验仪器】

DH0301A 智能转动惯量仪及附件、DHTC-1A 通用计数器、水平仪、游标卡尺、米尺。

1．DH0301A 智能转动惯量仪

DH0301A 智能转动惯量仪示意图如图 2.4.2 所示，塔轮通过特制的轴承安装在主轴上，以使转动时的摩擦力矩很小；载物台用螺钉与塔轮连接在一起，随塔轮转动；随仪器配的被测试样有一个圆盘、一个圆环和两个圆柱，圆柱试样可插入载物台上的不同孔中，便于验证平行轴定理；滑轮的转动惯量与实验台的转动惯量相比可忽略不计；共有两个光电门，一个测量用，一个备用。

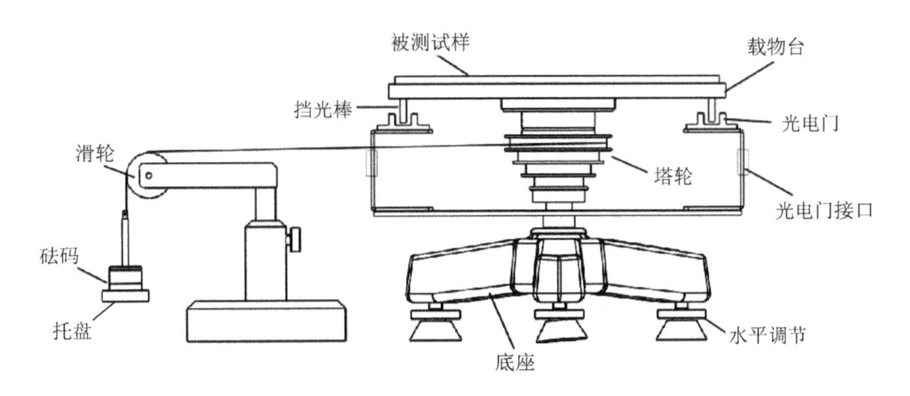

图 2.4.2　DH0301A 智能转动惯量仪示意图

该仪器的主要技术参数如下。

（1）塔轮半径有 15mm、20mm、25mm、30mm 四挡。

（2）载物台圆心与试样插入孔中心的间距有 d=50mm 和 d=75mm 两种。

（3）挂钩（45g）和 5g、10g、20g 的砝码组合，可以产生不同大小的力矩。

2．DHTC-1A 通用计数器

DHTC-1A 通用计数器面板示意图如图 2.4.3 所示。其中，1 为液晶显示器，2 为功能键盘（含上键、下键、左键、右键和确认键），3 为系统复位键，4 为传感器 I 接口（对应光电门 I），5 为传感器 II 接口（对应光电门 II），6 为电磁铁输出接口。

将转动惯量仪的其中一个光电门与计数器的传感器 I 接口连接，检查载物台下方的两个挡光棒在转台旋转过程中是否能有效触发光电门。开启计数器电源，进入角加速度测量功能，将次数设定为 50，由于转动惯量仪有两根挡光棒，因此设定弧度为 π。参数设定好后，按确认准备测量；然后释放砝码，载物台开始旋转，同时计数器开始计时，挡光棒每经过光电门一次，计数次数+1，直到达到设定的次数（50 次）时停止计时，并自动读出 B_1（对应匀加速阶段的角加速度 β_2）和 B_2（对应匀减速阶段的角加速度 β_1）的值。数据测试完后，可以按“选择”键对数据进行存储，选择“数据查询”功能，也可查询测量数据，数据中的 t_{01}～t_{50} 为对应的第 n 次挡光总时间，根据时间和弧度的关系，也可自行借助软件计算 β_1 和 β_2。

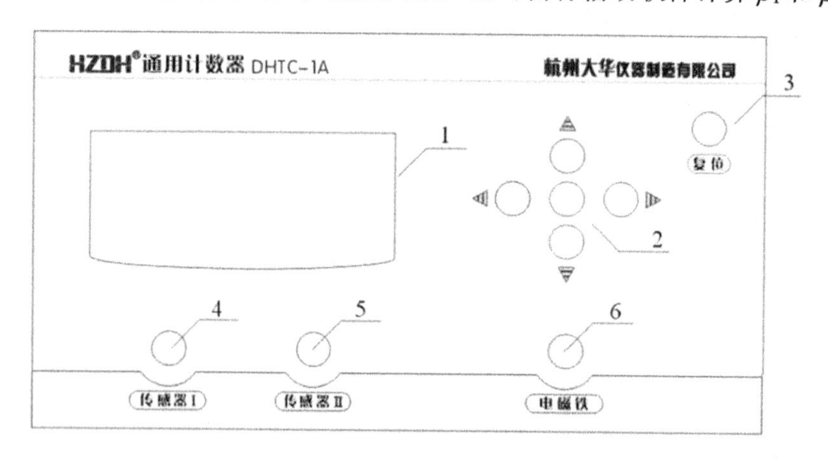

图 2.4.3　DHTC-1A 通用计数器面板示意图

【实验内容与方法】

1．调整并设置仪器

（1）在桌面上的合适位置放置转动惯量仪，将滑轮支架放置在实验台面边缘，调整滑轮的高度及方位，使滑轮槽与选取的塔轮（如选择塔轮半径 R=15mm）槽等高，并使绕线与塔轮相切，如图 2.4.2 所示。将托盘绕线试绕在塔轮上，调整实验台的位置，使塔轮绕线放完时托盘恰好落到地面。将水平仪放置在载物台上，调节底座上的水平调节螺钉将仪器调平。

（2）将实验仪的其中一个光电门与计数器的传感器 I 接口连接，另外一个光电门备用；由于有两根挡光棒，且 180°均匀分布，因此将计数器的弧度设置为 π，将测量次数设定为 50，准备测量。

2．测定空实验台的转动惯量 J_1

（1）选取 5g 砝码并置于托盘上，构成 50g 砝码组合。将细线一端卡入选定塔轮上的开口处，转动塔轮，使细线不重叠地密绕于选定半径的塔轮上，另一端通过滑轮连接砝码托盘上的挂钩，用手将托盘托住。

注意： 绕线要紧密且不可重叠。

（2）按计数器的确认键，使仪器进入工作等待状态，释放托盘，砝码及托盘的重力产生的恒力矩使实验台做匀加速转动；当绕线释放完毕时，载物台将在系统阻力的作用下做匀减速运动。

注意： 在释放托盘的瞬间，挡光棒不要离光电门太近，避免误触发。

（3）计时完毕，记录计数器显示的数据 B_1 和 B_2，分别对应匀加速阶段的角加速度 β_2 和匀减速阶段的角加速度 β_1。改变砝码质量，分别构成 55g 和 65g 砝码组合，重复（1）～（3）步，将数据记录于表 2.4.1 中，由式（2.4.5）即可算出 J_1 的值。

表 2.4.1 测量空实验台的转动惯量数据记录

塔轮半径 R=15 mm

砝码总质量	m_1=50g		m_2=55g		m_3=65g	
数据组	β_1/（rad/s^2）	β_2/（rad/s^2）	β_1/（rad/s^2）	β_2/（rad/s^2）	β_1/（rad/s^2）	β_2/（rad/s^2）
1						
2						
3						
平均值						
J_1						

3．测定被测试样的转动惯量

（1）将被测试样放上载物台并使试样几何中心轴与转轴中心重合，参照测量 J_1 的方法，可分别测量未加砝码时匀减速阶段的角加速度 β_3 与加砝码后匀加速阶段的角加速度 β_4。由式（2.4.6）可算出 J_2，由式（2.4.7）可算出试样的转动惯量 J_3。

（2）将测量数据记录于表 2.4.2 和表 2.4.3 中，试样的质量均可直接读出，试样直径用游标卡尺和米尺测量。

表 2.4.2 测量实验台加圆盘试样的转动惯量数据记录

塔轮半径 R=15 mm

圆盘参数	$D_{圆盘}$=______mm，$m_{圆盘}$=______g					
砝码总质量	m_1=50g		m_2=55g		m_3=65g	
数据组	β_4/（rad/s^2）	β_3/（rad/s^2）	β_4/（rad/s^2）	β_3/（rad/s^2）	β_4/（rad/s^2）	β_3/（rad/s^2）
1						
2						
3						
平均值						
J_2						
$J_3=J_2-J_1$						
理论值 J_3'						
误差百分比						

注意： 所用大圆盘及各待测试样的质量均已给出。

表 2.4.3　测量实验台加圆环试样的转动惯量数据记录

塔轮半径 R=15 mm

圆盘参数	$D_{外}$=______mm，$D_{内}$=______mm，$m_{圆环}$=______g					
砝码总质量	m_1=50g		m_2=55g		m_3=65g	
数据组	β_4/（rad/s^2）	β_3/（rad/s^2）	β_4/（rad/s^2）	β_3/（rad/s^2）	β_4/（rad/s^2）	β_3/（rad/s^2）
1						
2						
3						
平均值						
J_2						
$J_3=J_2-J_1$						
理论值 J_3'						
误差百分比						

4．验证平行轴定理

将两个小圆柱对称地插入载物台上的圆孔中，有半径 d=50mm 和 d=75mm 两种选择，选择其中的一对对称孔，测量并计算两圆柱在此位置的转动惯量，并将数据记录于表 2.4.4 中。

表 2.4.4　测量实验台加圆柱试样的转动惯量数据记录

塔轮半径 R=15 mm

圆盘参数	$D_{圆柱}$=______mm，$m_{圆柱}$=______g，转轴距离 d=_____mm					
砝码总质量	m_1=50g		m_2=55g		m_3=65g	
数据组	β_4/（rad/s^2）	β_3/（rad/s^2）	β_4/（rad/s^2）	β_3/（rad/s^2）	β_4/（rad/s^2）	β_3/（rad/s^2）
1						
2						
3						
平均值						
J_2						
$J_3=J_2-J_1$						
理论值 J_3'						
误差百分比						

5．不同的塔轮半径 R 的测量

选择不同的塔轮半径 R，重复 1～4 步。

【数据处理要求】

1．计算待测圆盘、圆环和圆柱绕中心轴的转动惯量，并计算测量值与理论值的相对误差百分比。

2．根据测量数据验证平行轴定理。

【分析与思考】

1．设转动体系的转动惯量为J_0，当有M_1的部分质量远离转轴平行移动距离d后，体系的转动惯量变为$J = J_0 + M_1 d^2$，试用实验方法验证该平行轴定理。

2．简要分析影响本实验测量结果的各种因素是什么？如何减小它们对实验结果的影响？

实验 2.5　用动态悬挂法测量杨氏模量

杨氏模量（Young Modulus）是工程材料的一个重要物理参数，它标志着材料抵抗弹性形变的能力。测量杨式模量的方法通常有两种，一种是静态法，如静态拉伸法或压缩法、静态扭转法和静态弯曲法；另一种是动态法，如共振法（横向共振法、纵向共振法、扭转共振法等）和弹性波速测量法（连续波法、脉冲波法等）。静态法由于受弛豫过程等的影响，不能真实地反映材料内部结构的变化，对脆性材料无法进行测量，也很难测量材料在不同温度下的杨氏模量。因此，本实验用动态悬挂法测出试样振动时的固有频率，并根据试样的几何参数测得材料的杨氏模量，此方法的优点是设备简单、容易向高温延伸、适用范围大、结果稳定。

【实验目的】

1．学习用动态悬挂法测量金属材料的杨氏模量。

2．掌握用外延法测量金属材料的固有频率，了解基频的鉴别方法。

3．培养学生综合应用物理仪器的能力。

【实验原理】

固体在外力作用下都会发生形变，当形变不超过某限度时，撤去外力，形变会随之消失，这种现象称为弹性形变。当物体发生弹性形变时，其内部会产生恢复原状的内应力。杨氏模量是反映材料应变（单位长度变化量）与材料内部应力（单位面积受到的力的大小）之间关系的物理量。

设金属丝原长为L，截面积为S，它沿长度方向受外力F作用后，伸长量为ΔL。忽略金属丝的质量，在平衡状态时，任一截面上的内应力都与外力相等，故其单位截面积上的垂直作用力就是F/S，称为正应力。金属丝相对伸长$\Delta L/L$，称为线应变。在弹性限度内，正应力与线应变成正比，有

$$E = \frac{F/S}{\Delta L/L} = \frac{F \cdot L}{S \cdot \Delta L} \tag{2.5.1}$$

式中，比例系数E称为该金属材料的杨氏模量，它由材料本身的性质决定。式（2.5.1）即大量实验结果揭示的胡克定律（Hooke Law）。

在一定条件下，试样振动的固有频率取决于它的几何形状、尺寸、质量及杨氏模量。如果在实验中测出试样在不同温度下的固有频率，就可以计算出试样在不同温度下的杨氏模量。

如图 2.5.1 所示，长度L远远大于一细长圆棒的直径d（$L \gg d$），沿x方向放置此棒，且棒的左端位于x=0 处，当棒做y方向上的微小横向无阻尼自由振动（弯曲振动）时，根据牛

顿第二定律，满足的动力学方程（横振动方程）为

$$\frac{\partial^4 y}{\partial x^4}+\frac{\rho s}{EJ}\cdot\frac{\partial^2 y}{\partial t^2}=0 \tag{2.5.2}$$

式中，E 为杨氏模量；ρ 为材料密度；s 为截面积；t 为时间变量；J 为棒的截面惯量矩，它主要取决于棒的截面形状，且 $J=\iint\limits_s y^2\mathrm{d}s$。

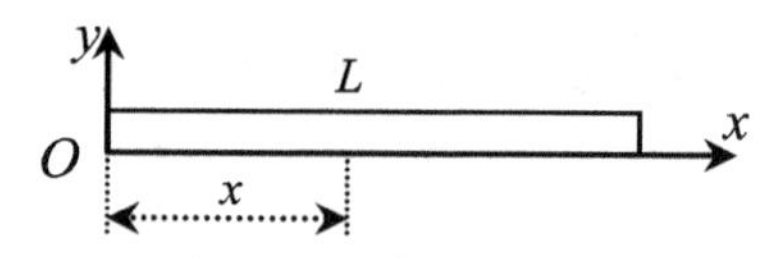

图 2.5.1　细长圆棒的弯曲振动分析

用分离变量法解该方程（详细解析过程见附录 A），对横截面为圆形的棒有

$$E=1.6067\times\frac{L^3 m}{d^4}\cdot f^2 \tag{2.5.3}$$

式中，L 为棒的长度；d 为棒的直径；m 为棒的质量；f 为棒横向振动的固有频率。

固有频率是金属棒本身固有的属性，一旦金属棒做好之后，其固有频率就确定了，它不会因外部条件的改变而改变。固有频率不能直接测出，只能测出系统的共振频率，以此来判断金属棒的固有频率。共振频率是指当驱动力振动频率非常接近系统的固有频率且系统振动振幅达到最大时的振动频率。本实验采用动态悬挂法测量共振频率，其测量示意图如图 2.5.2 所示。由于悬线对测试棒有阻尼作用，所以检测到的共振频率的大小是随悬挂点的位置变化而变化的。振动阻尼越小，固有频率和共振频率越接近，当悬挂点在节点处（激振和拾振位置）时，阻尼最小，这时无阻尼自由振动的共振频率最接近测试棒的固有频率。但现实情况是，当激振点在节点处时，金属棒无法激发测试棒振动，即使能振动，也无法接收到振动信号(观察不到共振现象)，最终无法得到共振频率。虽然阻尼为零的情况在现实中是不存在的，但尽可能减小阻尼是可以的。因此，只要找到节点位置，然后在节点附近测量其共振频率，采用外延法推出节点处的共振频率，即可将其近似为固有频率。由附录 A 推导出基频共振频率在测试棒的 0.224L 和 0.776L 节点处，实验时根据此节点位置测量节点周围的共振频率，用作图外延法求出节点处的共振频率，即近似的固有频率。

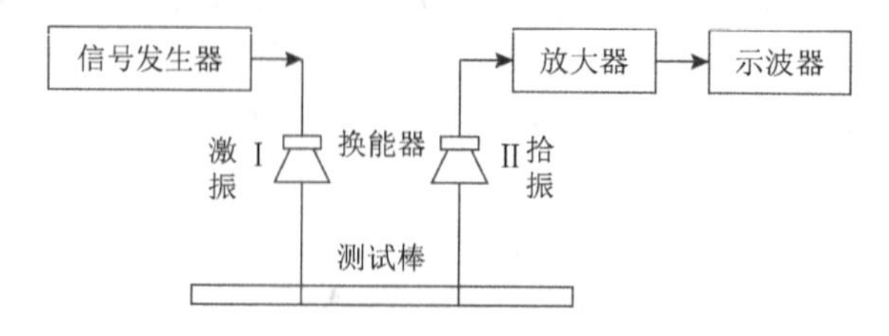

图 2.5.2　动态悬挂法测量共振频率示意图

【实验仪器】

DHY-2A 动态杨氏模量测试仪、DH0803 振动力学通用信号源、通用示波器、测试棒（铜棒、不锈钢棒、铝棒）、悬线、同轴信号线、电子天平、米尺、螺旋测微器、温度计。

1．DHY-2A 动态杨氏模量测试仪

DHY-2A 动态杨氏模量测试仪示意图如图 2.5.3 所示，其中 1 为底板，2 为输入插口，3 为立柱，4 为横杆，5 为激振器，6 为拾振器，7 为悬线，8 为测试棒，9 为输出插口。由信号发生器输出的等幅正弦波信号会加在激振器上。通过激振器把电信号转变成机械振动，再由悬线把机械振动传给测试棒，使其受迫做横向振动。测试棒另一端的悬线把振动传给拾振器，这时机械振动又转变成电信号，该信号经放大后送到示波器中显示。当信号发生器的频率不等于测试棒的共振频率时，测试棒不发生共振，示波器上几乎没有信号波形或波形很小。当信号发生器的频率等于测试棒的共振频率时，测试棒发生共振，这时示波器上的波形会突然增大，读出的频率就是测试棒在该温度下的共振频率。

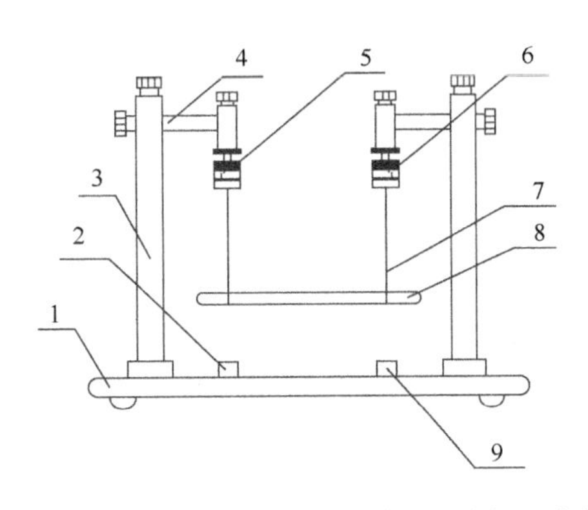

图 2.5.3　DHY-2A 动态杨氏模量测试仪示意图

2．DH0803 振动力学通用信号源

DH0803 振动力学通用信号源能产生方波和正弦波，频率在 20.001～100000Hz 内连续可调，仪器的频率调节最小分辨率达 0.001Hz，使用温度为 5～35℃，相对湿度为(25%～85%)RH，其面板示意图如图 2.5.4 所示。

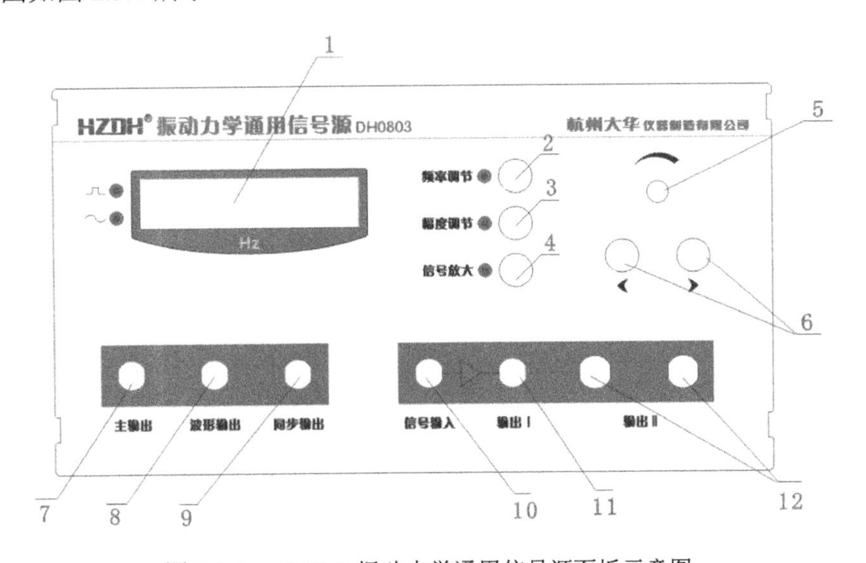

图 2.5.4　DH0803 振动力学通用信号源面板示意图

在图 2.5.4 中，1 为频率显示窗口；2 为频率调节键，按下后，对应指示灯亮，表示可以用编码开关配合编码键调节输出频率；3 为幅度调节键，按下后，对应指示灯亮，表示可以用编码开关调节输出信号幅度，可在 0～100 挡调节，输出幅度不超过峰峰值 $U_{p\text{-}p}$=20V；4 为信号放大键，按下后，对应指示灯亮，表示可以用编码开关调节信号放大倍数，可在 0～100 挡调节，实际放大倍数不超过 55；5 为编码开关，可以按动或旋转，按动旋钮可用来切换正弦波和方波输出，旋转旋钮可用于调节输出信号频率、幅度及信号放大倍数，正弦波输出频率

为 20～100000Hz，方波的输出频率为 20～1000Hz；6 为调节键，用于切换频率调节位，仅用于信号频率调节；7 为主输出接口，用于功率信号的输出，接驱动传感器；8 为波形输出接口，可接示波器以观察主输出的波形；9 为同步输出接口，其输出频率同主输出的输出频率，且为与主输出相位差固定的正弦波信号；10 为信号输入接口，连接接收传感器，对磁电信号进行放大；11 为输出 I 接口，接示波器通道 1，接收传感器信号放大输出；12 为输出 II 接口，接收传感器信号放大输出，可接耳机或其他检测设备。

DH0803 振动力学通用信号源的使用方法如下。

（1）打开信号源的电源开关，信号源通电。按动编码开关 5，使输出为正弦波；调节频率，频率显示窗口应有相应的频率指示；用示波器观察主输出、波形输出和同步输出端，应有相应的正弦波；调节幅度，波形的幅度产生变化；这时仪器已基本正常，再通电预热 2min 左右，即可进行振动实验。

（2）按照 DHY-2A 动态杨氏模量测试仪的使用说明，将动态杨氏模量测试仪上的输入插口接至本仪器的主输出端，用于驱动激振器；同时将仪器的波形输出端接示波器，观察激振波形；将动态杨氏模量测试仪上的输出插口接至本仪器的信号输入端，对探测的共振信号进行放大；再将放大信号输出 I 端连接到示波器上以观察共振波形。

（3）当测试棒振动幅度过大时，应减小信号输出幅度；当振动幅度过小时，应加大信号输出幅度。

【实验内容与方法】

（1）分别测量三种测试棒的长度 L、直径 d 和质量 m，为提高测量精度，每个物理量测五次，并将数据记录于表 2.5.1 中。

表 2.5.1　测试棒参数测量数据记录

黄铜测试棒	1	2	3	4	5	平均值
测试棒长度 L/cm						
测试棒直径 d/mm						
测试棒质量 m/g						
不锈钢测试棒	1	2	3	4	5	平均值
测试棒长度 L/cm						
测试棒直径 d/mm						
测试棒质量 m/g						
铝测试棒	1	2	3	4	5	平均值
测试棒长度 L/cm						
测试棒直径 d/mm						
测试棒质量 m/g						

（2）按照图 2.5.3 将黄铜测试棒安装于动态杨氏模量测试仪上，将测试棒对称地悬挂于两悬线之上，将两悬线悬挂点到测试棒两端点的距离设为 1.0cm（测试棒上标有刻度），调节激振器和拾振器在横杆上的位置，直到悬线与测试棒轴向垂直并旋紧螺钉，要求测试棒横向水平，悬线与测试棒轴向垂直并处于静止状态。

注意：*必须保持测试棒的清洁，拿放及更换时应特别小心，避免损坏激振器、拾振器。悬*

挂测试棒后，应移动横杆上的拾振器到既定位置，使两根悬线均垂直于测试棒。实验时，只有测试棒稳定之后才可以进行测量。

（3）按照图 2.5.5 将动态杨氏模量测试仪、振动力学通用信号源、示波器用同轴信号线连接，通电预热 10min。打开信号源开关，按动编码开关键，将输出波形调至正弦波形。

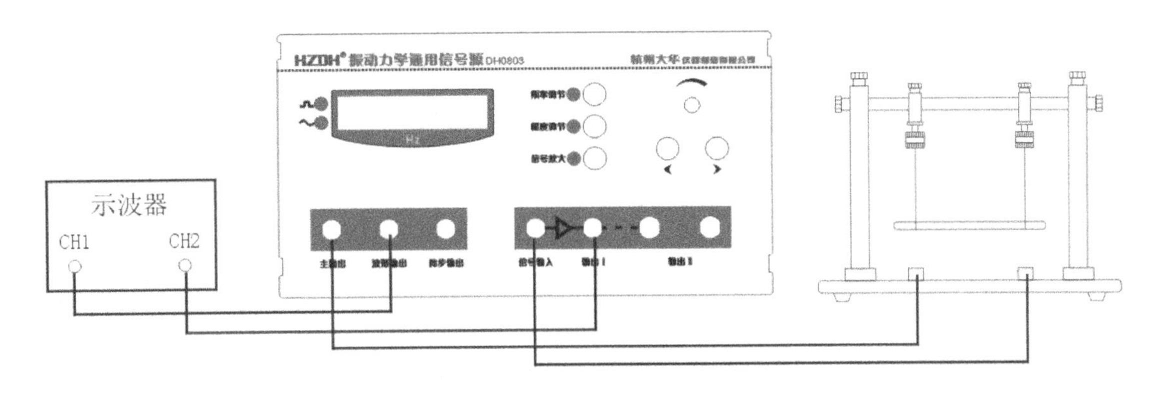

图 2.5.5 动态杨氏模量测量连线图

（4）待测试棒稳定后，按下频率调节键，对应指示灯亮，调节编码开关旋钮以调节频率，再用调节键切换频率调节位，直到示波器显示波形振幅突然变大并达到极大值。

（5）鉴频：由于测量公式（2.5.3）只适用于基频共振的情况，但在进行频率扫描时，测试棒不只在一个频率处发生共振现象，因此，要确定试样是否是在基频下产生的共振，必须采用阻尼法来鉴别。用手沿测试棒的长度方向轻触测试棒的不同位置，同时观察示波器，如果手指触到的是波节处，则示波器上的波形幅度不变；如果手指触到的是波腹处，则示波器上的波形幅度变小。当发现测试棒上仅有两个波节（见图 2.5.6）时，这时的共振就是基频下的共振，记下这一频率 f。

注意：因测试棒共振状态的建立需要一个过程，共振峰十分尖锐，且仪器的频率调节最小分辨率达到 0.001Hz，所以在共振点附近调节信号频率时，必须十分缓慢地进行，以免错过相应的共振频率。

（6）改变两悬线悬挂点到测试棒两端点的距离（具体位置测试棒上已用刻度线标注），重复（2）～（5）步，将共振频率记录在表 2.5.2 中，并读取实验时的室温。

表 2.5.2 测试棒的共振频率测量数据记录

测试棒材料：________，室温：____℃

测量点	1	2	3	4	5	6	7	8	9	10	11	12
悬挂位置 x/cm	1.0	1.5	2.0	2.5	3.0	3.5	4.5	5.0	5.5	6.0	6.5	7.0
悬挂位置与测试棒长度的比值 x/L												
共振频率 f/Hz												

注意：当测试棒悬挂在距两端 4.0cm 处时，由于接近 $0.224L$=4.032cm 的节点处，所以共振频率可能无法测出，此时略过不测即可。

（7）更换不锈钢测试棒和铝测试棒，重复（2）～（6）步，参照表 2.5.2 自行绘制表格并记录数据。

【数据处理要求】

1. 根据测试数据，用计算机作图，拟合 f-x/L 曲线，用作图外延法找到 x/L=0.224 处的共振频率，即测试棒的基频共振频率，如图 2.5.6 所示，根据公式求出三种材料的杨氏模量 E。

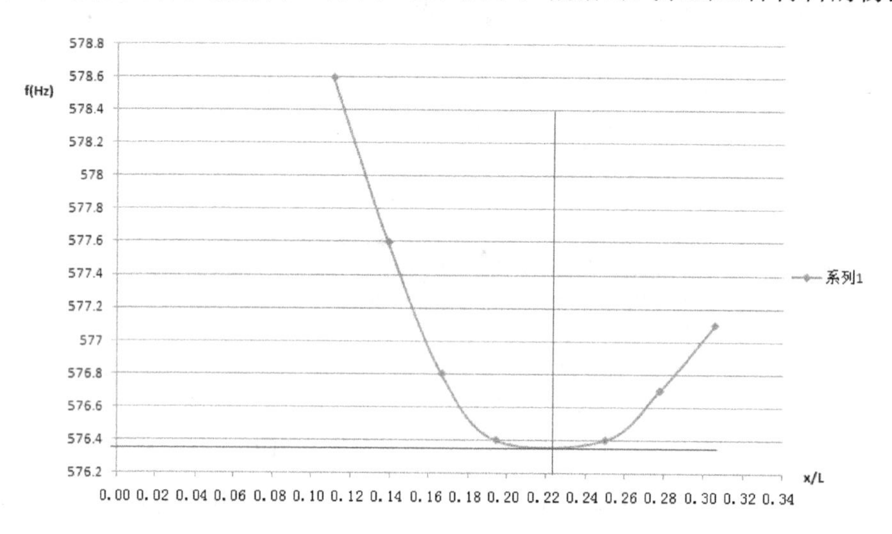

图 2.5.6　用作图外延法推算节点处的共振频率示例

注意：物体的固有频率 $f_{固}$ 和共振频率 $f_{共}$ 是两个不同的概念，它们之间的关系为

$$f_{固} = f_{共}\sqrt{1+\frac{1}{4Q^2}} \tag{2.5.4}$$

式中，Q 为试样的机械品质因数。对于悬挂法测量，一般 Q 的最小值为 50，把该值代入式（2.5.4），有

$$f_{固} = f_{共}\sqrt{1+\frac{1}{4Q^2}} = f_{共}\sqrt{1+\frac{1}{4\times 50^2}} \approx 1.00005 f_{共} \tag{2.5.5}$$

可见，共振频率与固有频率相比，只相差 0.005%。本实验只能测量出试样的共振频率，由于相差极小，因此本实验用共振频率代替固有频率是合理的。

2. 用不确定度传递公式分别计算三种材料的杨氏模量的不确定度（信号发生器的频率误差限为：当 f＜1000Hz 时，Δ 取 0.1Hz；当 f≥1000Hz 时，Δ 取 1Hz），完整表示结果，表 2.5.3 列出了几种常见材料的杨氏模量的参考值。

表 2.5.3　几种常见材料的杨氏模量的参考值

材料名称	E/（$\times10^{11}$N·m^{-2}）	材料名称	E/（$\times10^{11}$N·m^{-2}）
黄铜	1.0～1.2	不锈钢	1.95～2.10
铝	0.7	生铁	0.735～0.834
玻璃	0.55	有机玻璃	0.04～0.05
橡胶	78.5	大理石	0.55

注：黄铜测试棒的参考基频共振频率为 549～602Hz；不锈钢测试棒的参考基频共振频率为 791～821Hz；铝测试棒的参考基频共振频率为 800Hz。

注意：由于环境温度及测试棒材质不尽相同等的影响，表 2.5.3 中提供的数据仅供参考。

【分析与思考】

1．试样的长度 L、直径 d、质量 m、共振频率 f 分别应选择何种精度的仪器来测量？原因是什么？

2．从仪器的误差限和悬挂/支撑点偏离节点这两个因素估算本实验的测量误差。

3．测量时为何将支撑点放在测试棒的节点附近？

附录 A　用分离变量法求解横振动方程

由式（2.5.2）可知，棒的横振动方程为

$$\frac{\partial^4 y}{\partial x^4}+\frac{\rho s}{EJ}\cdot\frac{\partial^2 y}{\partial t^2}=0$$

对于圆棒，棒的截面惯量矩微元 $\mathrm{d}J$ 为各微元面积 $\mathrm{d}s$ 与各微元至截面某一指定轴（见图 2.5.1 中的 y 轴）的距离 y 的二次方的乘积，即

$$\mathrm{d}J=y^2\cdot\mathrm{d}s$$

如图 A.1 所示，r 为微元 $\mathrm{d}s$ 与圆心的距离，θ 为 r 与 y 轴的夹角，有

$$\mathrm{d}J=r\cdot\mathrm{d}\theta\cdot\mathrm{d}r\left(r\cdot\cos\theta\right)^2=r^3\cdot\mathrm{d}r\cdot\cos^2\theta\cdot\mathrm{d}\theta$$

积分得

$$J=\frac{\pi d^4}{64} \tag{A.1}$$

式（A.1）为截面为圆形的振动棒的截面惯量矩公式，式中，d 为圆棒的直径。

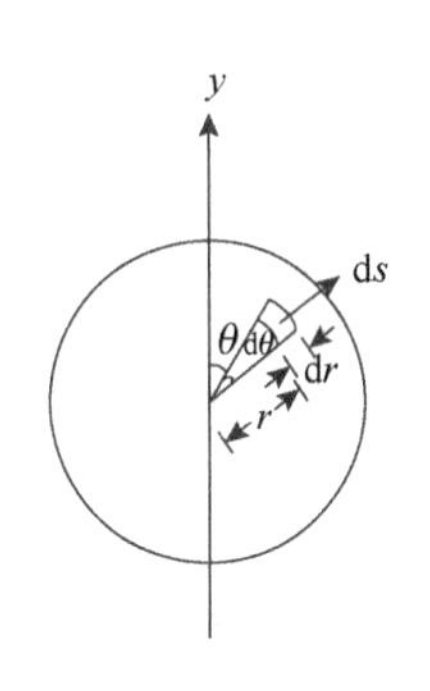

图 A.1　圆棒截面微元分析

对式（2.5.2）使用分离变量法，令

$$y(x,t)=X(x)\cdot T(t)$$

代入式（2.5.2）得

$$\frac{1}{X}\cdot\frac{\mathrm{d}^4X}{\mathrm{d}x^4}=-\frac{\rho s}{EJ}\cdot\frac{1}{T}\cdot\frac{\mathrm{d}^2T}{\mathrm{d}t^2}$$

等式两边分别是 x 和 t 的函数，只有等式两边均为常数时才有可能相等，将该常数设为 K^4，于是有

$$\frac{\mathrm{d}^4X}{\mathrm{d}x^4}-K^4\cdot X=0$$

$$\frac{\mathrm{d}^2T}{\mathrm{d}t^2}+\frac{K^4EJ}{\rho s}\cdot T=0$$

这两个线性常微分方程的通解分别为

$$X(x)=B_1\cdot\mathrm{ch}Kx+B_2\cdot\mathrm{sh}Kx+B_3\cdot\cos Kx+B_4\cdot\sin Kx$$

$$T(t)=A\cdot\cos(\omega t+\varphi)$$

于是解得振动方程式的通解为

$$y(x,t)=\left(B_1\cdot\mathrm{ch}Kx+B_2\cdot\mathrm{sh}Kx+B_3\cdot\cos Kx+B_4\cdot\sin Kx\right)\cdot A\cdot\cos(\omega t+\varphi)$$

式中，ω 为频率

$$\omega=\left(\frac{K^4EJ}{\rho s}\right)^{\frac{1}{2}} \tag{A.2}$$

式（A.2）对任意形状的截面、不同边界条件的试样都是成立的。只要用特定的边界条件定出常数 K，并将其代入特定截面的截面惯性矩 J，就可以得到具体条件下的计算公式。

如果悬线悬挂在试样的节点附近，则其边界条件为自由端横向作用力

$$F=-\frac{\partial M}{\partial x}=-EJ\cdot\frac{\partial^3 y}{\partial x^3}=0$$

弯矩为

$$M=EJ\cdot\frac{\partial^2 y}{\partial x^2}=0$$

即

$$\left.\frac{\mathrm{d}^3X}{\mathrm{d}x^3}\right|_{x=0}=0，\quad \left.\frac{\mathrm{d}^3X}{\mathrm{d}x^3}\right|_{x=l}=0$$

$$\left.\frac{\mathrm{d}^2X}{\mathrm{d}x^2}\right|_{x=0}=0，\quad \left.\frac{\mathrm{d}^2X}{\mathrm{d}x^2}\right|_{x=l}=0$$

将通解代入边界条件，得

$$\cos KL\cdot\mathrm{ch}KL=1$$

用数值解法求得本征值 K 和棒的长度 L 应满足以下条件：

$$K\cdot L=0,\ 4.7300,\ 7.8532,\ 10.9956,\ 14.137,\ 17.279,\ 20.420,\ \cdots$$

由于其中的第一个根“0”对应静态情况，故将其舍去。将第二个根作为第一个根，记作 $K_1\cdot L$。一般将 $K_1\cdot L=4.7300$ 对应的共振频率称为基频（或称固有频率）。在上述 $K_n\cdot L$ 的值中，第 1,3,5,…位的数值对应“对称形振动”；第 2,4,6,…位的数值对应“反对称形振动”。图 A.2 给出了当 n=1,2,3,4 时的振动波形。由图 A.2 可以看出，试样在做基频振动（n=1）时，存在两个节点，它们的位置距离端面分别为 0.224L 和 0.776L。理论上，悬挂点应取在节点处，但由于悬挂在节点处的试样棒难以被激振和拾振，因此，可以在节点两旁选不同点对称悬挂，用外推法找出节点处的共振频率。将第一本征值 $K=\dfrac{4.7300}{L}$ 代入式（A.2），得自由振动的固有频率（基频）为

$$\omega=\left[\frac{(4.7300)^4EJ}{\rho L^4 s}\right]^{\frac{1}{2}} \tag{A.3}$$

由式（A.3）式可解出杨氏模量为

$$E=1.9978\times10^{-3}\times\frac{\rho L^4 s}{J}\cdot\omega^2=7.8870\times10^{-2}\times\frac{L^3m}{J}\cdot f^2$$

将圆棒的截面惯量矩公式（A.1）代入上式，得杨氏模量的表达式为

$$E=1.6067\times\frac{L^3m}{d^4}f^2$$

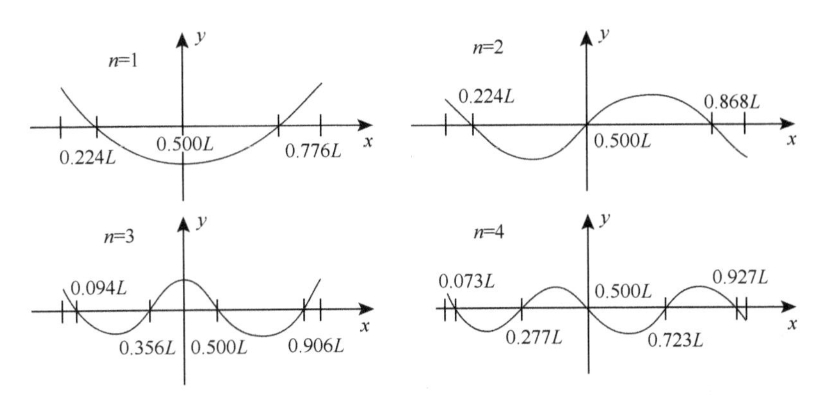

图 A.2 n=1,2,3,4（两端自由棒）时的振动波形图

实验 2.6 用微弯曲法测量杨氏模量

固体材料杨氏模量的测量是综合大学和工科院校物理实验中必做的实验之一。随着科学技术的发展，微小位移量的测量技术越来越先进，本实验是在弯曲法测量固体材料杨氏模量的基础上增加了霍尔位移传感器的相关内容而成的。通过霍尔位移传感器的应用，学习和掌握测量微小位移的非电量电测新方法。

【实验目的】

1. 熟悉霍尔位移传感器的工作原理及微小位移量的测量。
2. 掌握用微弯曲法测量固体材料的杨氏模量。

【实验原理】

1. 霍尔位移传感器

将霍尔元件置于磁感应强度为 B 的磁场中，在垂直于磁场的方向上通以电流 I，这时，在与这二者相垂直的方向上将产生霍尔电势差 U_H

$$U_{\mathrm{H}} = K \cdot I \cdot B \tag{2.6.1}$$

式中，K 为元件的霍尔灵敏度。如果保持霍尔元件的电流 I 不变，而使其在一个均匀梯度的磁场中移动时，则输出的霍尔电势差变化量为

$$\Delta U_{\mathrm{H}} = K \cdot I \cdot \frac{\mathrm{d}B}{\mathrm{d}Z} \cdot \Delta Z \tag{2.6.2}$$

式中，ΔZ 为位移量。式（2.6.2）说明，若 $\frac{\mathrm{d}B}{\mathrm{d}Z}$ 为常数，则 ΔU_H 与 ΔZ 成正比。

为实现均匀梯度的磁场，可以将两块相同的磁铁（磁铁截面积及表面磁感应强度均相同）放在相对放置上，即 N 极与 N 极相对，并在两磁铁之间留一等间距间隙，将霍尔元件平行于磁铁放在该间隙的中轴上，如图 2.6.1 所示。间隙大小根据测量范围和测量灵敏度要求而定，间隙越小，磁场梯度就越大，灵敏度也就越高。磁铁截面要远大于霍尔元件，以尽可能减小

边缘效应的影响，提高测量精确度。

若磁铁间隙内中心截面处的磁感应强度为零，则当霍尔元件处于该处时，输出的霍尔电势差应该为零；当霍尔元件偏离中心而沿 Z 轴发生位移时，由于磁感应强度不再为零，所以霍尔元件会产生相应的电势差输出，其大小可以用数字电压表测量。由此可以将霍尔电势差为零时的元件所处的位置作为位移参考零点。

霍尔电势差与位移量之间存在一一对应关系，当位移量较小（小于 2mm）时，这一对应关系具有良好的线性。

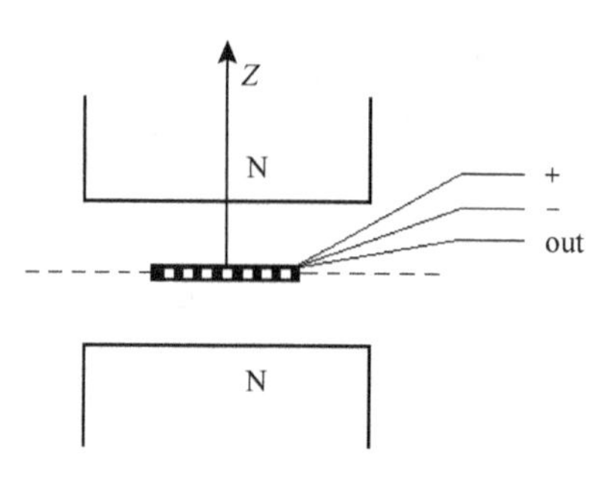

图 2.6.1　梯度磁场的获得示意图

2. 杨氏模量

固体、液体及气体在受外力作用时，形状与体积都会发生或大或小的改变，这统称为形变。当外力不太大（引起的形变不太大）时，撤掉外力，形变就会消失，这种形变称为弹性形变。弹性形变分为长变、切变和体变。

在一段固体棒的两端沿轴方向施加大小相等、方向相反的外力 F，其长度 l 会发生改变，用 Δl 表示，以 S 表示横截面面积，称 $\dfrac{F}{S}$ 为应力、相对长变 $\dfrac{\Delta l}{l}$ 为应变。在弹性限度内，根据胡克定律，有

$$\frac{F}{S}=E\cdot\frac{\Delta l}{l}$$

式中，E 为杨氏模量，其数值与材料性质有关。

在横梁发生微小弯曲时，梁中存在一个中性面，面上部分发生压缩、面下部分发生拉伸，因此，整体说来，可以理解为横梁发生了长度变化，即可以用杨氏模量描写材料的性质。如图 2.6.2 所示，当横梁发生微小形变时，以两个刀口连线的中心垂直线与中性面的交点为原点，以两个刀口连线为 x 轴，以作用力方向为 y 轴。

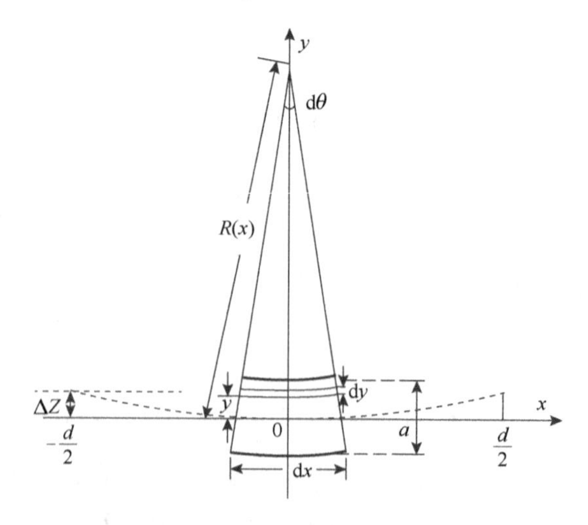

图 2.6.2　横梁受力发生微小形变示意图

设两刀口之间的距离为 d、所加砝码的质量为 M、梁的厚度为 a、梁的宽度为 b、梁中心由于外力作用而下降的距离为 ΔZ。虚线表示弯曲梁的中性面，易知其既不拉伸又不压缩，取

弯曲梁长为 dx 的一小段，设其曲率半径为 $R(x)$，所对应的张角为 dθ，再取与中性面上部距离为 y、厚为 dy 的一层面作为研究对象，此时，梁弯曲后的长度变化为

$$\left[R(x)-y\right]\cdot \mathrm{d}\theta$$

因此，变化量为

$$\left[R(x)-y\right]\cdot \mathrm{d}\theta-\mathrm{d}x$$

又因为 $\mathrm{d}\theta=\dfrac{\mathrm{d}x}{R(x)}$，所以

$$\left[R(x)-y\right]\cdot \mathrm{d}\theta-\mathrm{d}x=\left[R(x)-y\right]\frac{\mathrm{d}x}{R(x)}-\mathrm{d}x=-\frac{y}{R(x)}\mathrm{d}x$$

因此，应变为

$$\varepsilon=-\frac{y}{R(x)}$$

根据胡克定律，有

$$\frac{\mathrm{d}F}{\mathrm{d}S}=-E\cdot\frac{y}{R(x)}$$

又因为 $\mathrm{d}S=b\cdot \mathrm{d}y$，所以

$$\mathrm{d}F(x)=-\frac{E\cdot b\cdot y}{R(x)}\cdot \mathrm{d}y$$

因此，对中性面的转矩为

$$\mathrm{d}\mu(x)=\left|dF\right|\cdot y=\frac{E\cdot b}{R(x)}y^2\cdot \mathrm{d}y$$

积分得

$$\mu(x)=\int_{-\frac{a}{2}}^{\frac{a}{2}}\frac{E\cdot b}{R(x)}y^2\cdot \mathrm{d}y=\frac{E\cdot b\cdot a^3}{12R(x)} \tag{2.6.3}$$

对梁上各点，有

$$\frac{1}{R(x)}=\frac{y''(x)}{\left[1+y'(x)^2\right]^{\frac{3}{2}}}$$

因梁的微小弯曲 $y'(x)=0$，所以

$$R(x)=\frac{1}{y''(x)} \tag{2.6.4}$$

当梁平衡时，它在 x 处的转矩应与梁右端支撑力 $\dfrac{Mg}{2}$ 对 x 处的力矩平衡，因此

$$\mu(x)=\frac{Mg}{2}\cdot\left(\frac{d}{2}-x\right) \tag{2.6.5}$$

根据式（2.6.3）～式（2.6.5），可得

$$y''(x)=\frac{6Mg}{E\cdot b\cdot a^3}\cdot\left(\frac{d}{2}-x\right)$$

据所讨论问题的性质，有边界条件 $y(0)=0$，$y'(0)=0$，解上面的微分方程得

$$y(x)=\frac{3Mg}{E\cdot b\cdot a^3}\cdot\left(\frac{d}{2}x^2-\frac{1}{3}x^3\right)$$

将 $x=\dfrac{d}{2}$ 代入上式，得右端点的 y 值为

$$y=\frac{Mg\cdot d^3}{4E\cdot b\cdot a^3}$$

又由于 $y=\Delta Z$，因此杨氏模量为

$$E=\frac{d^3\cdot Mg}{4a^3\cdot b\cdot \Delta Z} \tag{2.6.6}$$

【实验仪器】

杨氏模量测定仪主机、机架、读数显微镜、霍尔位移传感器、砝码。

微弯曲法测横梁杨氏模量的实验装置如图 2.6.3 所示，其中 1 为铜刀口上的基线，2 为读数显微镜，3 为刀口，4 为横梁，5 为铜杠杆（顶端装有 95A 型集成霍尔位移传感器），6 为磁铁盒，7 为磁铁（N 极相对放置），8 为调节架，9 为砝码。

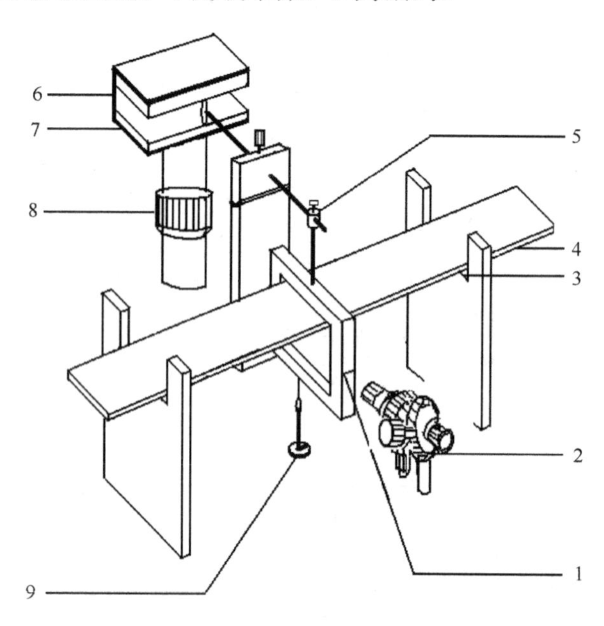

图 2.6.3　微弯曲法测横梁杨氏模量的实验装置

【实验内容与方法】

1．装置的调试

（1）将横梁穿在砝码铜刀口内，并安放在两立柱刀口的正中央位置。接着装上铜杠杆，将有传感器的一端插入两立柱刀口中间，并将该杠杆中间的铜刀口放在刀座上。圆柱形拖尖应在砝码刀口的小圆洞内，传感器若不在磁铁中间，则可以松弛固定螺钉，使磁铁上下移动，或者用调节架上的套筒螺母，使磁铁上下微动，再固定。注意铜杠杆上霍尔位移传感器的水平位置（圆柱有固定螺钉）。

（2）将铜杠杆上的三眼插座插在立柱的三眼插针上，用仪器电缆一端连接测量仪器，并将其另一端插在立柱另外的三眼插针上；接通电源，调节磁铁或仪器上的调零电位器，使在初始负载条件下，仪器指示处于零值。大约预热 10min，指示值即可稳定。

（3）调节读数显微镜目镜，直到眼睛观察镜内的十字线和数字清晰，然后移动读数显微镜，使能够清楚看到铜刀口上的基线，再转动读数旋钮，使刀口上的基线与读数显微镜内的十字线吻合。

2．霍尔位移传感器的定标

（1）在进行测量之前，要求符合上述安装要求，并且检查铜杠杆的水平、刀口的垂直、挂砝码的刀口处于梁中间，要防止外加风的影响，铜杠杆安放在磁铁的中间，注意不要与金属外壳接触，一切正常后加砝码，使梁弯曲，产生位移 ΔZ。

（2）精确测量传感器信号输出端的数值与固定砝码架的位置 Z 的关系，即用读数显微镜对传感器输出量进行定标，将测量数据填入表 2.6.1 中，求出霍尔位移传感器的灵敏度 $K=\dfrac{\Delta U}{\Delta Z}$。

表 2.6.1　霍尔位移传感器静态特性测量数据记录

M/g	0.00	20.00	40.00	60.00	80.00	100.00
Z/mm						
U/mV						

3．杨氏模量的测量

（1）用直尺测量横梁的长度 d，用游标卡尺测其宽度 b，用千分尺测其厚度 a。

（2）利用已经标定的传感器显示数值，测出黄铜样品在重物作用下的位移 $\Delta Z=\dfrac{U}{K}$，通过式（2.6.6）计算横梁的杨氏模量。

注意：

（1）梁的厚度必须测准确。在用千分尺测量黄铜横梁的厚度 a 时，当旋转千分尺至将要与金属接触时，必须用微调轮，当听到“嗒嗒嗒”三声时，停止旋转。

（2）当读数显微镜的准丝对准铜挂件（有刀口）的标志刻度线时，注意区别是黄铜横梁的边沿，还是标志线。

（3）霍尔位移传感器在定标前，应先将霍尔位移传感器调整到零输出位置，这时可调节磁铁盒下升降杆上的旋钮，以达到零输出的目的。另外，应使霍尔位移传感器的探头处于两块磁铁的正中间稍偏下的位置，这样测量数据更可靠一些。

（4）在加砝码时，应该轻拿轻放，尽量减小砝码架的晃动，这样可以使电压值在较短的时间内达到稳定值，节省实验时间。

（5）实验开始前，必须检查横梁是否有弯曲问题存在，如果有，则应矫正。

【数据处理要求】

1．利用线性回归法求出霍尔位移传感器的灵敏度 K。

2．用逐差法处理数据，求出横梁的位移量 $\overline{\Delta Z}$，计算横梁的杨氏模量并将测量结果与公认值进行比较。

【分析与思考】

霍尔位移传感器在工程上还有哪些应用？

实验 2.7 干涉法测量固体的热膨胀系数

物体的长度或体积随温度的升高而增大的现象称为热膨胀，通常用热膨胀系数（或热膨胀率）来表示。热膨胀系数是材料的主要物理性质之一。

【实验目的】

1．复习迈克耳孙干涉仪的原理，了解热膨胀系数的概念。

2．掌握用干涉法测量试件热膨胀系数的方法。

3．学会用作图法描述热膨胀与温度变化的关系。

【实验原理】

1．固体的热膨胀系数

设一固体在温度 t_0 时的长度为 L_0，在一定温度范围内，固体受热，温度升高，一般会由于其原子的热运动加剧而发生膨胀，在 t（单位为℃）温度时，伸长量 ΔL 与温度增量 Δt（$\Delta t=t-t_0$）近似成正比，与原长 L_0 也成正比，即

$$\Delta L = \alpha \cdot L_0 \cdot \Delta t \tag{2.7.1}$$

式中，α 为固体的热膨胀系数，又称线膨胀系数，是固体材料的热学性质之一。此时固体的总长为

$$L_t = L_0 + \Delta L \tag{2.7.2}$$

在温度变化不大时，α 为常数，由式（2.7.1）和式（2.7.2），有

$$\alpha = \frac{\Delta L}{L_0 \cdot \Delta t} = \frac{L_t - L_0}{L_0 \cdot \Delta t} \tag{2.7.3}$$

热膨胀系数 α 是一个很小的量，数据处理中列有几种常见固体材料的 α 值。当温度变化较大时，α 可用 t 的多项式来描述：$\alpha=A+Bt+Ct^2+\cdots$，式中 A、B、C 为常数。

在实际测量中，通常测得的是固体材料在室温 t_1 下的长度 L_1、温度从 t_1 升至 t_2 的伸长量 $\Delta L_{21}=L_2-L_1$ 及温度 t_2 下的长度 L_2，这样得到的是平均热膨胀系数：

$$\alpha \approx \frac{L_2 - L_1}{L_1(t_2 - t_1)} = \frac{\Delta L_{21}}{L_1(t_2 - t_1)} \tag{2.7.4}$$

在本实验中，需要直接测量的物理量是 ΔL_{21}、L_1、t_2 和 t_1。

2．干涉法测量热膨胀系数

采用迈克耳孙干涉法测量试件热膨胀系数的原理如图 2.7.1 所示，根据迈克耳孙干涉的原理，t_0 温度下原长为 L_0 的待测固体试件被电热炉加热，当温度从 t_0 上升至 t 时，试件因热膨胀而伸长为 L，同时推动迈克耳孙干涉仪的动镜，使干涉条纹发生 N 个环的变化，即

$$L - L_0 = \Delta L = N \cdot \frac{\lambda}{2} \tag{2.7.5}$$

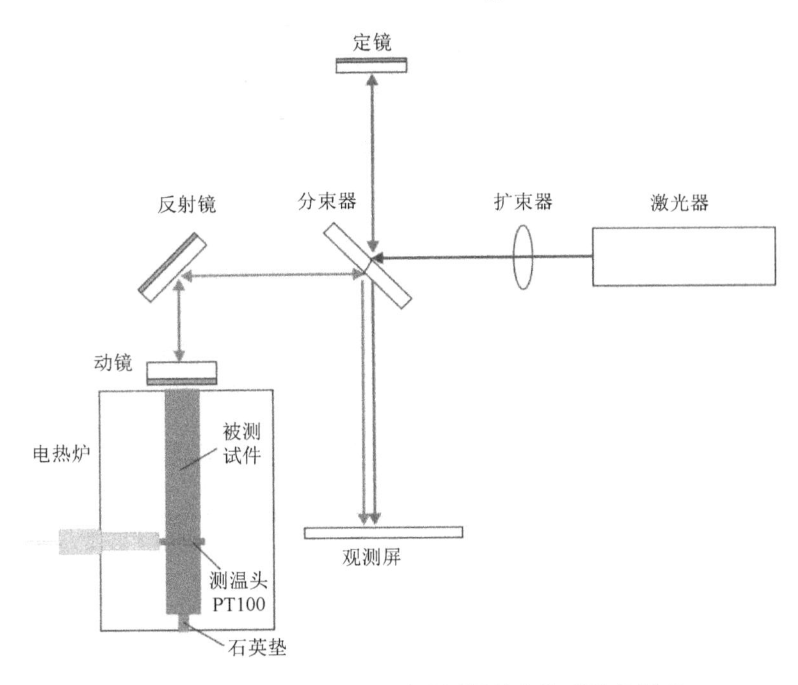

图 2.7.1　采用迈克耳孙干涉法测量热膨胀系数的原理

由式（2.7.4）得待测试件的热膨胀系数为

$$\alpha = \frac{L - L_0}{L_0\left(t - t_0\right)} \tag{2.7.6}$$

因此，只要测出某一温度范围内固体试件的伸长量及其加热前的长度，就可以测出该固体材料的热膨胀系数。

【实验仪器】

SGR-1 型热膨胀实验仪（含硬铝、钢、黄铜三根试件）、游标卡尺、机械计数器（选配）。

SGR-1 型热膨胀实验仪如图 2.7.2 所示，它主要包括迈克耳孙干涉光路元件、电热炉和控制面板。

数显调节仪的测温探头通过铜热电阻取得代表温度信号的阻值，经电桥放大器和非线性补偿器转换成与被测温度成正比的信号；而温度设定值使用“设定旋钮”（见图 2.7.3）调节，两个信号经选择开关和 A/D 转换器，可在数码管上分别显示测量温度和设定温度。当仪器被加热至接近设定温度时，通过继电器自动断开加热电路；在测量状态下，显示当前探测到的温度。

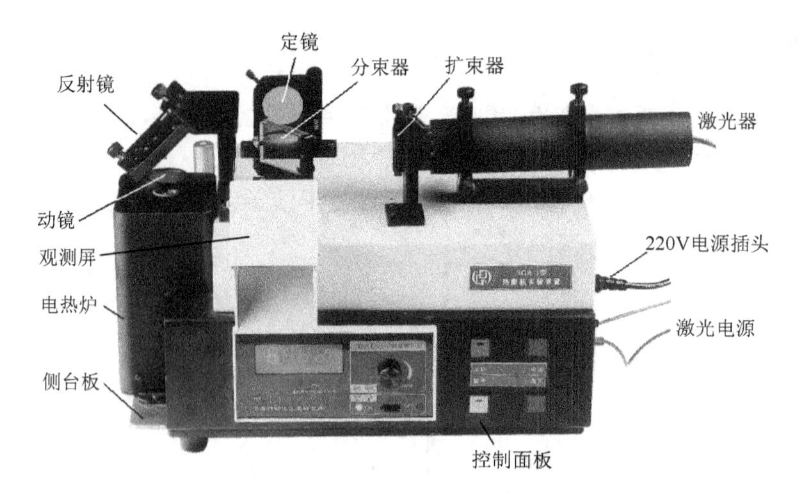

图 2.7.2　SGR-1 型热膨胀实验仪

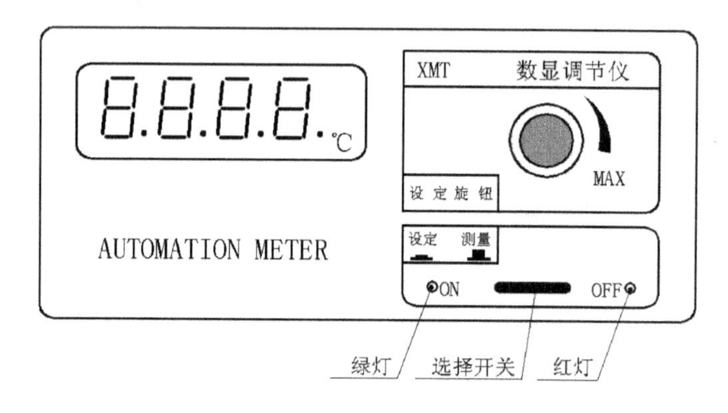

图 2.7.3　数显调节仪面板示意图

【实验内容与方法】

1. 安放和更换待测试件

（1）松开电热炉下部的手钮，使炉体平移，离开侧台板。将用来移动待测试件的专用螺钉（M4 螺钉）旋进待测试件一头的螺孔中，手提 M4 螺钉，把试件送进电热炉中，电热炉内部结构示意图如图 2.7.4 所示（注意：安放时试件的测温孔与炉侧面的圆孔一定要对准）。

注意：为避免体温传热对炉内外热平衡扰动的影响，不要用手抓握待测试件。

（2）卸下 M4 螺钉，用动镜背面的螺纹杆将其与试件连接起来。在炉体复位（从侧台板开口向里推到头）后，将测温探头穿过炉壁插入试件下部的测温孔内，测温器手柄应紧靠电热炉的外壳。从炉内电阻丝引出的电缆插头应插入炉旁的插座上，如图 2.7.4 所示。炉体下部与侧台板之间用两个手钮锁紧。

注意：在平面镜与铜螺钉之间黏接的石英细管质脆易损，不能承受较大的扭力和拉力，务必轻拿轻放试件；炉底上的石英垫不能承受试件落体的冲击。

（3）在更换试件时，松开电热炉下部的手钮，使炉体平移，离开侧台板。旋下动镜，拔下测温头，再换上 M4 螺钉，手提螺钉，从炉内取出试件。用风冷法或其他方法使炉内温度降到最接近室温的稳定值，确认后，按第（1）、（2）步的要求安放待测试件，将换下的测试试件插入试件架中，安妥后通常需要重新调节光路。

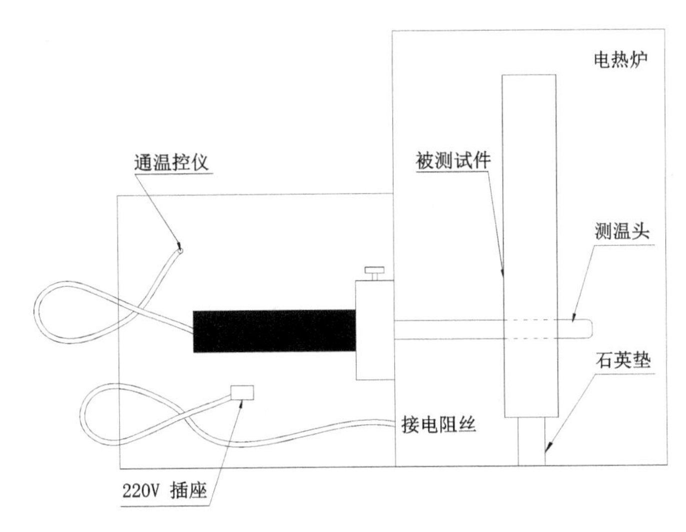

图 2.7.4　电热炉内部结构示意图

2．调节迈克耳孙干涉光路

（1）接好激光器的线路（正负不可颠倒）后，接通仪器的总电源，按下“激光”开关，把扩束器转出光路，然后调节激光器，固定螺钉，使光束垂直入射。

（2）调节定镜和反射镜背后的螺钉，使观测屏上的两组光点中的两个最强的光点重合。

（3）把扩束器转到光路中，屏上即出现干涉条纹，对扩束器进行二维调节，可纠正观测屏上光照不均匀的问题。微调反射镜的角度，将椭圆干涉环的环心调到视场的适中位置。

3．测量热膨胀系数

（1）用游标卡尺测量三种试件在室温下的原长并记录。

（2）测量热膨胀系数有以下两种方案。

注意： *非必须时，实验前不要按“加热”开关，以免为恢复加热前温度而延误实验时间，或者因短时间内温度忽升忽降而影响实验测量的准确度。实验中，每次加热前都需要静置一段时间并观察温度显示，耐心等待试件入炉后的热平衡状态。*

方案一： 给定温度改变量，测量试件伸长量。

将数显调节仪的选择开关置于“设定”模式下，转动“设定旋钮”，直到显示出预定温度值。设定温度（如升高 10℃）后，将选择开关置于“测量”模式下，记录试件的初始温度 t_0，认准干涉图样中心的形态，按“加热”键，同时仔细默数环的变化数，将数据填入表 2.7.1 中，一次测完，待试件冷却再进行下一次的测量。

表 2.7.1　方案一测量数据记录

试件材料________

测试次数	实测长度 L_0/mm	温度/℃		干涉环变化数 N	试件伸长量 $\Delta L = N\cdot\dfrac{632.8}{2}$ nm	热膨胀系数 α/（$\times10^{-6}$/℃）
		t_0	t			
1						
2						
3						
…						

注意：在准备自动控制加热温度时，还应考虑到在测量范围内，通常在比设定温度大约低 2.8℃时，加热电路被切断，因此，需要做估算：设定温度=(基础温度+温升+2.8)℃。当接近和达到设定温度时，红灯亮（绿灯闪灭），加热电路自动切断。

方案二：设定试件伸长量，测量所需温度改变量。

将数显调节仪的选择开关置于“设定”模式下，转动“设定旋钮”，建议将设定温度定在60℃以上，设定温度后，将选择开关置于“测量”模式下，记录初始温度，开始计干涉环的变化数，待数到一定的数值（如 50 或 100）时，读出结束温度，并将数据填入表 2.7.2 中，一次测完，直接按“暂停”键，手动停止加热，待试件冷却再进行下一次的测量。

表 2.7.2　方案二测量数据记录

试件材料________

测试次数	实测长度 L_0/mm	干涉环变化数 N	温度/℃		试件伸长量 $\Delta L = N\cdot\dfrac{632.8}{2}$ nm	热膨胀系数 α/（×10⁻⁶/℃）
			t_0	t		
1						
2						
3						
…						

注意：不论选用哪种方案，测量范围都不可过小，以免影响测量精度，当选用方案一时，升高温度建议不小于 10℃；当选用方案二时，干涉环变化数建议不小于 50。

（3）测试完一种样品后，待试件冷却，更换下一种待测试件。实验完毕，切断加热炉电源。

注意：本实验宜在低照度环境下进行，以保证干涉圆环的对比度；室内应避免强烈的空气流动；地面和台面不可有较强的震动；实验室应保持安静。

【数据处理要求】

1．根据两种方案的测量数据，计算三种材料试件的热膨胀系数，并与理论值进行比较，计算误差百分比。

2．以横轴标出 25～30℃的温度变化（精确到 0.1℃），以纵轴标出伸长量 ΔL（可按每 10 个干涉环变化计算长度，以 μm 为单位），测绘热膨胀系数与温度变化的关系曲线。

附：

$\alpha_{硬铝}=23.6\times10^{-6}$/℃

$\alpha_{钢}=12.5\times10^{-6}$/℃

$\alpha_{黄铜}=20.6\times10^{-6}$/℃

【分析与思考】

1．本实验的误差来源主要是什么？这些误差来源是如何影响测量结果的？

2．对一种材料来说，热膨胀系数是否一定是一个常数？为什么？

3．请思考其他测量热膨胀系数的方法。

实验 2.8 用时差法和声悬浮测声速

声波是在弹性介质（固体、液体、气体）中传播的一种机械振动，是一种纵波。频率在 20～20000Hz 的声波称为可听声波，频率高于 20000Hz 的声波称为超声波，频率低于 20Hz 的声波称为次声波。超声波易定向，在液体、固体中的传播距离远，在声呐、B 超、超声波清洗、超声波碎石等方面具有广泛应用。

【实验目的】

1．掌握时差法测量声速的原理。
2．学会用时差法测量空气及固体中的声速。
3．观察声悬浮现象并学习用声悬浮测量声速。

【实验原理】

声波在均匀弹性介质中匀速传播，其传播距离与时间成正比。声波的频率、波长和声速之间的关系为

$$v = \upsilon\lambda \tag{2.8.1}$$

式中，v 为波速；υ 为频率；λ 为波长。由式（2.8.1）可见，声波的波长与频率成反比（超声波具有较短的波长）。

1．时差法测空气中的声速

时差法测声速的基本原理是基于速度 v =距离 L /时间 t 的关系，通过在已知的距离 L 内测量声波传播的时间 t，从而计算出声波的传播速度 v。在一定的距离 L 内，通过控制电路，由发射换能器定时发出一个声脉冲波，经过一段距离的传播后到达接收换能器，如图 2.8.1 所示。接收到的信号经放大、滤波后，由高精度计时电路求出声波从发出到接收，它在介质中经过的时间 t，从而由 $v=L/t$ 计算出声波在某一介质中的传播速度。

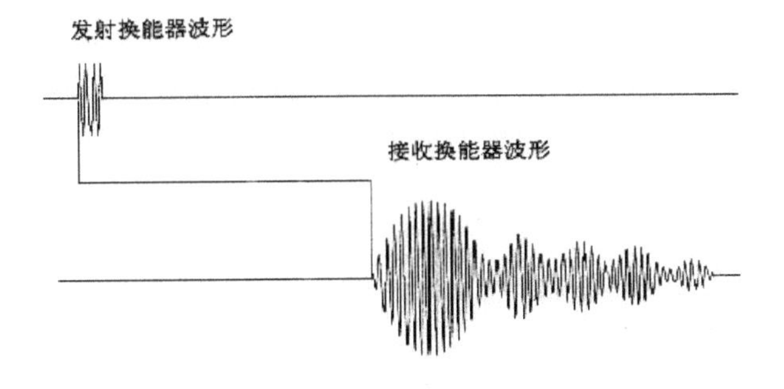

图 2.8.1 时差法测声速的发射波与接收波的波形

当使用空气为介质测声速时，按图 2.8.2 接线，这时示波器的 Y1、Y2 通道分别用于观察发射波形和接收波形。为了避免连续波可能带来的干扰，可以将连续波频率调离换能器谐振点。将测试方法设置为脉冲波方式，并选择合适的脉冲发射强度。将 S2 移动到离开 S1 一定的距离（大于或等于 50mm），选择合适的接收增益，使显示的时间差值读数稳定。然后记录

此时 S2 的位置坐标 L_i 和信号源计时器显示的时间值 t_i，再移动 S2，记录下一个位置坐标 L_{i+1} 和信号源计时器显示的时间值 t_{i+1}，则声速为

$$v_i = \frac{L_{i+1} - L_i}{t_{i+1} - t_i}$$

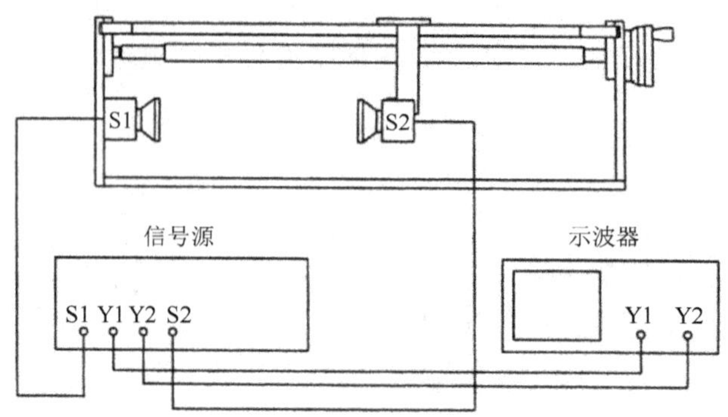

图 2.8.2　时差法测空气中的声速的接线图

当换能器 S2 与 S1 之间的距离小于或等于 50mm 时，在一定的位置上，在示波器上看到的波形可能会产生“拖尾”现象，这时显示的时间值很小。这是由于距离较近时，声波的强度较大，反射波引起的共振在下一个测量周期到来时未能完全衰减。通过调小接收增益，可去掉“拖尾”，这样，在较小的距离范围内也能得到稳定的声速值。

由于空气中的超声波衰减较大，所以在较大的距离内测量时，接收波形会有明显的衰减，这可能会带来信号源计时器读数有跳字，这时应微调接收增益旋钮（当距离增大时，顺时针调节；当距离减小时，逆时针调节），使信号源计时器读数在移动 S2 时连续稳定地变化。在实际操作时，可将接收换能器先调到远离发射换能器的一端，并将接收增益调至最大，这时信号源计时器有相应的读数。然后，由远及近地调节接收换能器，这时信号源计时器读数将连续变小，随着距离的减小，接收波形的幅度逐渐变大，在某一位置，信号源计时器读数如果有跳字，就逆时针方向微调接收增益旋钮，使信号源计时器读数连续稳定地变化，即可准确测得时间值。

2. 时差法测固体中的声速

在固体中传播的声波是很复杂的，它包括纵波、横波、扭转波、弯曲波、表面波等，而且各种声速都与固体棒的形状有关，金属棒一般为各向异性结晶体，沿任何方向都可有三种波传播。

在测量固体中的声速时，按图 2.8.3 接线。将接收增益调到适当位置（一般为最大位置），以信号源计时器不跳字为好。将发射换能器发射端面朝上并竖立放置于托盘上，在发射换能器端面和固体棒的端面上都涂上适量的耦合剂，再把固体棒放在发射端面上，使其紧密接触并对齐，然后将接收换能器接收端面放置于固体棒的上端面并对齐，利用接收换能器的自重与固体棒端面紧密接触。这时信号源计时器的读数为 t_i，固体棒长度为 L_i。移开接收换能器，在另一根固体棒端面上涂上适量的耦合剂，置于下面一根固体棒之上，并保持良好接触，再放上接收换能器，这时信号源计时器的读数为 t_{i+1}，固体棒总长度为 L_{i+1}，则声速为

$$v_i = \frac{L_{i+1} - L_i}{t_{i+1} - t_i}$$

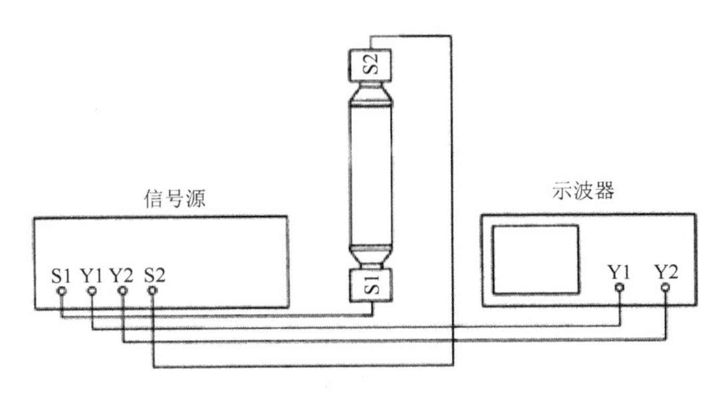

图 2.8.3　时差法测固体中的声速的接线图

当测量超声波在不同固体介质中传播的平均速度时，只要将不同的介质置于两换能器之间就可进行测量。

3．声悬浮现象

声悬浮是利用高强度声波产生的声压来平衡重力，从而实现物体悬浮的一种技术。由于驻波产生的声压远大于行波产生的声压，所以声悬浮实验普遍采用驻波。

一个最简单的驻波系统可由一个声发射端和一个声反射端构成，即形成一个谐振腔。发射端到反射端的距离 L 可调，以满足驻波条件。如果将声场近似看作平面驻波，则驻波条件为

$$L = n\frac{\lambda}{2},\ n = 1,2,3,\cdots \tag{2.8.2}$$

发射端和反射端是声压的两个波腹，声压波节位于 $\lambda/4, 3\lambda/4, 5\lambda/4,\cdots$处。在声压波节处，声辐射力具有回复力的特性，即一旦样品有所偏离，就会被拉回原位置，因此，声压波节就是样品的稳定悬浮位置，m 个共振波节点可悬浮 m 个样品，且相邻两个样品之间的距离为 $\lambda/2$。通常选择声波的传播方向与重力方向平行，以克服物体的重力。较重物体的悬浮位置会偏向声压波节的稍下方。

以悬浮一个半径为 r 的小球为例，若平面驻波表达为

$$y = A\cdot\cos\left(\frac{2\pi}{\lambda}x\right)\cdot\sin(\omega t) \tag{2.8.3}$$

式中，A 为声波振幅；λ 为声波波长；ω 为声波圆频率，则声波在小球上产生的声辐射力为

$$F = \frac{5}{6}\cdot\frac{\pi A^2}{\rho\omega^2}\cdot\left(\frac{2\pi r}{\lambda}\right)^3\cdot\sin\left(\frac{4\pi}{\lambda}h\right) \tag{2.8.4}$$

式中，ρ 为介质密度；h 为小球相对于某一声压波节的位置。可见，驻波产生的声辐射力在空间以半波长为周期进行变化。

声悬浮需要很高的声强条件，因此，在声悬浮实验中，普遍采用高频率的超声波。将一物体置于谐振腔声压的波节处，当它上下两面受到的压力之差足以克服其自身重力时，该物体会悬浮起来。当改变谐振腔的长度 L 时，谐振效果被破坏，有效声压差不足以支撑物体自身重力，物体落下。若继续改变 L，当物体再次悬浮起来时，L 的改变量为半波长 $\lambda/2$，由此可测出声波的波长。在谐振时，若将多个物体置于相邻的波节处，则多个物体会悬浮起来并两两相邻。两相邻物体间的间距应为半波长 $\lambda/2$，由此也可测出声波的波长。

【实验仪器】

综合声速测定仪信号源、空气声速测定仪（支架式、千分尺读数）、固体声速测量装置、待测铝棒、待测有机玻璃棒、DHSF-1 声悬浮实验仪、温度计。

1．综合声速测定仪信号源

综合声速测定仪信号源面板如图 2.8.4 所示（频率为 25～45kHz，带时差法测量脉冲信号源）。其中，“发射端换能器”为换能器驱动信号输出，用于连接声速测试架发射换能器；“发射端波形”用于连接示波器，以观察换能器发射信号波形；“接收端波形”用于连接示波器，以观察换能器接收信号波形；“接收端换能器”为换能器接收信号输入，用于连接声速测试架接收换能器；“连续波强度”用于调节输出信号电功率（输出电压），仅连续波有效；“接收增益”用于调节仪器内部的接收增益；“频率调节”用于调节输出信号的频率。

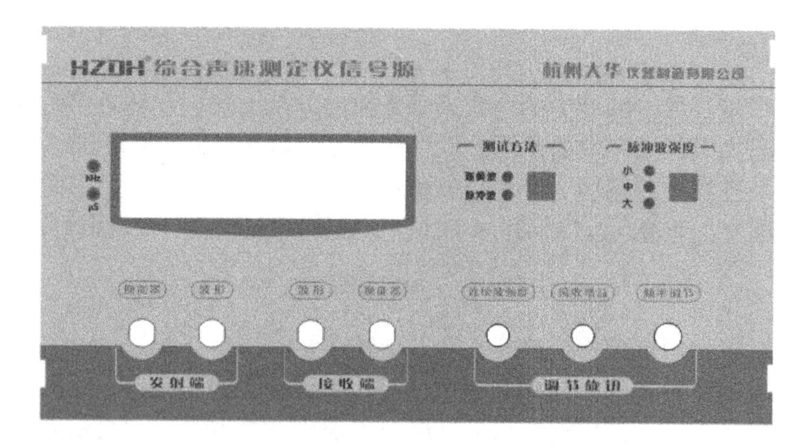

图 2.8.4　综合声速测定仪信号源面板

2．DHSF-1 声悬浮实验仪

DHSF-1 声悬浮实验仪采用的是压电陶瓷制成的换能器，这种压电陶瓷可以在机械振动与交流电压之间进行双向换能。声波发射换能器被信号发生器输出的交流电信号激励后，由于逆压电效应发生受迫振动，并向空气中定向发出一近似的平面声波；当声波传至声波接收换能器表面时，由于压电效应发生受迫振动，产生交流电信号。DHSF-1 声悬浮实验仪如图 2.8.5 所示。

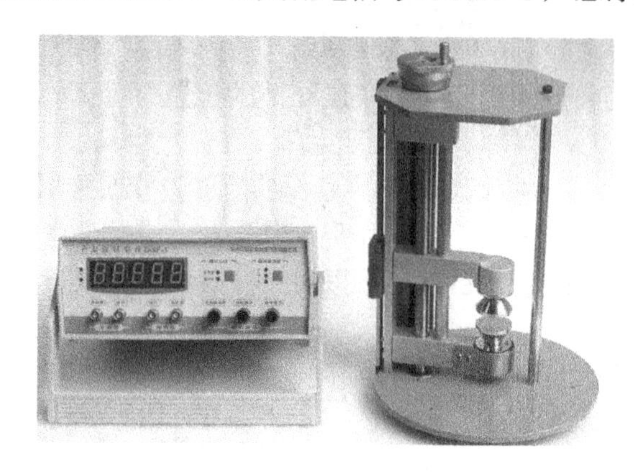

图 2.8.5　DHSF-1 声悬浮实验仪

【实验内容与方法】

1．用时差法测量空气中的声速

（1）以空气为介质测量声速，按图 2.8.2 连接线路，使接收换能器 S2 移动到离开发射换能器 S1 一定的距离（大于 100mm）。

（2）打开信号源的电源开关，测试方法选择“连续波”，调节“频率调节”旋钮，使通道 2 显示的波形离开最大波峰位置，即将连续波频率调至换能器的非谐振频率。

（3）测试方法选择“脉冲波”，脉冲波强度选择“中”，调节示波器的坐标比例，观察示波器，使其显示如图 2.8.1 所示的两个通道波形。

（4）调节“接收增益”旋钮，在增益尽可能大的情况下，使信号源计时器示数稳定不跳字，并缓慢调节读数手轮，移动接收换能器 S2 到 200mm 处，观察信号源计时器示数连续变化且不跳字。

（5）将接收换能器调回距发射换能器约 100mm 处，慢慢调节读数手轮，使其远离发射换能器，在声速测定仪的千分尺上读取第一个位置 L_1，在信号源计时器上读取第一个时间值 t_1。

注意：实验中应消除千分尺的螺纹间隙误差。

（6）沿相同方向继续调节读数手轮，在声速测定仪的千分尺上读取第二个位置 L_2，在信号源计时器上读取第二个时间值 t_2。

（7）重复第（6）步，共读取八组位置、时间读数，记录于表 2.8.1 中。

注意：在读取最后一个值时，不要让接收换能器离开发射换能器超过 200mm。

表 2.8.1　时差法测量空气中的声速数据记录

室温 t = ____℃

次数	1	2	3	4	5	6	7	8
位置读数 L/mm								
时间读数 t/μs								

注意：

（1）在用时差法测量声速时，需要将连续波频率调离换能器的谐振频率，以避免连续波可能带来的干扰。由于超声波发射的是单脉冲，所以可确定精确的发射时点；但在接收端，由于接收到的单脉冲激发出余振的缘故，其余振可在两个探头间产生共振，从而对接收时点的测定产生干扰，故测量中必须避免将探头停在共振位置。

（2）在用时差法测量声速时，要从两个换能器 S1 和 S2 之间的距离大于 100mm 开始测量，测量结束时，S1 和 S2 之间的间距不宜大于 200mm，以免超声波在空气中衰减而使信号源计时器又出现跳字现象，影响测量结果。

（3）当距离 $L \leqslant 50$mm 时，在一定的位置上，在示波器上看到的波形可能会产生拖尾现象，这时调小接收增益，可去掉拖尾，以在较小的距离范围内能得到稳定的声速值。

2．用时差法测量固体中的声速

（1）以固体为介质测量声速，按图 2.8.3 连接线路，先测量铝棒中的声速，在第一根待测铝棒的两个端面上均匀地涂上固体声速测量耦合专用油，并放置于两个换能器中，稍稍施压，使三个元件紧密贴合并对齐。

（2）打开信号源的电源开关，测试方法选择“连续波”，调节“频率调节”旋钮，使通道2显示的波形离开最大波峰位置，即将连续波频率调至换能器的非谐振频率。

（3）测试方法选择“脉冲波”，脉冲波强度选择“中”，调节示波器的坐标比例，观察示波器，使其显示如图2.8.1所示的两个通道波形。

（4）调节“接收增益”旋钮，在增益尽可能大的情况下，使信号源计时器示数稳定不跳字，记录第一个位置L_1=50mm（每个待测物体的长度均为50mm），在信号源计时器上读取第一个时间值t_1。

（5）在第二根待测铝棒的两个端面上均匀地涂上固体声速测量耦合专用油，并放置于两个换能器中，稍稍施压，使四个元件紧密贴合并对齐，若信号源计时器示数稳定，则记录第二个位置L_2=100mm，在信号源计时器上读取第二个时间值t_2。

注意：若信号源计时器跳字，则需要微调“接收增益”旋钮，直至信号源计时器示数稳定不跳字，第一组位置、时间值作废。

（6）以有机玻璃棒为待测物体，重复（1）～（5）步，并将数据记录于表2.8.2中。

表2.8.2　时差法测量固体中的声速数据记录

待测物体	L_1/mm	t_1/μs	L_2/mm	t_2/μs	v/（m/s）
铝棒					
有机玻璃棒					

3. 用声悬浮测量空气中的声速

（1）参考图2.8.2连接线路，并将两个换能器S1和S2之间的距离调至10mm左右。

（2）打开信号源的电源开关，测试方法选择“连续波”，调节“频率调节”旋钮，观察示波器中通道2显示接收波形的电压幅度变化，在某一频率处（34.5～37.5kHz），电压幅度最大，该频率为换能器的谐振频率，记录该频率值。

（3）调节接收换能器的读数手轮，使两个换能器之间的距离L小于5mm。

（4）将悬浮物（小纸片或泡沫粒）置于发射换能器S1上，缓慢转动S2的读数手轮，逐渐增大L，当悬浮物突然悬浮起来时，记下S2的位置L_1。

（5）转动S2的读数手轮，继续增大L，悬浮物掉下，继续转动读数手轮，悬浮物会再次悬浮起来，记下S2的位置L_2，继续测量6～8个（偶数个值）S2的位置，并将数据记录于表2.8.3中。

表2.8.3　声悬浮测量空气中的声速数据记录

悬浮次数	1	2	3	4	5	6
位置读数L/mm						

（6）当物体能悬浮3～5次时，保持L不变，将装置中带刻度的小镜磁吸在仪器的竖杆上以辅助观察，在每隔$\lambda/2$的位置，用尖头镊子小心放置一个悬浮物，直到最后一个悬浮物距离S2仅$\lambda/4$，此时不再放置悬浮物，相邻两悬浮物之间的距离为半波长，拍下照片记录，如图2.8.6所示。

注意：

（1）开始记录数据时，读数手轮只能朝一个方向调节，以避免空回误差。

（2）当放置超过两个悬浮物时，不宜将镊子伸入两个换能器的中间位置，以免干扰共振信号，导致悬浮失败，应从换能器边缘小心地加入悬浮物，悬浮物即被吸到换能器中部。

图 2.8.6　声悬浮实验纸片悬浮图

【数据处理要求】

1．用逐差法计算用时差法测量的空气中的声速值，将实验值和理论值进行比较，并计算误差百分比。

附：空气中的声速按理论值公式 $v_S = v_0\sqrt{\frac{T}{T_0}}$ 来计算 v_S，式中，v_0=331.45m/s，为 T_0=273.15K 时的声速；T= (t +273.15)K。

2．计算固体中的声速，将实验值与理论值进行比较，并计算误差百分比。

附：固体中的纵波声速理论值为 $v_{铝棒}=5150\text{m/s}$，$v_{有机玻璃棒}=1500\sim2200\text{m/s}$。

注意：由于介质的成分和温度不同，实际测得的声速范围可能会较大，因此以上数据仅供参考。

3．用逐差法计算用声悬浮测量的空气中的声速值，计算不确定度，完整表示结果，并与理论值进行比较，计算误差百分比。

【分析与思考】

1．用时差法测量声速与用驻波法、相位法测量声速有何异同？

2．在声悬浮实验中，悬浮物为何会悬浮起来？在移动读数手轮的过程中，悬浮物会悬浮—掉下—悬浮—掉下—……，试解释这一现象。

实验 2.9　磁阻尼现象及动摩擦系数的观测

磁阻尼是电磁学中的重要概念，它产生的机械效应有很广泛的实用价值，而摩擦系数的测量在工业中也会经常应用到。本实验装置通过测量磁性滑块在非铁磁性良导体斜面上匀速下滑的速度，求出磁阻尼系数和动摩擦系数。本实验涉及力学、电磁学等物理概念，是一个理想的研究性力学实验。

【实验目的】

1．观察磁阻尼现象，了解磁阻尼的概念及用途。

2．观察滑动摩擦现象，了解动摩擦系数在工业中的应用。

3．用作图法求磁阻尼系数和动摩擦系数。

【实验原理】

磁性滑块在非铁磁性良导体斜面上匀速下滑时受到的阻力除滑动摩擦力 F_S 外，还有磁阻尼力 F_B。设磁性滑块在斜面处产生的磁感应强度为 B，滑块与斜面接触的截面不变，其长度为 l。当滑块以速度 v 下滑时，在斜面上的切割磁感应线部分将产生电动势 $\varepsilon=Blv$。如果把由于磁感应产生的电流流经斜面部分的等效电阻值设为 R，则感应电流应与速度 v 成正比，即 $I=Blv/R$，此时斜面受到的安培力 F 正比于电流 I，即 $F\propto I$。滑块受到的磁阻尼力 F_B 就是斜面所受安培力 F 的反作用力，其方向与滑块运动方向相反，如图 2.9.1 所示。

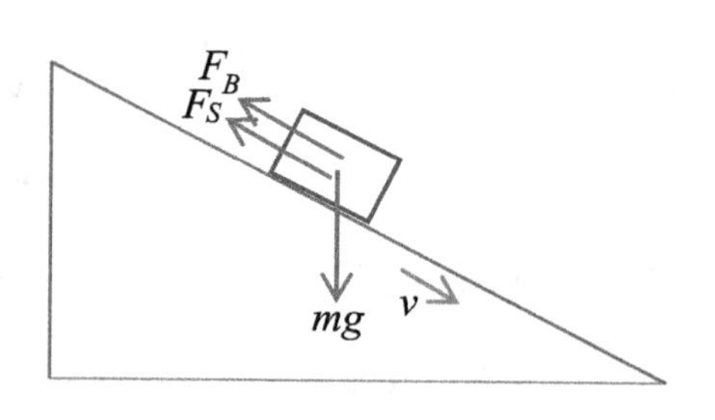

图 2.9.1　斜面上滑块的受力分析图

由此可推出，F_B 应正比于 v，可表达为 $F_B = Kv$，其中 K 为常数，称为磁阻尼系数。因为滑块是匀速运动的，故它在平行于斜面的方向上应达到力平衡，从而有

$$mg\cdot\sin\theta = Kv + \mu mg\cdot\cos\theta \tag{2.9.1}$$

式中，m 为磁性滑块的质量；g 为重力加速度；θ 为斜面与水平面的倾角；μ 为磁性滑块与斜面间的动摩擦系数。若将式（2.9.1）两边同时除以 $mg\cos\theta$，则可得

$$\tan\theta = \frac{K}{mg}\cdot\frac{v}{\cos\theta} + \mu \tag{2.9.2}$$

可见，$\tan\theta$ 和 $\dfrac{v}{\cos\theta}$ 呈线性关系，作 $\tan\theta$ - $\dfrac{v}{\cos\theta}$ 直线图，可得斜率 $k = \dfrac{K}{mg}$ 和截距 $L=\mu$，从而可得

$$K = k\cdot mg \tag{2.9.3}$$

$$\mu = L \tag{2.9.4}$$

【实验仪器】

MD-1 磁阻尼和动摩擦系数测试仪（含测试架和多功能计时器）、磁性滑块、钢尺。

1．MD-1 磁阻尼和动摩擦系数测试仪测试架

MD-1 磁阻尼和动摩擦系数测试仪测试架如图 2.9.2 所示。当磁性滑块从导轨上端下滑经过 d 点时，会触发计时器开始计时；当滑块经过 e 点时，停止计时。松开滑块锁紧螺钉，移动滑块的位置并改变斜面的倾角 θ，导轨上 b 点位置在出厂时已经调节好了，确保 $bc=ab=0.5\text{m}$，请不要随意改变。因此，只需知道 a、c 两点之间的距离即可计算出斜面倾角 θ：

$$\theta = \arccos\frac{\frac{1}{2}ac}{bc} \tag{2.9.5}$$

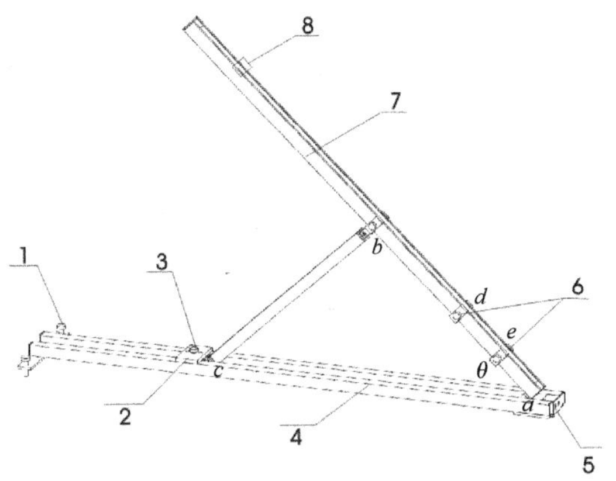

1—水平调节螺钉；2—滑块；3—滑块锁紧螺钉；4—水平支架；

5—传感器接口（传感器 I 和传感器 II 分别对应 d 和 e 处，为霍尔位移传感器）；6—传感器；7—导轨；8—磁性滑块

图 2.9.2　MD-1 磁阻尼和动摩擦系数测试仪测试架

2．DHTC-3B 多功能计时器

DHTC-3B 多功能计时器面板如图 2.9.3 所示。其中，1 为信号指示灯，当传感器接收到触发信号后会闪烁一下；2 为数据组数编号，从 0～9，共计 10 组；3 为计时时间显示窗，单位为 s，自动量程切换；4 用于测试次数的设定，在单传感器模式下启动测试，传感器接收到触发信号后开始计时，此单元将动态显示触发次数，当计满设定次数后，测试完成，显示测试总时间 t；双传感器模式下，设定次数默认为 2，启动测试，显示为“0”，当传感器 I 被触发后，n 显示为“1”并开始计时，当传感器 II 被触发后，显示为“2”，结束计时；5、6 为传感器 I 和传感器 II 接口；7、8 为传感器工作状态指示灯；9 为传感器切换功能键，包括传感器 I 工作模式、传感器 II 工作模式和双传感器工作模式；10 为系统复位键，键后将返回仪器开机上电状态；11、12 为上、下键，可用来设定测试次数或查看数据组数；13 为开始键，启动计时功能；14 为返回键。DHTC-3B 多功能计时器的具体使用方法见附录 A。

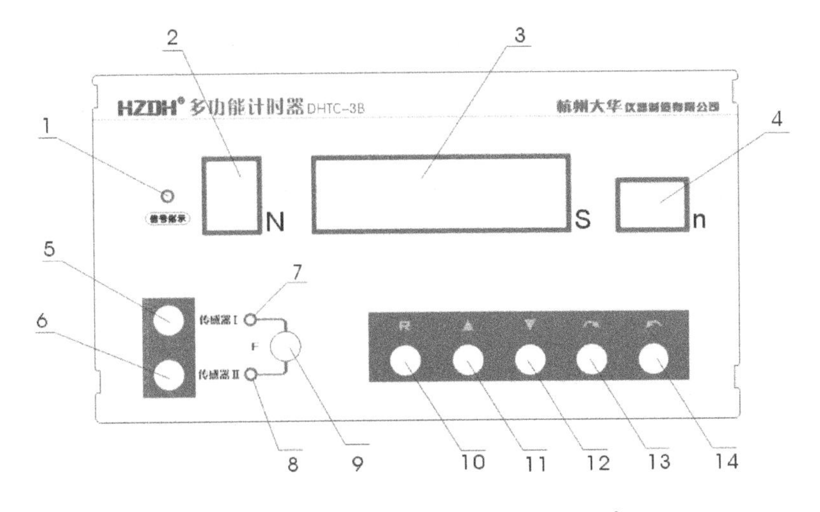

图 2.9.3　DHTC-3B 多功能计时器面板[①]

① 注：图 2.9.3 中的“S”的正确写法为“s”。

【实验内容与方法】

（1）将测试架按图 2.9.2 组装好，使斜面形成较大的倾角，锁紧滑块锁紧螺钉，调节水平调节螺钉，确保磁性滑块从斜面导轨下滑时能保持直线下滑且不与导轨侧面相碰。

（2）用专用信号线连接测试架和多功能计时器，打开多功能计时器，按传感器切换功能键，切换至两个传感器指示灯均亮。

（3）调节斜面导轨为某一倾角，用钢尺测量测试架 a、c 两点之间的距离，将磁性滑块标有“上”的一面朝上放置于斜面导轨上。

（4）按多功能计时器的开始键，将滑块从斜面导轨的 5 个不同高度 h_1、h_2、h_3、h_4、h_5 点滑下，在表 2.9.1 中记录磁性滑块通过 d、e 两点时计时器测得的时间 t，每记录完一个数据，按返回键，再按开始键可测下一个数据，计时器可查看 0～9 共 10 组数据（通过上、下键查询），当超过 10 组数据时，将覆盖之前的数据。

表 2.9.1　不同斜面倾角经过 d、e 两点的时间数据记录

斜面倾角		滑块从不同的高度滑下经过 d、e 两点的时间 t/s					平均时间
ac/m	θ/（°）	h_1	h_2	h_3	h_4	h_5	$\bar{t}$ /s

（5）改变斜面导轨倾角，重复（3）～（4）步，记录数据于表 2.9.1 中，表格不够可以自行添加。观察斜面导轨倾角在多大范围内，磁性滑块均能做匀速运动（磁性滑块从不同高度滑下经过 d、e 两点的时间差值在 5%以内，可认为磁性滑块做匀速运动）。

（6）在磁性滑块做匀速直线运动时，在斜面倾角 θ 范围内，取不同的 θ 值，测量磁性滑块下滑速度 v 和倾角 θ 的关系数据，并记录在表 2.9.2 中（已知测试架 d、e 两点之间的距离为 0.25m）。

表 2.9.2　对表 2.9.1 数据的整理

序号	ac/m	θ/（°）	t/s	$\tan\theta$	$\cos\theta$	v/（m/s）	$(v/\cos\theta)$/（m/s）
1							
2							
3							
4							
5							
6							

注意：

（1）由于磁性滑块的磁性较强，因此在进行实验及收纳时，均需要避免两个磁性滑块直接吸合。另外，收纳时必须将两个滑块用毛毡圈分隔开，还要注意避免使磁性滑块吸在铁板（如仪器外壳、铁门等）上，难以取下。

（2）磁性滑块只有在N极面对霍尔开关时，计时器才能计时，磁性滑块上标有“上”的一面为S极，因此，在导轨上需要让标有“上”的一面朝上。

（3）磁性滑块滑下时必须避免滑块与导轨侧面接触，以免影响实验结果，若计时器显示时间突然明显变大，则可能是滑块与导轨侧面接触所致，应查明原因并剔除掉该数据。

【数据处理要求】

1．判定磁性滑块做匀速运动的斜面倾角的大致范围。

2．根据表2.9.2中的数据，作 $\tan\theta$-$v/\cos\theta$ 关系直线图，用作图法求出直线的斜率 k 及截距 L。

3．根据式（2.9.3）和式（2.9.4）求出磁阻尼系数 K 及动摩擦系数 μ。

【分析与思考】

1．磁阻尼系数的大小与哪些因素有关？

2．引起实验误差的原因有哪些？在做实验的过程中，怎样才能尽量减小实验误差呢？

3．若将磁性滑块更换为非磁性滑块，结果会有什么不同？

附录A　DHTC-3B多功能计时器的具体使用方法

DHTC-3B多功能计时器的操作方法如下。

（1）开机直接进入实验状态界面：数据组数不显示（数码管不亮），计时时间显示“00.000”，开机状态默认为单传感器工作模式，对应的传感器指示灯将被点亮，测试次数在单传感器模式下的初始化值为60。此状态下的操作状况如下。

① 按传感器切换功能键可以切换传感器工作模式，相应的指示灯会点亮。

② 按上、下键可以更改实验测试次数。

③ 按开始键，开始实验，此时测试次数显示“00”。当传感器接收到信号时，计时开始，信号指示灯闪烁，次数加1，直到次数到达设定值，停止计时，保存数据，进入查询状态。

④ 按复位键初始化仪器。

⑤ 计时范围为00.000～999.99s，超出量程测试会显示“-----”。可以自动保存10组实验数据，即0～9组。每次实验做完后，数据组数自动加1，当存满10组后，再从0组开始覆盖前面的数据。

⑥ 当传感器被切换为双传感器工作模式时（传感器指示灯I和II均被点亮），测试次数默认为2，一般不对它进行调整，表示当传感器I被触发后开始计时，等传感器II被触发后停止计时，其他功能同单传感器工作模式下的功能。

（2）查询状态：在查询状态下，数据组数数码管被点亮，并显示相应的数据组数、计时时间、测试次数。在此状态下的操作状况如下。

① 按上、下键可以查询0～9组的实验数据，包括计时时间和测试次数。

② 按返回键进入实验状态。

③ 按复位键初始化仪器。

实验 2.10　用模拟法描绘静电场

静电场是指由相对于观察者静止的电荷激发的电场。它是电荷周围空间存在的一种特殊形态的物质，其基本特征是对置于其中的静止电荷有力的作用。由于静电场中无电流流过，所以不能用直流电表直接测量，除非用静电式仪表测量。但当使用静电式仪表测量时，其金属探头必须置于静电场中，这就会使被测静电场分布发生显著变化。因此，在科学研究和工程应用中，直接测量静电场的电位分布是十分困难的。因此，本实验采用模拟法间接测量静电场的分布情况。

模拟法就是使用一种易于实现、便于测量的物理状态或过程模拟不易实现、不便测量的状态或过程，但是要求这两种状态或过程有一一对应的两组物理量，并满足相同的物理或数学规律和边界条件，且在相同的边界条件下具有相似的解或表达式。模拟法在科学实验和其他领域都有广泛地应用。

【实验目的】

1. 学习用模拟法描绘静电场和具有相同数学形式的物理场。
2. 掌握几种电极的电位和电场的分布曲线的特点。
3. 加深对电场强度和电位等物理概念的理解。

【实验原理】

恒定电流场与静电场是两种不同性质的场，但是它们在一定条件下的空间分布是相似的，其物理规律的数学形式也相同。

对于静电场，介质内无自由电荷，电位移矢量 $\boldsymbol{D}=\varepsilon\boldsymbol{E}$（$\varepsilon$为介质介电常数），满足

$$\oint \boldsymbol{D}\cdot \mathrm{d}\boldsymbol{s}=0 \tag{2.10.1}$$

对于恒定电流场，介质内无电流源，电流密度矢量 $\boldsymbol{J}=\sigma\boldsymbol{E}$（$\sigma$为介质电导率），满足

$$\oint \boldsymbol{J}\cdot \mathrm{d}\boldsymbol{s}=0 \tag{2.10.2}$$

由此可见，$\boldsymbol{D}$ 和 $\boldsymbol{J}$ 在各自区域内满足相同的数学规律。恒定电流场同一电极上各点的电位相等，因而两种场在边界面上也满足相同类型的边界条件。像这种具有相同边界条件的相同方程，它们的解也相同。因此，可以用恒定电流场模拟静电场，通过测量恒定电流场的电位求得所模拟的静电场的电位分布。

关于这两种不同性质的场的电场分布相同的问题，也可以从电荷产生场的观点加以分析。在导电介质中没有电流通过，其中任一体积元（宏观小、微观大、其内包含大量原子）内的正负电荷数量相等，没有净电荷，呈电中性。当有电流通过时，单位时间内流入或流出该体积元的正电荷或负电荷的数量相等，净电荷为零，仍然呈电中性。因而，整个导电介质内有电场通过时也不存在净电荷。这就是说，真空中的静电场和有恒定电流通过时，导电介质中的场都是由电极上的电荷产生的。事实上，真空中电极上的电荷是不动的，在有电流通过的导电介质中，电极上的电荷一边流失、一边由电源补充，在动态平衡下保持电荷的数量不变。因此，这两种情况下的电场分布是相同的。

几种常见静电场的模拟电极形状及相应的电场分布如图 2.10.1 所示。

极型	模拟版形式	等位线、电力线理论形式
平行长直导线型		
同轴圆柱型		
劈尖型		
聚焦型电极		

图 2.10.1　几种常见静电场的模拟电极形状及相应的电场分布

【实验仪器】

导电微晶静电场描绘仪、描绘仪专用电源、等臂同步探针，如图 2.10.2 所示。

（a）导电微晶静电场描绘仪

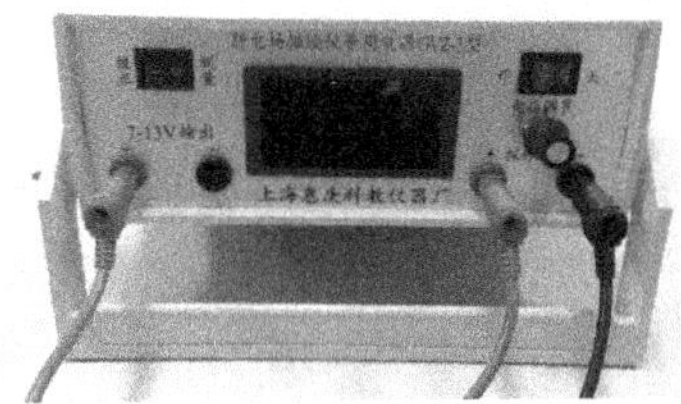
（b）描绘仪专用电源

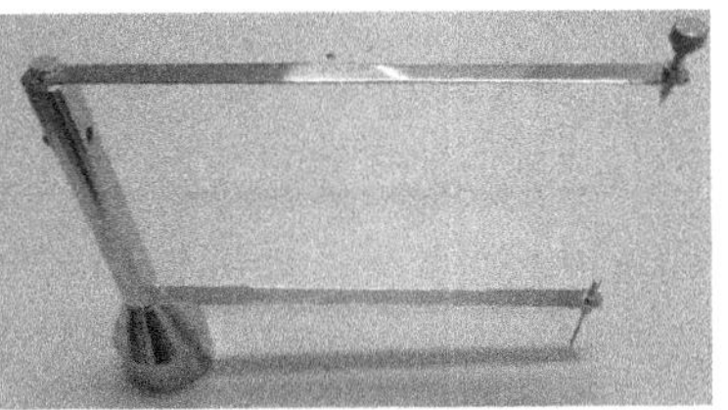
（c）等臂同步探针

图 2.10.2　实验仪器

1. 导电微晶静电场描绘仪

如图 2.10.2（a）所示，导电微晶静电场描绘仪由各向均匀导电的导电微晶电板、双层固定支架、同步探针等组成。其中，支架采用双层式结构，上层放记录纸，下层放导电微晶。

电极已直接制作在导电微晶电板上，并将电极引线接出到外接线柱上，电极间制作有电导率远小于电极电导率且各向均匀的导电介质。

当有直流电流经两个电极在导电微晶电板上通过时，由于导电微晶电板的电导率相对于金属导体的电导率小得多，故在两个电极间沿电流线会存在不同的电位，这种不同的电位可用数字电压表直接测出来。只要分析各测量点电位的变化规律，就可间接地得知相似的静电场中电位的分布规律。

2. 描绘仪专用电源

如图 2.10.2（b）所示，描绘仪专用电源为直流稳压电源，其电压可以在 0～10V 内任意调节。

3. 等臂同步探针

如图 2.10.2（c）所示，在导电微晶电板和记录纸上方各有一探针，通过金属探针臂把两探针固定在同一手柄座上，两探针始终保持在同一铅垂线上。当移动手柄座时，可保证两探针的运动轨迹一样。由导电微晶电板上方的探针找到待测点后，按一下记录纸上方的探针，会在记录纸上留下一个对应的标记。移动同步探针，以在导电微晶电板上找出若干电位相同的点，由此即可描绘出等位线。

【实验内容与方法】

电场 $\boldsymbol{E}$ 是矢量，电位 U 是标量。因此，通常先绘制等位线，再根据等位线与电场线正交的原理绘制电场线。

1. 连接线路

两电极分别与描绘仪专用电源的正负极相连接；将电压表的正极与同步探针相连接；电压表负极并未连入电路（这是可以的，因为电源负极和电压表的负极在电源内部是连接在一起的）。

2. 校正

调节电源，将功能选择开关打向校正挡，调节电压调节旋钮，使电压等于 10V，完成校正。然后将功能选择开关置于测量挡。

3. 记录

在绘制电场线时要注意：电场线与等位线正交，导体表面是等位面，电场线垂直于导体表面，电场线发自正电荷而中止于负电荷，其疏密程度表示场强的大小，根据电极的正负，画出电场线方向，表明电极类型，画出电场线。

（1）将坐标纸铺在支架上层的平板上，用弦条压住（电压为 10V），在记录纸上记录。

（2）移动同步探针的底座，从 1V 开始寻找等位点。

（3）找到等位点后，轻轻按一下记录针，在记录纸上记下等位点。要求在每条等位线上测出一系列的等位点，共测 9 条等位线，在每条等位线上找 8～10 个点（在电极端点附近应多找几个等位点）。等位线间的电位差为 1V。

（4）用虚线连接各个等位点，画出等位线。然后根据电场线与等位线正交的原理画出电场线，并指出电场强度方向（由高电位指向低电位），以得到一张完整的电场分布图。

4．其他

采用相同的方法，更换绘图纸，再次测绘以下几种情况下的静电场分布。

（1）模拟测绘由长直平行导线形成的静电场分布。

（2）描绘聚焦电极的电场分布。

（3）描绘一个劈尖电极和一个条形电极形成的静电场分布。

注意：

（1）在移动探针时，要使探针与导电微晶电板紧密接触，但不可以压得太紧，以免损坏仪器。

（2）在探针开始记录前，确保记录纸固定，防止实验中记录纸位置发生变化。

（3）探针不能移动到仪器边缘处。这是因为，边缘地方由于边缘效应的影响，电场线的分布已经发生了变形。

（4）等位点应该均匀分布，间距一般为 1～2cm，在电极附近，应多测一些等位点。

【数据处理要求】

1. 四种电极任选两种进行静电场的描绘。用光滑的曲线将测得的各等位点连接成等位线，并标出每条等位线对应的电势值。

2. 在测得的电场分布图上，用虚线至少画出 8 条电场线，注意电场线的箭头方向，以及电场线与等位线的正交关系。

【分析与思考】

1. 能否用恒定电流场模拟稳定的温度场？为什么？

2. 根据测绘所得等位线和电场线分布，试分析哪些地方的电场强度较强，哪些地方的电场强度较弱？

3. 在描绘同轴电缆的等位线簇时，如何正确确定圆形等位线簇的圆心？如何正确绘制圆形等位线？

4. 由导电微晶电板与记录纸的同步测量记录能否模拟出点电荷激发的电场或同心圆球壳型带电体激发的电场？为什么？

5. 实验结果能否说明电极的电导率远大于导电介质的电导率？如果不满足此条件，那么会出现什么现象？

实验 2.11　金属电阻率的测量

电阻率是反映物质导电性能的重要参数。由于金属的导电性能极好、电阻率极小，因此其电阻值极小。按照阻值大小，电阻大致分为三类：1Ω 以下的为低值电阻；1Ω～100kΩ 的为中值电阻；100kΩ 以上的为高值电阻。对不同阻值的电阻的测量方法不尽相同。测量中值电阻可采用惠斯通电桥法，测量高值电阻可采用冲击电流计放电法。而要测量金属的电阻率，就需要测量低值电阻。由于接线电阻和接触电阻（数量级为 10^{-3}～$10^{-2}\Omega$）的存在将给测量结果带来不可忽略的误差。因此，本实验在测量低值电阻时，必须设法消除和减小这些电阻对测量结果的影响。

【实验目的】

1．了解直流单双臂电桥的工作原理。
2．掌握用直流双臂电桥测量低值电阻的方法。
3．学会测定金属材料的电阻率。

【实验原理】

在温度一定的情况下，某形状规则的均匀材料的阻值 R 可表示为

$$R=\frac{\rho L}{S}$$

式中，ρ 为电阻率；L 为均匀材料的长度；S 为均匀材料的截面面积。由此可得电阻率的定义式为

$$\rho=\frac{RS}{L} \tag{2.11.1}$$

根据欧姆定律 $R=U/I$，只要用毫伏表和安培表测量金属棒的电阻值 R，便能测得电阻率。伏安法测量电阻的一般接线方式如图 2.11.1 所示。考虑到导线电阻和接触电阻，通过安培表的电流 I 在接头 A 处分为 I_1 和 I_2 两支。I_1 流经安培表和金属棒间的接触电阻 r_1 再流入 R，I_2 流经毫伏表和安培表接头处的接触电阻 r_3 再流入毫伏表。同时，当 I_1 和 I_2 在 D 处汇合时，只有 I_1 先通过金属棒和变阻器间的接触电阻 r_2，I_2 先经过毫伏表和变阻器间的接触电阻 r_4，两者才能汇合。因此，r_1、r_2 应算作与 R 串联；r_3、r_4 应算作与毫伏表串联，故得出一般接线方式的等效电路，如图 2.11.2 所示。这样毫伏表指示的电压值应包括 r_1、r_2 和 R 两端的电压降。由于 r_1、r_2 和 R 具有相同的数量级，甚至有的比 R 还要大几个数量级，所以用毫伏表的读数作为电阻 R 上的电压值来计算电阻是无法得出准确结果的。

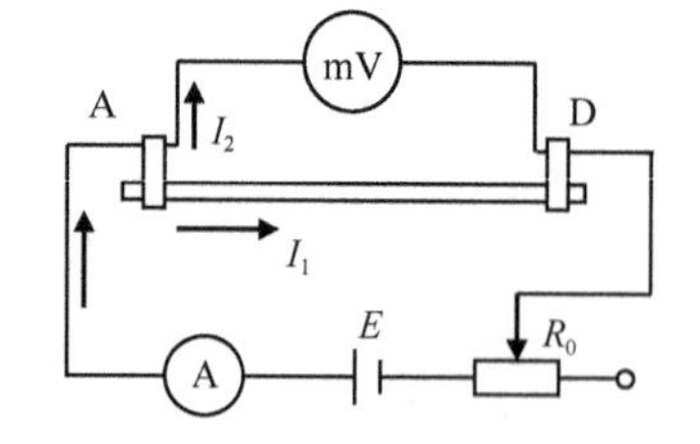

图 2.11.1　伏安法测量电阻的一般接线方式

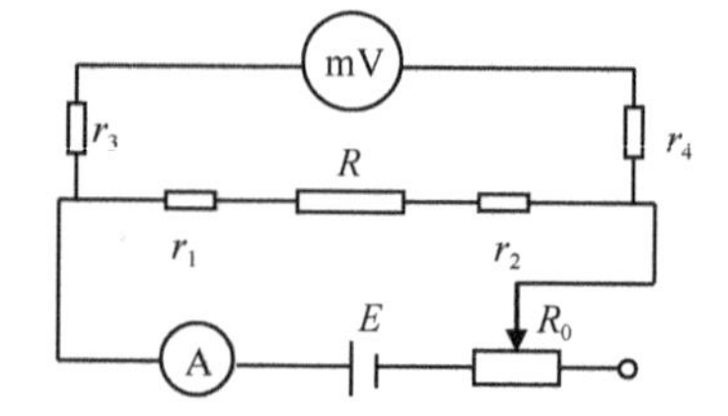

图 2.11.2　一般接线方式的等效电路

如果把连接方式改为如图 2.11.3 所示的接法，那么，虽然接触电阻 r_1、r_2、r_3、r_4 仍然存在，但由于所处的位置不同，构成的等效电路也就不同了，如图 2.11.4 所示，由于毫伏表内阻远大于 r_3、r_4 和 R，所以毫伏表和安培表的读数可以相当准确地反映电阻 R 上的电压降和通过它的电流。这样，利用欧姆定律就可以算出 R。

由此可见，在测量电阻时，将通过电流的接头 A、D 和电压的接头 B、C 分开，并把电压接头放在里面，此接法称为四端钮接法，这样可以大大减小接触电阻和接线电阻的影响。

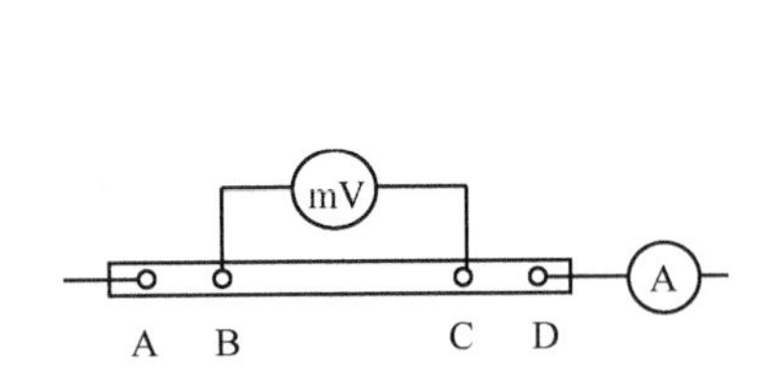

图 2.11.3　消除接触电阻的影响

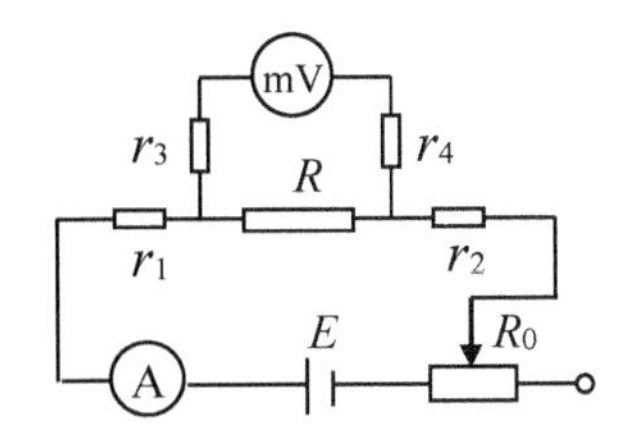

图 2.11.4 等效电路

如果把这个结论用到电桥电路中，就形成了直流双臂电桥电路，如图 2.11.5 所示，用 R_x 和 R_s 分别表示待测电阻和标准电阻。电流接头 T 和 S 用粗导线连接起来，电压接头 P 和 N 分别接上阻值为几百欧姆的电阻 R_3、R_4，再和检流计相接，经分析可知，Q、M 接头处的接触电阻及接线电阻 r_1、r_2 应算作与电阻 R_1、R_2（其阻值一般不小于 10Ω）串联，而 r_1、r_2 远小于 R_1、R_2。P、N 接头处的接触电阻和接线电阻与电阻 R_3、R_4 串联。这样就可得出等效电路，如图 2.11.6 所示，图中 r 为接头 T 和 S 间的接触电阻值和接线电阻值。

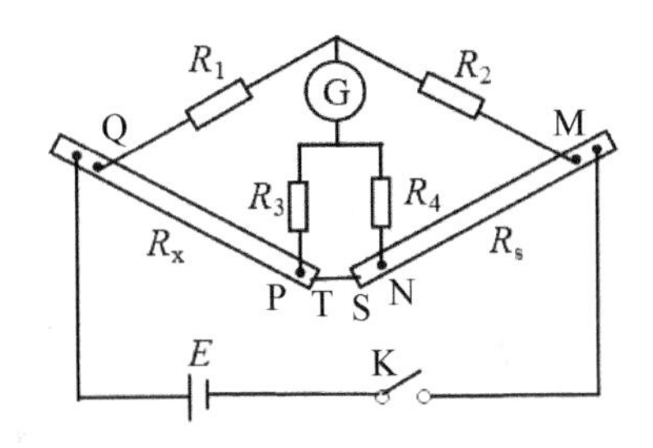

图 2.11.5　直流双臂电桥

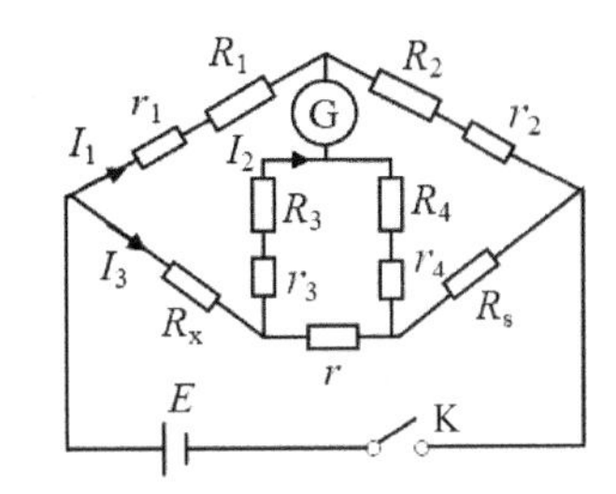

图 2.11.6　直流双臂电桥等效电路

当电桥平衡时，检流计中无电流通过，即 $I_0=0$，此时流过电阻 R_1 和 R_2 的电流相等，为 I_1，通过电阻 R_x 和 R_s 的电流也相等，为 I_3，通过电阻 R_3、R_4 中的电流为 I_2。因此，在电桥平衡时，检流计两端电位相等，由电路可得下列方程组：

$$\begin{cases} I_1\left(r_1+R_1\right)=R_x I_3+\left(R_3+r_3\right)I_2 \\ I_1\left(r_2+R_2\right)=R_s I_3+\left(R_4+r_4\right)I_2 \\ I_2\left(R_3+R_4+r_3+r_4\right)=r\left(I_3-I_2\right) \end{cases}$$

通常情况下，R_1、R_2、R_3、R_4 均取几十欧姆或几百欧姆，而接触电阻值和接线电阻值 r_1、r_2、r_3、r_4 均在 $10^{-1}\Omega$ 以下，且满足 $R_xI_3 \gg r_3I_2$、$R_sI_3 \gg r_4I_2$，因此

$$\begin{cases} R_1I_1=R_xI_3+R_3I_2 \\ R_2I_1=R_sI_3+R_4I_2 \\ \left(R_3+R_4\right)I_2=r\left(I_3-I_2\right) \end{cases}$$

解此方程组，可得

$$R_x=\frac{R_1R_s}{R_2}+\frac{rR_4\left(R_1/R_2-R_3/R_4\right)}{r+R_3+R_4}$$

如果电桥平衡，则

$$R_1/R_2=R_3/R_4$$

即

$$\frac{rR_4\left(R_1/R_2-R_3/R_4\right)}{r+R_3+R_4}=0$$

因此被测电阻值为

$$R_x=\frac{R_1}{R_2}R_s \tag{2.11.2}$$

由此可见，当电桥平衡时，式（2.11.2）成立的条件为 $R_1/R_2=R_3/R_4$。为了保证此条件在电桥使用过程中始终成立，通常将电桥做成一种特殊的结构，即将两对比率臂（R_1/R_3 和 R_2/R_4）采用双十进电阻箱。在这种电阻箱里，两个相同十进电阻的转臂连接在同一转轴上做同步调节，因此，在转臂的任一位置上都保证了 $R_1=R_3$、$R_2=R_4$。这样，根据式（2.11.2）就可以求得待测电阻的值 R_x 了。

采用双臂电桥结构即电流接头和电压接头分开的四端连线方式，可以把各部分的接线电阻和接触电阻分别引入检流计回路或电源回路中，使它们要么与电桥平衡无关，要么被引入大电阻支路中，以忽略其影响，这就是双臂电桥避免或减小接线电阻及接触电阻的影响的设计思想。

本实验采用 QJ47 型直流单双臂电桥测量低值电阻，其电路原理如图 2.11.7 所示。其中，BO 为电桥电源开关；GO 为内附指零仪接通开关；S 为标准电阻，相当于图 2.11.6 中的 R_s；R、R'是比较臂，相当于图 2.11.6 中的 R_1 和 R_3 做同轴同步调节，以保证图 2.11.6 中的 $R_1=R_3$，比较臂由×100、×10、×1、×0.1、×0.01 五只十进标度盘组成，提供同步变化的阻值(0～10)×(100+10+1+0.1+0.01)Ω；R_b、R_a 相当于图 2.11.6 中的 R_2、R_4，在做双臂电桥实验时，取 $R_b=R_a$，以保证图 2.11.6 中的 $R_2=R_4$；$\frac{R_a}{R_b}$ 称为比率臂比值（M），在做双臂电桥实验时，取 $M=1$，即 $\frac{100}{100}$ 或 $\frac{1000}{1000}$ 这两挡，这两挡的区别是 R_b 的示值不同。若用 QJ47 型直流双臂电桥测量低值电阻，则式（2.11.2）应写为

$$R_x=\frac{R}{R_b}S \tag{2.11.3}$$

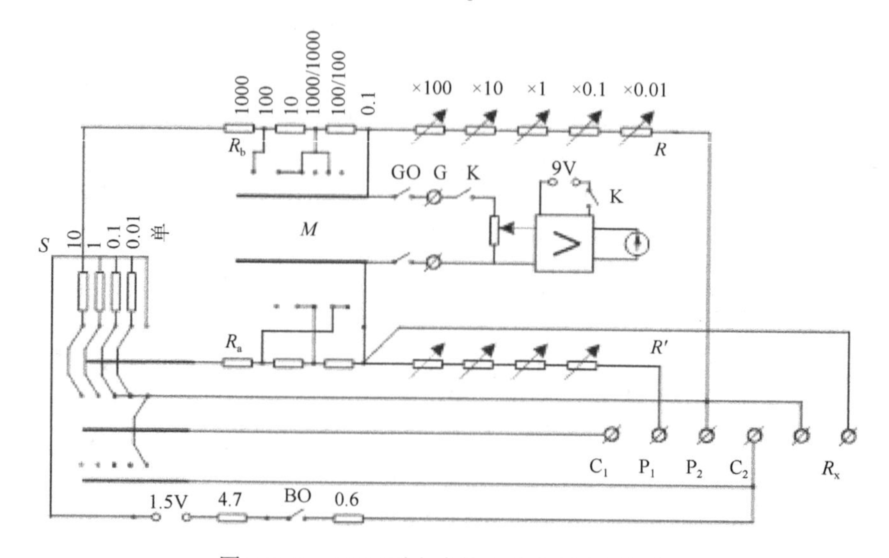

图 2.11.7　QJ47 型直流单双臂电桥电路原理

式中，R 为比较臂标度盘示值。当比率臂比值 M 为 $\frac{100}{100}$ 时，R_b=100Ω；当比率臂比值 M 为 $\frac{1000}{1000}$ 时，R_b=1000Ω。在测量低值电阻时，必须注意热电动势的影响（当电流通过线路时，各部分结构不均匀，引起温度也不均匀，从而产生附加的热电动势）。为尽量避免热电动势的影响，在做实验时，操作要迅速且电流不宜过大。

【实验仪器】

QJ47 型直流单双臂电桥、DHSR 四端电阻器、螺旋测微器。

1．QJ47 型直流单双臂电桥

QJ47 型直流单双臂电桥自带电源，无须外接电源，其面板如图 2.11.8 所示。其中，“K”为内附指零电路电源开关，当将其打向“内接”时，接通放大器电源，内附指零仪工作，当将其打向“外接”时，会关断放大器电源；“调零”旋钮用于内附指零仪的调零；“灵敏度”旋钮用于调节指零放大器的灵敏度；“BO”为电桥电源开关，按下时接通桥路电源；“GO”为内附指零仪和外接检流计的通断开关，按下时接通内附指零仪；“G”为两个外接检流计端钮；“RX”为单桥被测电阻两个接入端钮；“C1”“P1”“P2”“C2”旋钮为双桥被测电阻四端接入端钮；“S”为双臂电桥内附标准电阻的十进盘，分“单”“0.01”“0.1”“1”“10”五挡，当打向“单”挡时，转入单桥测量方式；“M”为挡位切换旋钮，当将它作为单臂电桥使用时，构成 $\frac{R_a}{R_b}$ 比率臂比值，十进盘比率臂比值为“1000”“100”“10”“$\frac{1000}{1000}$”“$\frac{100}{100}$”“0.1”，当将它作为双臂电桥使用时，和“S”构成比率系数，详见表 2.11.1。

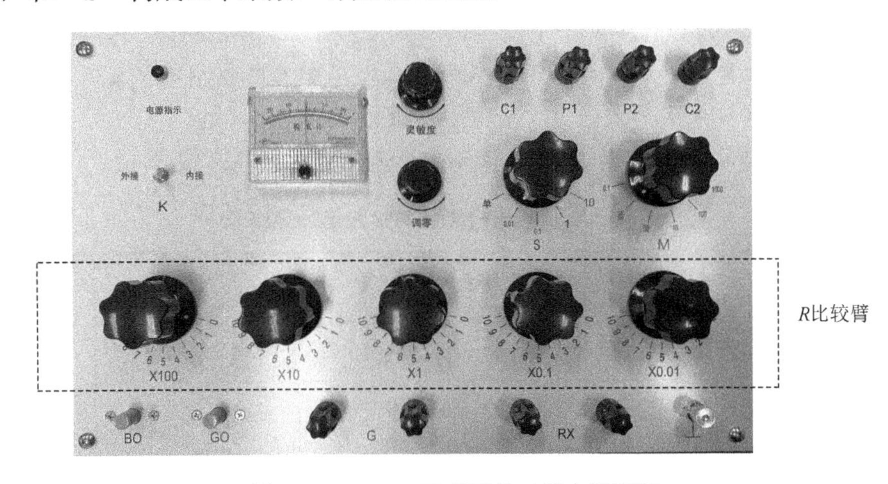

图 2.11.8　QJ47 型直流单双臂电桥面板

2．DHSR 四端电阻器

DHSR 四端电阻器的面板结构及接法如图 2.11.9 所示。四端电阻器本质上是一个两端电阻，只是为了减少测量误差，添置了两个电压测量端子，由于电位引出端子处于电流引入端子的内侧，并紧靠电阻两端，因此测得的电压仅是 P_1 和 P_2 之间的压降，而不包含引线电阻和接线端子接触电阻的压降，从而消除了引线电阻及接触电阻引入的测量误差。在 DHSR 四端电阻器上，与 C_1、P_1、C_2 相连的压紧块是固定的，不能滑动；与“P_2”相连的压紧块是可以滑动的，以选择被测金属棒的长度（长度由标尺指示）。

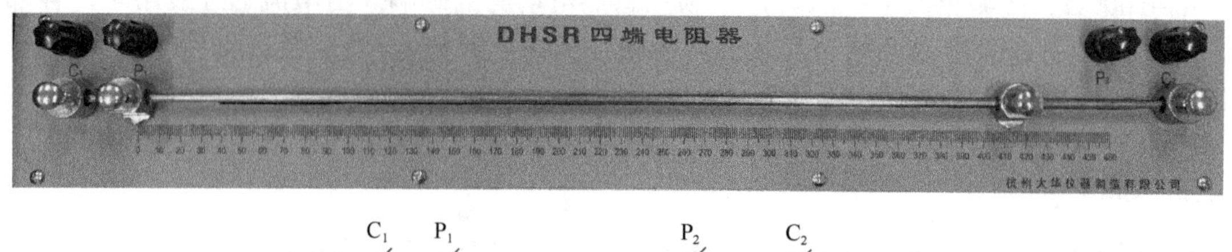

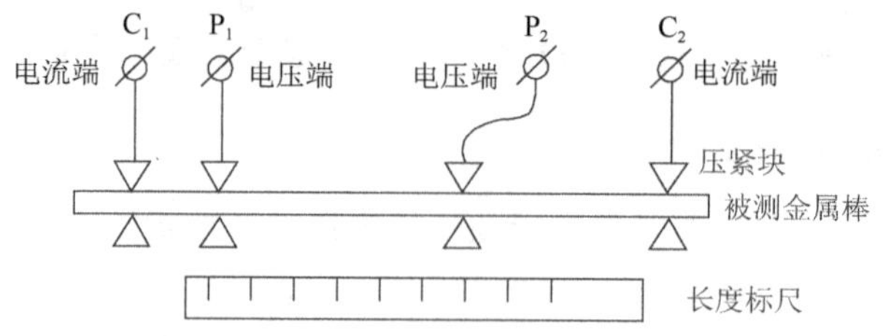

图 2.11.9　DHSR 四端电阻器的面板结构及接法

【实验内容与方法】

（1）用螺旋测微器测量三种测试棒的直径 d，测量三次。

（2）将开关“K”打向“内接”方向，内附检流计电源接通，先调节“调零”旋钮，使表针指零，再将“灵敏度”旋钮调至适当位置。

（3）参照图 2.11.9 安装黄铜测试棒，旋松四端电阻器压紧块上的四颗螺钉，插入黄铜测试棒，然后旋紧压紧块的螺钉（C_1、C_2 端），将 C_1、P_1、P_2、C_2 四个端子分别与 QJ47 型直流单双臂电桥面板上的同名端子用导线相连。使 P_1 端指示“0”刻度线（单位为 mm）、P_2 端指示“400”刻度线（单位为 mm）。

注意：测量时应旋紧四端电阻器的四个旋钮，避免接触电阻带来的误差。另外，双臂电桥所用引线的电阻应不大于 0.01Ω。

（4）按被测电阻估计值，根据表 2.11.1 选择“S”“M”的挡位和 R_b 值。

表 2.11.1　双臂电桥测量时参数选择查询表

<table>
<tr><th>R_x/Ω</th><th>S/Ω</th><th>$M\left(\frac{R_a}{R_b}\right)$</th><th>$R_b/\Omega$</th><th>等级指数</th></tr>
<tr><td>10^2</td><td>10</td><td>$\frac{100}{100}$</td><td>100</td><td rowspan="4">0.05%</td></tr>
<tr><td>10</td><td>10</td><td rowspan="4">$\frac{100}{100}$</td><td rowspan="4">100</td></tr>
<tr><td>1</td><td>1</td></tr>
<tr><td>10^{-1}</td><td>0.1</td></tr>
<tr><td>10^{-2}</td><td>0.01</td><td>0.1%</td></tr>
<tr><td>10^{-3}</td><td>0.01</td><td>$\frac{100}{100}$</td><td>1000</td><td>0.5%</td></tr>
</table>

注意：当将 QJ47 型直流单双臂电桥作为双臂电桥使用时，“M”只能置于 $\frac{100}{100}$ 或 $\frac{1000}{1000}$ 两挡处，以保证图 2.11.6 中的 $R_2=R_4$，但这两挡的倍率并不相同。实验时应根据建议的“S”“M”配置表选择挡位，充分使用比较臂的×100 盘，以保证测量精度。设置好“S”“M”之后，应

对内附指零仪进行一次准确调零。

（5）按下“GO”开关并旋转使开关常开，接通内附指零仪，这时由于阻抗的变化，指针会有少量偏移，需要再次调节“调零”旋钮，以使指针准确指零。

（6）按下“BO”开关，调节 R 比较臂，直到内附指零仪准确指零，记录比较臂的各示值，并填入表 2.11.2 中。

注意：测量低值电阻时的电流较大，因此测量时“BO”开关必须随时释放，尽量缩短加电时间，以免发热影响测量精度。

（7）电桥平衡后，按式（2.11.3）计算被测低值电阻的阻值。

（8）将黄铜测试棒换成碳素钢测试棒和铝测试棒，重复（3）～（7）步。

表 2.11.2　三种测试棒的测量数据记录

L=400mm

材　料	d/mm			S/Ω	R_b/Ω	R/Ω				
						×100	×10	×1	×0.1	×0.01
黄　铜										
碳素钢										
铝										

需要注意的是，当温度为 20℃时，本实验附带的三种标准材料的电阻率ρ和 400mm 样品理论阻值 R'的参考值如表 2.11.3 所示。

表 2.11.3　三种标准材料的电阻率ρ和 400mm 样品理论阻值 R'的参考值

材　料	电阻率ρ/（$\Omega\cdot mm^2/m$）	400mm 样品理论阻值 R'/Ω
黄　铜	0.069	0.002196338215
碳素钢	0.160	0.005092958179
铝	0.037	0.001177746579

【数据处理与要求】

根据式（2.11.1）计算三种材料的电阻率ρ，计算不确定度，并完整表示结果。

【分析与思考】

1. 双臂电桥与惠斯通电桥的区别是什么？双臂电桥采取了哪些措施？消除了哪些附加电阻的影响？

2. 在双臂电桥的测量中，如果待测电阻的两个电压端引线的电阻较大，则对测量结果有无影响？为什么？

3. 采取哪些办法能提高测量金属电阻率的准确度？

第三部分　物理实验综合应用

实验 3.1　应变片特性及电子秤的研究

称重是一种从古至今都受人们关注的测量，它涉及生活的方方面面。称重不准确会导致生产不能标准化，制约生产力的发展，因此，人们对于高精度称重装置的研究一直都没有停止。随着科技的不断发展，称重装置也从原来传统的模拟式转变为数字式，从单参数动态测量转变为多参数动态测量，精度和可靠性都得到了很大的提升，功能越来越强大，体积也越来越小。本实验以电阻应变片的形变作为输入量，以电桥电路为核心设计一套体积小、精度高、稳定性强的智能电子秤系统。

【实验目的】

1. 了解金属箔式应变片的应变效应和应变式传感器的工作原理。
2. 了解单臂、半臂、全臂三种电桥模式的工作原理，并会计算其灵敏度。
3. 学会利用应变式传感器设计电子秤系统。

【实验原理】

金属导体的电阻随其所受机械形变（伸长或缩短）的变化而变化，其原因是导体的电阻与材料的电阻率及它的几何尺寸（长度和截面）有关。由于导体在承受机械形变的过程中，其电阻率、长度和截面积都要发生变化，从而导致其电阻发生变化，因此电阻应变片能将机械构件上应力的变化转换为电阻的变化。当电阻丝在外力作用下发生机械形变时，其电阻发生变化，这就是电阻应变效应。描述电阻应变效应的关系式为$\dfrac{\Delta R}{R}=K\varepsilon$，其中，$\dfrac{\Delta R}{R}$为电阻丝阻值的相对变化，$K$为应变灵敏系数，$\varepsilon=\dfrac{\Delta L}{L}$为电阻丝长度的相对变化。金属箔式应变片就是通过光刻、腐蚀等工艺制成的应变敏感元件，通过它转换被测部位的受力状况，电桥的作用是完成电阻到电压的比例变化，电桥的输出电压反映了相应的受力状况。

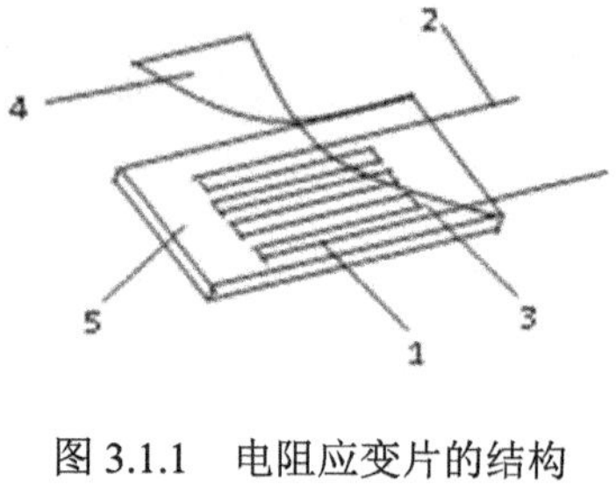

如图 3.1.1 所示，电阻应变片一般由敏感栅 1、引线 2、黏结剂 3、覆盖层 4、基底 5 组成。电阻应变片的规格一般以使用面积和阻值来表示，如“3×10mm²，350Ω”。

图 3.1.1　电阻应变片的结构

敏感栅由直径为 0.01～0.05mm、高电阻系数的细丝弯曲而成（栅状），它实际上是一个电阻元件，是把应变量转换成电阻变化量的敏感部分。引线是从敏感栅引出电信号的丝状或带状导线，作用是将敏感栅电阻元件与测量电路相连接，一般由直径为 0.1～0.2mm 的低阻镀锡铜丝制成，并与敏感栅两端输出端焊接。敏感栅用具有一定电绝缘性能的黏结剂固定在基底上。覆盖层是覆盖在敏感栅上用来保护敏感栅的绝缘层。基底用来保护敏感栅，并固定引线的几何形状和相对位置，为了保证将构件上的应变精准地传送到敏感栅上，基底必须做得很薄（一般为 0.03～0.06mm），使它能与试件及敏感栅牢固地黏结在一起。另外，它还应具有良好的绝缘性、抗潮性和耐热性。

在测试时，将电阻应变片用黏结剂牢固地粘贴在被测试件的表面上，随着试件受力形变，电阻应变片的敏感栅也获得同样的形变，从而使阻值发生变化。阻值的变化可反映外力作用的大小。

应变式压力传感器的结构如图 3.1.2 所示，它主要由双孔弹性平衡梁和粘贴在梁上的电阻应变片组成。应变式压力传感器的原理是：将四片电阻应变片分别粘贴在弹性平衡梁的上下两表面的适当位置，梁的一端固定，另一端自由，用于加载荷外力 F，弹性平衡梁受载荷作用而弯曲，梁的上表面受拉，电阻片 R_1 和 R_3 也受拉伸作用而阻值增大；梁的下表面受压，R_2 和 R_4 也受压缩作用而阻值减小。这样，外力的作用通过梁的形变使四个电阻应变片的阻值都发生变化，这就是应变式压力传感器。电阻应变片的初始阻值满足 R_1=R_2=R_3=R_4。

电阻应变片可以把应变的变化转换为电阻的变化。为了显示和记录应变的大小，还需要把电阻的变化再转化为电压或电流的变化。最常用的测量电路是由电阻应变片组成的电桥测量电路，当电阻应变片受到压力作用时，会引起弹性体的形变，使得粘贴在弹性体上的电阻应变片的阻值发生变化。其中，R_1 和 R_3 形变时同时受拉伸作用，R_2 和 R_4 形变时同时受压缩作用，形变相同的两对电阻应变片交叉放置于电桥中，如图 3.1.3 所示，此为全臂电桥。若电桥中只接入了一对受拉伸和压缩作用的电阻应变片，即只接 R_1、R_2 或 R_3、R_4，另两个位置接固定电阻，且交叉放置，则为半臂电桥。若四个位置只接一个电阻应变片，其他位置接固定电阻，则为单臂电桥。电桥中将产生电压输出 U，其正比于所受的压力 F，也正比于施加压力的物体的质量 W，即 $U = S \cdot W$，其中 S 为电桥的灵敏度。

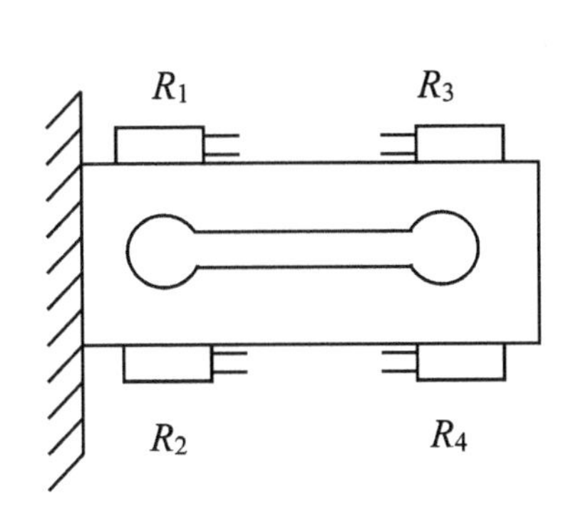

图 3.1.2　应变式压力传感器的结构

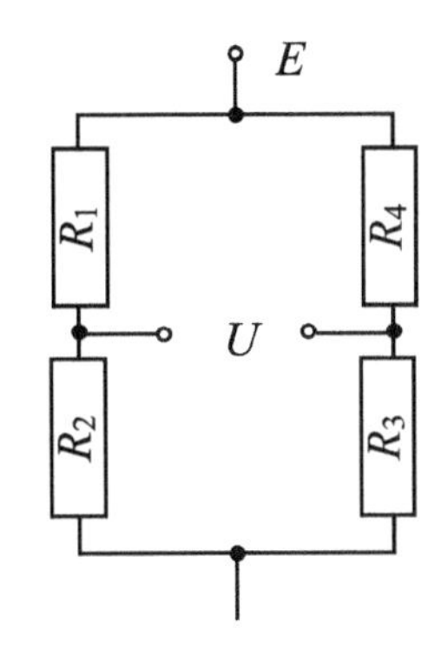

图 3.1.3　电桥电路图

利用应变式压力传感器可制作电子秤，为了提高电子秤的精度，还需要采用放大器来放大信号，常用的放大器采用的是阻容耦合和变压器耦合方式，针对的是交流信号，而本实验中的输出信号为直流电压信号，因此应采用直接耦合方式，即采用差动放大器来放大电压信号，如图 3.1.4 所示。

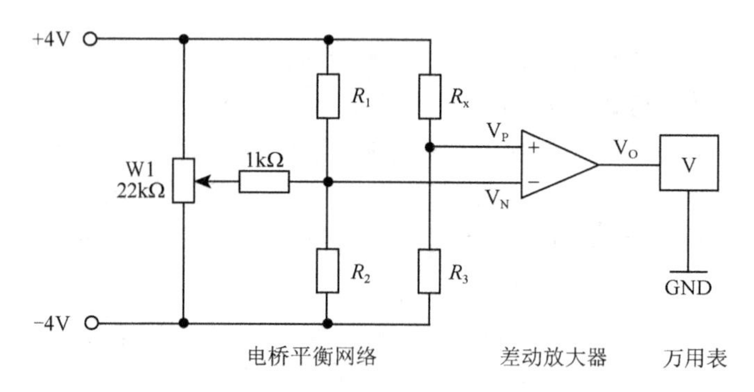

图 3.1.4　电子秤的研究实验电路图

【实验仪器】

DH-VC3 直流恒压源、九孔板接口平台（带插头导线若干）、电子秤传感器模块 1 个、数字万用表 1 台、20g 砝码 6 个、差动放大器模块（带调零模块）、22kΩ电位器模块 1 个、350Ω电阻模块 3 个、1kΩ 电阻模块 1 个、应变片转接盒模块 4 个。

1．差动放大器模块

差动放大器的内部结构如图 3.1.5 所示。

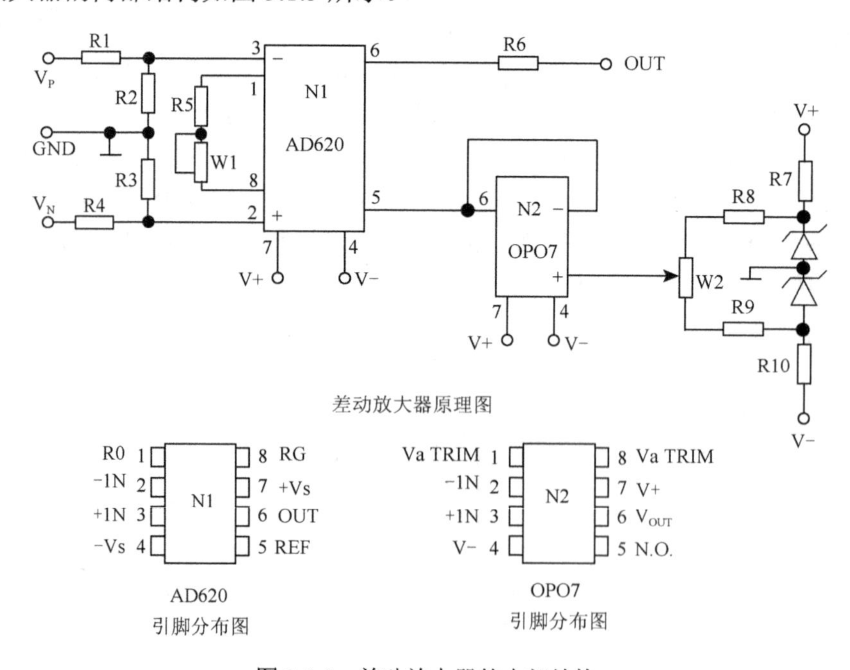

图 3.1.5　差动放大器的内部结构

差动放大器模块的接线说明如图 3.1.6 所示。

2．电子秤传感器模块

电子秤传感器模块如图 3.1.7 所示，四个电阻应变片的方向表示其在平衡梁上安装的位置不同，箭头向上表示该电阻应变片安装于平衡梁的上侧；箭头向下表示该电阻应变片安装于平衡梁的下侧，在接入电桥时应注意方向。

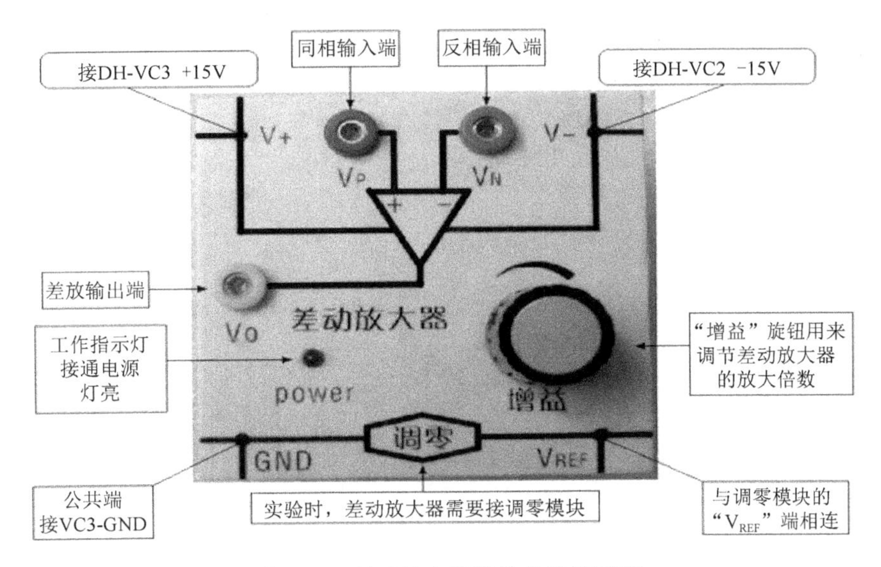

图 3.1.6　差动放大器模块的接线说明

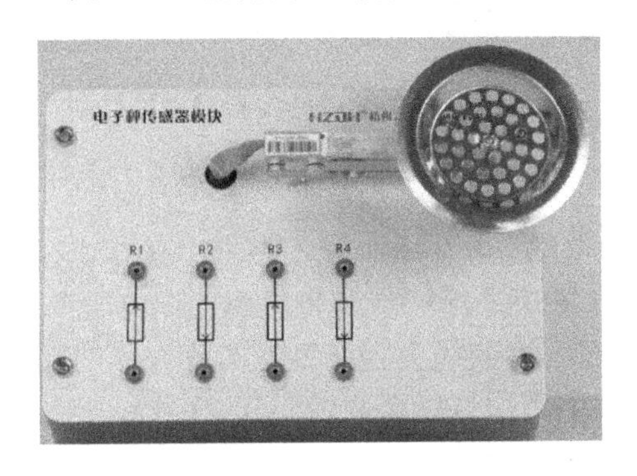

图 3.1.7　电子秤传感器模块

【实验内容与方法】

1. 模块连接与调节

（1）按图 3.1.4 合理设计各个实验模块在九孔板接口平台上的插入位置，为了减少插头导线的用量，应充分利用九孔板接口平台自身连接，图 3.1.8 为一种建议的实验模块摆放图。

（2）差动放大器和调零模块的连接：①差动放大器模块的"V_+"端与调零模块的"V_+"端相连，并接至直流恒压源的+15V；②差动放大器模块的"V_-"端与调零模块的"V_-"端相连，并接至直流恒压源的−15V；③差动放大器模块的"GND"端与调零模块的"GND"端相连，并接至直流恒压源的±15V 电源 GND；④差动放大器模块的"V_{REF}"端与调零模块的"V_{REF}"端相连。

（3）差动放大器和调零模块的调节：将调零模块的"调零"旋钮调到中间位置，以使电位器有更大的调节范围（由于该电位器为 10 圈电位器，因此可将电位器逆向调至最小，再反方向转 5 圈，即中间位置）；先将差动放大器的"增益"旋钮顺时针调到最大，再反向退回半圈，即可得到合适的增益（在实验过程中，可根据实际情况调节增益的大小）。

注意： 在电桥中接电阻应变片时，需要将应变片转接盒接入电桥中，再用细插头导线将电子秤传感器模块上的应变片引入电桥。由于 350Ω 电阻模块没有细插头导线的接口，因此将电阻模块在九孔板接口平台上并联应变片转接盒模块，以此作为粗插头导线转细插头导线的接口。

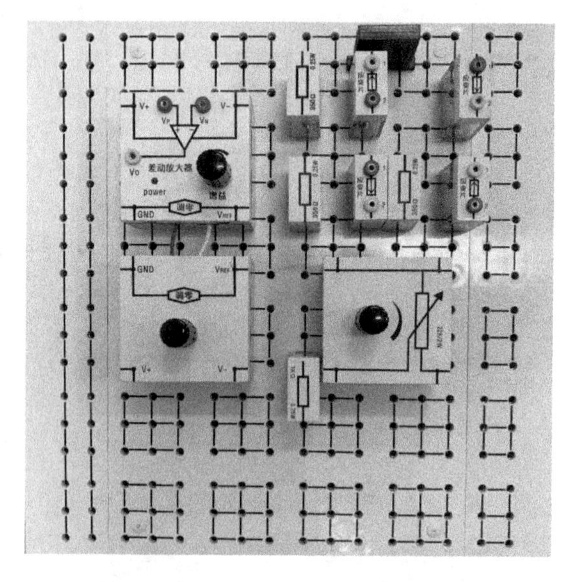

图 3.1.8　一种建议的实验模块摆放图

2. 单臂电桥

（1）按图 3.1.4 连接电桥电路，其中 R_1、R_2、R_3 接 350Ω 电阻模块，R_x 接电子秤传感器模块中的 R4（通过应变片转接盒模块进行转接），将电桥工作电压调至±4V 挡，开启直流恒压源。

（2）调零：断开桥路导线，用细插头导线将差动放大器的同相输入端“V_P”（+）和反相输入端“V_N”（-）短接；将数字万用表调至直流电压 2V 挡，将红表笔插入差动放大器的输出端“V_0”，将黑表笔插入接地端（为保证接触良好，可将黑表笔导线换成实验用的粗插头导线），调节调零模块的“调零”旋钮，使数字万用表的示值为 0。

注意： 应变片桥路工作电压为±4V，不可过大，以免损坏电阻应变片或引起严重自热效应；务必保证所有的导线连接均稳固可靠，否则将影响数字万用表的读数。

（3）测量：取掉短接线，按照图 3.1.4 搭好电桥，调节电桥电路中的电位器 W1，使数字万用表的示数为 0。托盘上未放砝码时，记下数字万用表的电压数值，然后每增加一个砝码记录一个上行电压数值 U_1，加完 6 个砝码后，再逐个递减砝码，记录下行电压数值 U_2（保留小数点后一位），将测量数值填入表 3.1.1 中。

表 3.1.1　单臂电桥测量数据记录

W/g	0	20	40	60	80	100	120
U_1/mV							
U_2/mV							
$\bar{U}$ /mV							

注意： 由于放下砝码后，砝码盘会产生振动，因此砝码应轻拿轻放，且放置砝码后需要等待数字万用表示数稳定后读数；实验结束后，应撤下所有砝码。

3. 半臂电桥

断开桥路连接导线，按图 3.1.4 连接电桥电路，其中 R_1、R_2 接 350Ω 电阻模块，R_3、R_x 接电子秤传感器模块中的“R3”和“R4”（通过应变片转接盒模块进行转接），取下 R_3 处并联的电阻模块，参照单臂电桥实验中的（2）、（3）步进行调零、加/减砝码、记录数据（保留小数点后一位）操作，并将数据填入表 3.1.2 中。

注意：电阻应变片的方向不同，表示其在平衡梁上粘贴的位置不同，详见图 3.1.2。相同方向的电阻应变片应交叉接入电桥，若实验过程中出现增加砝码而数字万用表示数减小的现象，则考虑所选的电阻应变片在平衡梁上的位置接反，此时应检查实验电路图，使电阻应变片接入正确的位置。

表 3.1.2　半臂电桥测量数据记录

W/g	0	20	40	60	80	100	120
U_1/mV							
U_2/mV							
$\bar{U}$/mV							

4．全臂电桥

断开桥路连接导线，按图 3.1.4 连接电桥电路，其中，阻值为 R_1、R_2、R_3、R_x 的电阻处分别接电子秤传感器模块中的“R1”“R2”“R3”“R4”（电桥上的四个元件均通过应变片转接盒模块进行转接），取下 R_1、R_2 处并联的电阻模块，参照单臂电桥实验中的（2）、（3）步进行调零、加/减砝码、记录数据（保留小数点后一位）操作，并将数据填入表 3.1.3 中。

表 3.1.3　全臂电桥测量数据记录

W/g	0	20	40	60	80	100	120
U_1/mV							
U_2/mV							
$\bar{U}$/mV							

【数据处理要求】

根据三种电桥模式的测量数据，画出 U-W 关系曲线（U 为输出电压，W 为待测物体的质量），并对曲线进行拟合，计算三种电桥模式的灵敏度 S。

【分析与思考】

1．本实验电路对直流恒压源和差动放大器有何要求？
2．简述三种桥臂形式的灵敏度不同的原因。

实验 3.2　波尔共振实验

共振是一种既重要又普遍的运动形式，日常生活中，在物理学、无线电学和各种工程技术领域中都会见到共振现象。例如，电磁共振是无线电技术的基础，机械共振产生声响，物质对电磁场的特征吸收和耗散吸收可用共振现象来描述；利用核磁共振和顺磁共振研究物质结构等。在利用共振现象的同时，要防止共振现象引起的破坏，如共振引起建筑物的垮塌、电气设备元件的烧毁等。本实验采用波尔共振仪来定量研究物体在周期外力作用下做受迫振动的幅频特性和相频特性，并采用频闪法测定动态物理量——相位差。

【实验目的】

1. 了解不同阻尼力矩对受迫振动的影响，观察共振现象。
2. 学习用频闪法测定运动物体的相位差。
3. 理解波尔共振仪中摆轮受迫振动的幅频特性和相频特性。

【实验原理】

物体在周期外力的持续作用下发生的振动称为受迫振动，这种周期性的外力称为强迫力。

在本实验中，由纯铜圆形摆轮和蜗卷弹簧组成弹性摆轮，可绕转轴摆动。摆轮在摆动过程中受到与角位移 θ 成正比、方向指向平衡位置的弹性恢复力矩的作用；受到与角速度 $\mathrm{d}\theta/\mathrm{d}t$ 成正比、方向与摆轮运动方向相反的阻尼力矩的作用；受到按简谐规律变化的外力 $M_0\cos\omega t$ 的作用。根据转动规律，可列出摆轮的运动方程为

$$J\frac{\mathrm{d}^2\theta}{\mathrm{d}t^2}=-k\theta-b\frac{\mathrm{d}\theta}{\mathrm{d}t}+M_0\cos\omega t \tag{3.2.1}$$

式中，J 为摆轮的转动惯量；$-k\theta$ 为弹性力矩；k 为弹性力矩系数；b 为电磁阻尼力矩系数；M_0 为强迫力的幅值；ω 为强迫力的圆频率。

令 $\omega_0^2=\dfrac{k}{J}$，$2\beta=\dfrac{b}{J}$，$m=\dfrac{M_0}{J}$，则式（3.2.1）变为

$$\frac{\mathrm{d}^2\theta}{\mathrm{d}t^2}+2\beta\frac{\mathrm{d}\theta}{\mathrm{d}t}+\omega_0^2\theta=m\cos\omega t \tag{3.2.2}$$

当强迫力为零即式（3.2.2）等号右边为零时，式（3.2.2）就变为了二阶常系数线性齐次微分方程，根据微分方程的相关理论，当 ω_0 远大于 β 时，其解为

$$\theta=\theta_1\mathrm{e}^{-\beta t}\cdot\cos\left(\omega_1 t+\alpha\right) \tag{3.2.3}$$

此时摆轮做阻尼振动，振幅 $\theta_1\mathrm{e}^{-\beta t}$ 随时间 t 衰减，振动频率为 $\omega_1=\sqrt{\omega_0^2-\beta^2}$，其中，$\omega_0$ 称为系统的固有频率，β 为阻尼系数。当 β 也为零时，摆轮以固有频率 ω_0 做简谐振动。

当强迫力不为零时，式（3.2.2）为二阶常系数线性非齐次微分方程，其解为

$$\theta=\theta_1\mathrm{e}^{-\beta t}\cdot\cos\left(\omega_1 t+\alpha\right)+\theta_2\cdot\cos\left(\omega t+\varphi\right) \tag{3.2.4}$$

式中，等号右边的第一部分表示阻尼振动，经过一段时间后，衰减消失；第二部分为稳态解，说明振动系统在强迫力的作用下，经过一段时间即可达到稳定的振动状态。

式（3.2.4）中的 $\theta_1\mathrm{e}^{-\beta t}$ 描述振幅随时间的衰减情况，如果测得初振幅 θ_0 与 n 个周期后的振幅 θ_n，则有

$$\frac{\theta_0}{\theta_n}=\frac{\theta_1}{\theta_1}\cdot\frac{\mathrm{e}^0}{\mathrm{e}^{-\beta nT}} \tag{3.2.5}$$

即可求得阻尼系数 β 为

$$\beta = \frac{1}{nT}\ln\frac{\theta_0}{\theta_n} \tag{3.2.6}$$

如果强迫力是按简谐振动规律变化的，那么物体在稳定状态时的运动也是与强迫力同频率的简谐振动，具有稳定的振幅 θ_2，并与强迫力之间有一个确定的相位差 φ。将振动方程 $\theta = \theta_2 \cdot \cos(\omega t + \varphi)$ 代入式（3.2.2），要使方程在任何时间 t 都成立，θ_2 与 φ 就需要满足一定的条件，由此解得稳定受迫振动的幅频特性及相频特性的表达式为

$$\theta_2 = \frac{m}{\sqrt{\left(\omega_0^2 - \omega^2\right)^2 + 4\beta^2\omega^2}} \tag{3.2.7}$$

$$\varphi = \arctan\left(\frac{-2\beta\omega}{\omega_0^2 - \omega^2}\right) = \arctan\left[\frac{-\beta T_0^2 T}{\pi(T^2 - T_0^2)}\right] \tag{3.2.8}$$

由式（3.2.7）和式（3.2.8）可以看出，在稳定状态时，振幅和相位差保持恒定，振幅 θ_2 与相位差 φ 的数值取决于 β、ω_0、m 和 ω，也取决于 J、b、k、M_0 和 ω，而与振动的起始状态无关。当强迫力的频率 ω 与系统的固有频率 ω_0 相同时，相位差为−90°。

由于受到阻尼力的作用，所以受迫振动的相位总是滞后于强迫力的相位，即式（3.2.8）中的 φ 应为负值，而反正切函数的取值为(−90°, 90°)，当由式（3.2.8）计算得出的数值为正时，应减去 180°将其换算成负值。

图 3.2.1（a）、（b）分别描述了不同 β 时的稳定受迫振动的幅频特性和相频特性。

根据式（3.2.7），将 θ_2 对 ω 求极值可得，当强迫力的圆频率 $\omega = \sqrt{\omega_0{}^2 - 2\beta^2}$ 时，θ_2 有极大值，产生共振。若共振时的圆频率和振幅分别用 ω_r、θ_r 表示，则有

$$\omega_r = \sqrt{\omega_0^2 - 2\beta^2} \tag{3.2.9}$$

$$\theta_r = \frac{m}{2\beta\sqrt{\omega_0^2 - \beta^2}} \tag{3.2.10}$$

将式（3.2.9）代入式（3.2.8），得到共振时的相位差为

$$\varphi_r = \arctan\left(\frac{-\sqrt{\omega_0^2 - 2\beta^2}}{\beta}\right) \tag{3.2.11}$$

式（3.2.9）～式（3.2.11）表明，阻尼系数 β 越小，共振时的圆频率 ω_r 越接近系统的固有频率 ω_0；振幅 θ_r 越大，共振时的相位差越接近−90°。

由图 3.2.1（a）可见，β 越小，θ_r 越大，θ_2 随 ω 偏离 ω_0 衰减得越快，幅频特性曲线越陡峭。在峰值附近，$\omega \approx \omega_0$，$\omega_0^2 - \omega^2 \approx 2\omega_0(\omega_0 - \omega)$，因此式（3.2.7）可近似表达为

$$\theta_2 \approx \frac{m}{2\omega_0\sqrt{\left(\omega_0 - \omega\right)^2 + \beta^2}} \tag{3.2.12}$$

由式（3.2.12）可见，当 $|\omega_0 - \omega| = \beta$ 时，振幅降为峰值的 $\frac{1}{\sqrt{2}}$，根据幅频特性曲线的相应点可确定 β 的值。

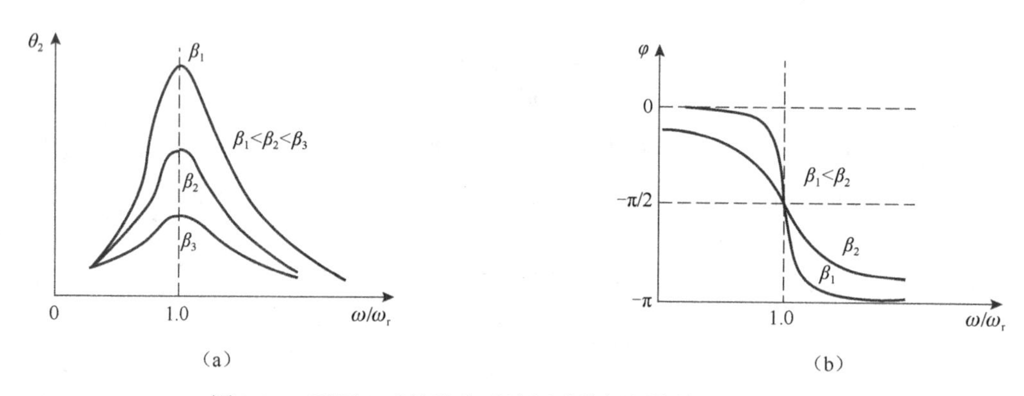

图 3.2.1　不同 β 时的稳定受迫振动的幅频特性和相频特性

【实验仪器】

波尔共振仪、电器控制箱。

1. 波尔共振仪

波尔共振仪装置示意图如图 3.2.2 所示，其中 1 为光电门，2 为长凹槽，3 为短凹槽，4 为铜质圆形摆轮，5 为摇杆，6 为蜗卷弹簧，7 为支承架，8 为阻尼线圈，9 为连杆，10 为摇杆调节螺钉，11 为光电门，12 为角度盘，13 为有机玻璃刻度盘，14 为底座，15 为弹簧夹持螺钉，16 为闪光灯。铜质圆形摆轮安装在机架转轴上，可绕转轴转动。蜗卷弹簧的一端与铜质圆形摆轮相连，另一端与摇杆相连。在自由振动时，摇杆不动，蜗卷弹簧对铜质圆形摆轮施加与角位移成正比的弹性恢复力矩。在铜质圆形摆轮下方装有阻尼线圈，电流通过线圈产生磁场，铜质圆形摆轮在磁场中运动，会在铜质圆形摆轮中形成局部的涡电流，涡电流磁场与线圈磁场相互作用，形成与运动速度成正比的电磁阻尼力矩。在强迫振动时，电动机带动偏心轮及传动连杆使摇杆摆动，通过蜗卷弹簧传递给铜质圆形摆轮，产生强迫力，使摆轮做受迫振动。

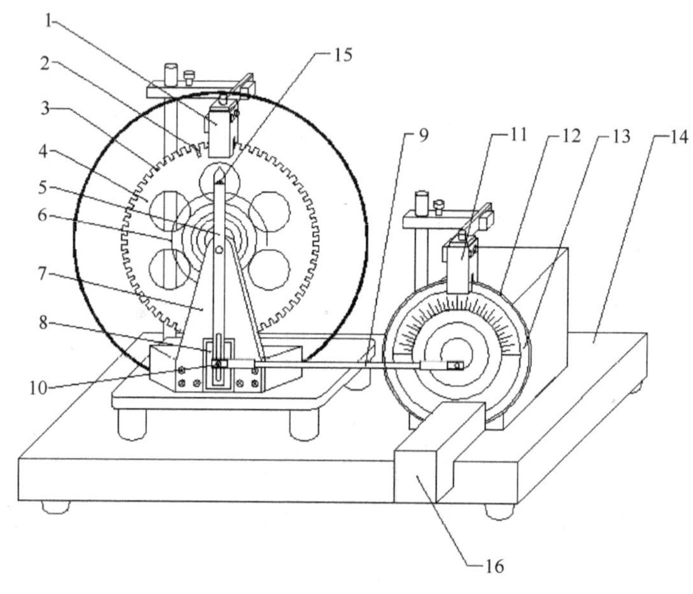

图 3.2.2　波尔共振仪装置示意图

在铜质圆形摆轮的圆周上，每隔 2°开有凹槽，其中一个凹槽（用白漆线标志）比其他凹槽都要长。铜质圆形摆轮正上方的光电门架上装有两个光电门：一个对准长凹槽，在一个振动周期中，长凹槽两次通过该光电门，电器控制箱由该光电门的开关时间来测量铜质圆形摆轮的周期；另一个对准短凹槽，由一个周期中通过该光电门的凹槽的个数，即可得出铜质圆形摆轮的振幅，因此光电门的测量精度为2°。

电动机轴上装有固定的角度盘和随电动机一起转动的有机玻璃刻度盘，角度指针上方有挡光片。调节电器控制箱上的电动机转速调节旋钮，可以精确改变加于电动机上的电压，使电动机的转速在实验范围内连续可调。由于电路中采用了特殊稳速装置，所以转速极为稳定。在角度盘正上方装有光电门，有机玻璃刻度盘的转动使挡光片通过该光电门，电器控制箱记录光电门的开关时间，以测量强迫力的周期。

在受迫振动时，摆轮与强迫力的相位差是利用小型闪光灯来测量的。置于角度盘下方的闪光灯受长凹槽光电门的控制，每当长凹槽通过平衡位置时，光电门触发闪光，这一现象称为频闪现象。在受迫振动达到稳定状态时，在闪光灯的照射下可以看到角度指针好像一直“停在”某一刻度，但实际上，角度指针一直在做匀速转动。因此，从角度盘上可以直接读出摇杆相位超前于铜质圆形摆轮相位的数值，其负值为相位差 φ。

2. 电器控制箱

电器控制箱前面板如图 3.2.3 所示，其中，1 为液晶显示屏；2 为方向控制键；3 为确认键；4 为复位键；5 为电源开关；6 为闪光灯开关，当按住闪光灯键时，摆轮上的长凹槽通过平衡位置时便会闪光，产生频闪现象，此时可从相位差角度盘上看到刻度线似乎静止不动的读数，从而读出相位差数值。为保护闪光灯管，仅在需要测量相位差时按下此键，闪光灯即工作；7 为强迫力周期电位器，用于调节电动机的转速，电位器采用可读数定位电位器，可精确确定电位器当前的调节位置。

电器控制箱通过软件控制阻尼线圈内直流电流的大小，以达到改变系统阻尼系数的目的。阻尼挡位的选择通过软件来控制，分“阻尼 1”“阻尼 2”“阻尼 3”三挡，分别对应不同的阻尼电流。

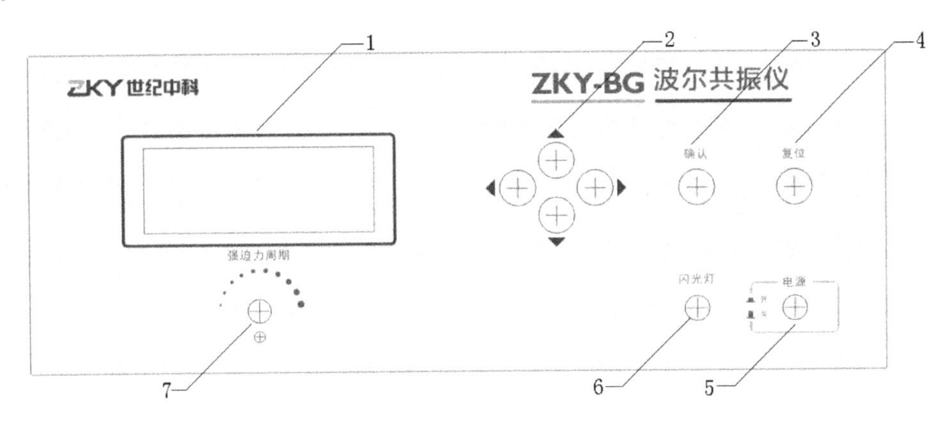

图 3.2.3　电器控制箱前面板

【实验内容与方法】

1. 实验准备

（1）用专用电缆线将电器控制箱与波尔共振仪和闪光灯进行连接，闪光灯架在有机玻璃刻度盘前，如图 3.2.2 所示。按下电器控制箱电源开关，显示屏幕出现欢迎界面，几秒钟后显示屏显示“键说明”界面。

（2）按确认键进入实验方式选择界面，有“联网模式”和“单机模式”两种，选择“单机模式”，按确认键进入实验步骤界面。

2．自由振动实验

（1）在实验步骤界面中选择“自由振荡”选项，按确认键进入测量界面，此时测量状态显示“关”。

（2）用手拨动铜质圆形摆轮角度大于 160°，放开后按 ▲ 或 ▼ 键，测量状态由“关”变为“开”，电器控制箱开始自动记录实验数据。电器控制箱对振幅的有效计数为 50°～160°，即当振幅小于 160°时开始记录数据，振幅小于 50°时测量自动关闭。

（3）当测量状态变为“关”时，按 ◀ 或 ▶ 键，选中“回查”，按确认键显示第一次记录的振幅对应的周期，按 ▲ 或 ▼ 键查看所有振幅对应的周期数据，记录于表 3.2.1 中（如果表格不够则可自行添加）。

表 3.2.1　自由振动振幅 θ 与周期 T 的关系数据记录

振幅 θ/(°)	周期 T/s	振幅 θ/（°）	周期 T/s	振幅 θ/（°）	周期 T/s
				···	···

注意：由于电器控制箱只记录铜质圆形摆轮周期有变化时对应的振幅值，而电器控制箱显示屏上只显示铜质圆形摆轮周期的 4 位有效数字，实际仪器记录的有 5 位有效数字（第 5 位有效数字在后台被记录，连接计算机时可被提取），当摆轮周期的第 5 位有效数字发生变化时，电器控制箱也会记录对应的振幅值，因此有时转盘转过光电门几次，测量才记录一次（期间能看到振幅变化）。

3．阻尼振动实验

（1）自由振动实验完成后，选中“返回”，按确认键回到实验步骤界面，选择“阻尼振荡”选项，按确认键进入阻尼选择界面，选择“阻尼 1”挡位，进入测量界面，此时测量状态显示“关”。

（2）将有机玻璃刻度盘指针放在“0°”刻度线位置，用手拨动铜质圆形摆轮角度在 160°左右，观察电器控制箱显示屏上显示的振幅值，当振幅减弱至 150°左右时，按下 ▲ 或 ▼ 键，测量状态由“关”变为“开”，当仪器记录 10 组数据后，测量状态自动变为“关”。

注意：当测量自动关闭时，可观察到振幅显示值还在变化，但仪器已停止记录数据。

（3）当测量状态变为“关”时，按◀或▶键，选中“回查”，按确认键显示第一次记录的振幅值，按▲或▼键查看所有振幅数据，按先后顺序将其记录于表 3.2.2 中，并记录 10 倍周期值 $10T$。

（4）分别选择“阻尼 2”和“阻尼 3”挡位，重复（2）、（3）步，记录数据于表 3.2.2 中（自行增加表格）。

表 3.2.2　阻尼振动实验数据记录

阻尼挡位________

次数	振幅 θ_n/（°）	次数	振幅 θ_n/（°）	$\ln\frac{\theta_n}{\theta_{n+5}}$
1		6		
2		7		
3		8		
4		9		
5		10		
$\ln\frac{\theta_n}{\theta_{n+5}}$ 平均值				

注：$10T=$ ________ s；$\overline{T}=$ ________ s。

4．受迫振动的幅频特性和相频特性

（1）选中“返回”，按确认键回到实验步骤界面，选择“阻尼振荡”选项，按确认键进入阻尼选择界面，选择“阻尼 1”挡位，返回实验步骤界面，选择“强迫振荡”选项，按确认键进入测量界面，此时测量状态显示“关”，周期显示“1”，电动机显示“关”。

（2）将强迫力周期电位器旋至读数值为“1.50”左右（此为建议值），按“◀”或“▶”键，选中电动机，按▲或▼键，启动电动机，此时电动机显示“开”，电动机带动铜质圆形摆轮做周期振动，观察电器控制箱显示屏上的铜质圆形摆轮周期、电动机周期和振幅状态，待铜质圆形摆轮和电动机的周期相同且振幅稳定（变化不大于 1）时，准备测量。

注意：此时等待时间越长，振幅稳定性越好。

（3）按◀或▶键，选中周期，按▲或▼键，将周期调为“10”，目的是多次测量以减小测量误差；再按◀或▶键，选中测量，按▲或▼键，打开测量。测量完毕后，当测量状态变为“关”时，记录电位器的位置、10 倍电动机周期、振幅、查表 3.2.1，记录与该振幅 θ 对应的周期 T_0，并记录数据于表 3.2.3 中。

（4）按下闪光灯开关，在有机玻璃刻度盘上读取相位差，并记录于表 3.2.3 中（如果表格不够，则请自行添加）。

（5）调节强迫力周期电位器旋钮，电位器位置读数每增加 0.50（此为建议测量数据点密度，实验中可根据需要自行调节测量数据点密度），重复（2）～（4）步。

注意：当强迫力周期电位器数值为 4.00～6.00（强迫力周期在摆轮固有周期附近）时，可适量多测量几组数据，以便画出平滑的幅频特性和相频特性曲线。

表 3.2.3　幅频特性和相频特性测量数据记录

阻尼________

电位器位置读数	强迫力周期 T/s	相位差读取值 φ/（°）	振幅 θ/（°）	与振幅 θ 对应的周期 T_0/s	$\dfrac{\omega}{\omega_r}$	相位差计算值/rad $\varphi=\arctan\dfrac{-\beta T_0^2 T}{\pi\left(T^2-T_0^2\right)}$
…	…	…	…	…	…	…

注意：计算时应注意角度与弧度、周期与圆频率的换算，当相位差计算值为正值时，需要减去 180°换算成负值；表中振幅用摆角间接表示，故单位也为“°”。

（6）根据步骤（1）选择“阻尼 2”和“阻尼 3”挡位，重复（2）～（5）步。

（7）全部实验做完后，按下电源开关，结束实验。

【数据处理要求】

1．根据式（3.2.6）和表 3.2.2 中的数据，用逐差法分别计算三种阻尼挡位的阻尼系数 β_1、β_2 和 β_3。

2．根据表 3.2.3 中的数据，以 ω/ω_r 为横轴、θ 为纵轴，用作图法分别画出三种阻尼状态下的幅频特性 θ-ω/ω_r 曲线；以 ω/ω_r 为横轴、相位差 φ 为纵轴，用作图法分别画出三种阻尼状态下的相频特性 φ-ω/ω_r 曲线。

【分析与思考】

1．用实验验证在阻尼振动实验中，将角度盘指针放在“0°”刻度线位置的意义是什么？为什么不需要在受迫振动实验中进行此操作？

2．受迫振动中的幅频特性曲线和相频特性曲线的形状与哪些参数有关？在实验中如何操作可以保证画出的曲线较光滑？

实验 3.3　磁悬浮状态下的动力学实验

随着科技的发展，磁悬浮技术的应用成为技术进步的热点，如磁悬浮列车。永磁悬浮技术作为一种低耗能的磁悬浮技术，也受到了广泛关注。本实验使用的永磁悬浮技术是在磁悬浮导轨与滑块两组带状磁场的互斥力之下使滑块浮起来的，从而减小了运动阻力，并以此进行多种力学实验。通过实验，学生可以接触到磁悬浮的物理思想和技术，拓宽知识面，加深牛顿定律等动力学方面的感性知识。

【实验目的】

1．了解磁悬浮导轨的工作原理，熟悉智能测试仪的测试原理和使用方法。

2．验证牛顿第二定律，利用物体运动时的加速度与所受外力的关系测量物体的质量与当地重力加速度，用作图法和线性回归法处理数据。

3．观察系统中物体间不同的碰撞形式，设计碰撞实验，考察动量守恒定律和动能的变化情况。

【实验原理】

1．磁悬浮测试装置的速度和加速度测量原理

在动力学实验中，常常需要测量运动物体的瞬时速度，但是精确测量某点的瞬时速度是极其困难的，因此，在实验中常用近似方法来处理。一个做直线运动的物体，在 Δt 时间内的位移为 Δs，则该物体在 Δt 时间内的平均速度为

$$\overline{v}=\frac{\Delta s}{\Delta t} \tag{3.3.1}$$

可见，Δt 越小，所求得的平均速度越接近实际速度，为了精确地描述物体在某点的实际速度，需要把时间 Δt 取得越小越好，当 $\Delta t\to 0$ 时，平均速度趋近于一个极限，即物体在该点的瞬时速度：

$$v=\lim_{\Delta t\to 0}\frac{\Delta s}{\Delta t}=\lim_{\Delta t\to 0}\overline{v} \tag{3.3.2}$$

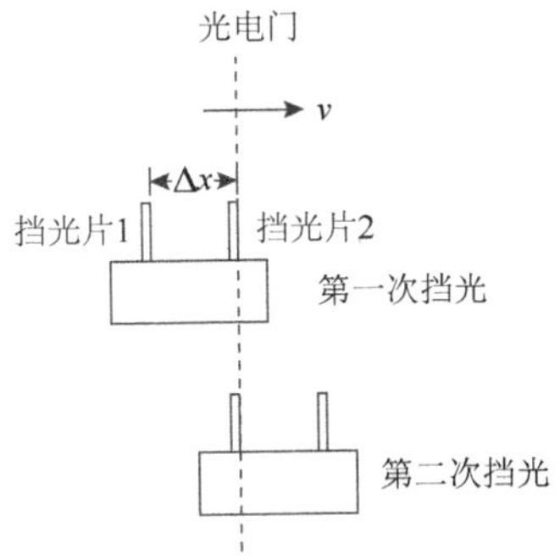

由于运动滑块上方有两个挡光片，如图 3.3.1 所示，两个挡光片之间的距离较小，且恒为 Δx，运动滑块在导轨中运动时，两个挡光片先后对光电门进行两次挡光，本测试仪会记录两次挡光的时间间隔 Δt，由于 Δt 极短，因此在误差允许范围内，可以用式（3.3.1）近似代替运动滑块通过光电门的瞬时速度 v。

图 3.3.1　运动滑块挡光片示意图

物体运动加速度的定义式为

$$a=\frac{v_2-v_1}{\Delta t} \tag{3.3.3}$$

导轨上配有两个光电门，测试仪会记录运动滑块上两个挡光片通过第一光电门的时间间隔 Δt_1、通过第二光电门的时间间隔 Δt_2 和运动滑块从第一光电门到第二光电门经历的时间间隔 $\Delta t'$，已知两挡光片之间的距离参数 Δx，根据式（3.3.2）的近似替代，可得运动滑块的加速度 a 为

$$a=\frac{\dfrac{\Delta x}{\Delta t_2}-\dfrac{\Delta x}{\Delta t_1}}{\Delta t'} \tag{3.3.4}$$

为使测得的运动滑块挡光片前沿两次经过光电门的时间间隔更接近运动滑块中心位置两次经过光电门的时间间隔，对测试仪进行了如图 3.3.2 所示的修正处理，即将 Δt 修正为

$$\Delta t=\Delta t'-\frac{1}{2}\Delta t_1+\frac{1}{2}\Delta t_2 \tag{3.3.5}$$

测试仪根据测得的 Δt_1、Δt_2、修正后的 Δt 和已存储的挡光片间隔 Δx，经运算得到光电门

1 处的瞬时速度 v_1、光电门 2 处的瞬时速度 v_2 和加速度 a，测试仪中显示的 t_1、t_2 和 t_3 分别对应上述的 Δt_1、Δt_2 和 Δt。

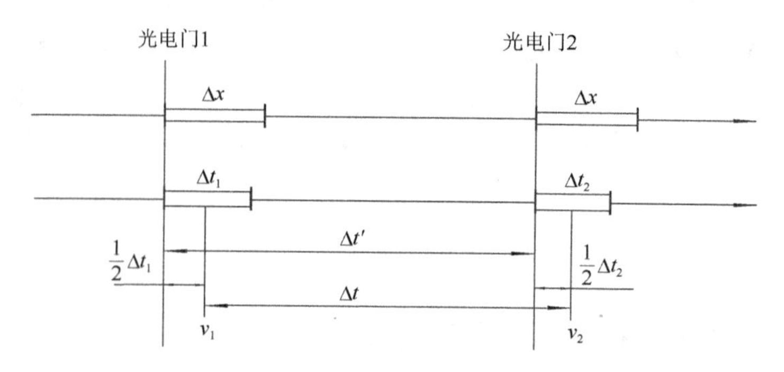

图 3.3.2　加速度计算公式的修正处理示意图

2. 匀变速直线运动的研究

如图 3.3.3 所示，忽略空气阻力，光滑平面上的小车的质量为 M，在质量为 m 的砝码的带动下，可视为小车做匀变速直线运动。

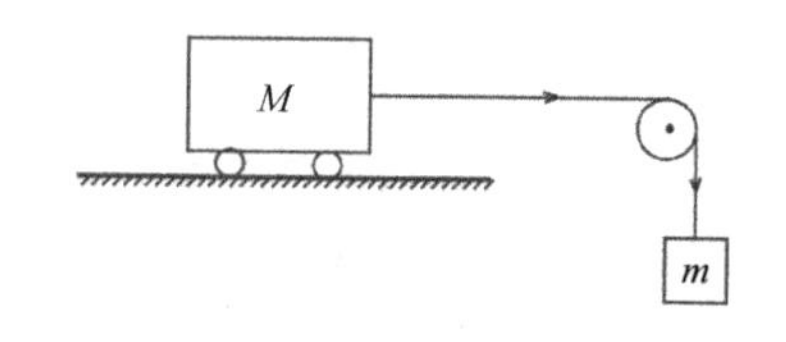

图 3.3.3　磁悬浮导轨中滑块的受力分析图

实际上运动滑块在磁悬浮导轨中运动时，由于所受磁力为非平衡态，运动滑块对导轨有侧压力，因此运动过程中会受到滚动摩擦力 f 的影响，运动方程可描述为

$$mg - f = Ma \tag{3.3.6}$$

改变砝码质量 m，即改变了对运动滑块的拉力 $F=mg$，测出运动滑块相应的加速度 a，作 a-F 曲线，由于曲线斜率 $k = \dfrac{1}{M}$，所以可求得滑块的质量 $M = \dfrac{1}{k}$。

若已知运动滑块的质量为 M，设运动滑块受磁悬浮导轨侧面的滚动摩擦力为 f，根据式（3.3.6），作 Ma-m 曲线，曲线斜率 $k=g$，则重力加速度 $g=k$。

3. 物体碰撞的研究

设有两个物体，其质量分别为 m_1 和 m_2，碰撞前的速度分别为 $\boldsymbol{v}_{01}$ 和 $\boldsymbol{v}_{02}$，碰撞后的速度分别为 $\boldsymbol{v}_{11}$ 和 $\boldsymbol{v}_{12}$，在碰撞瞬间，这两个物体构成的系统在所考查的速度方向上不受外力作用或所受外力远小于碰撞时物体间的相互作用力。因此，根据动量守恒定律，系统在碰撞前的总动量等于碰撞后的总动量，即

$$m_1\boldsymbol{v}_{01} + m_2\boldsymbol{v}_{02} = m_1\boldsymbol{v}_{11} + m_2\boldsymbol{v}_{12} \tag{3.3.7}$$

系统在碰撞前后的动能却不一定守恒，根据动能的变化和运动状态，把碰撞分为以下三种类型。

（1）碰撞过程中没有机械能损失，系统的总动能保持不变，称为完全弹性碰撞。

（2）碰撞过程中有机械能损失，系统碰撞后的动能小于碰撞前的动能，称为非完全弹性碰撞。

（3）碰撞后两物体连接在一起运动，即两物体在碰撞后的速度相等，称为完全非弹性碰撞。

本测试装置的磁悬浮导轨、运动滑块、光电门的位置如图 3.3.4 所示。

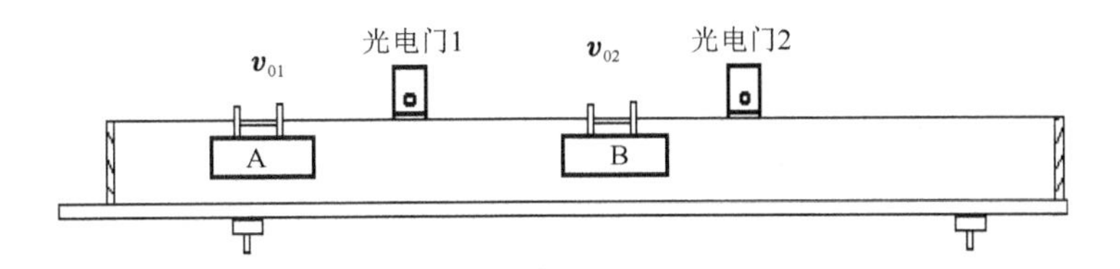

图 3.3.4　本测试装置的磁悬浮导轨、运动滑块、光电门的位置

在碰撞实验中，本测试仪可实现碰撞、相对碰撞、尾随碰撞等弹性和非弹性碰撞。测试仪中已录入的碰撞模式代号及相应的碰撞状态描述如表 3.3.1 所示，其中模式栏为模式代号，在测试仪中依次显示，A、B 代表两个运动滑块，“—>”“<—”“__0”分别代表运动滑块向右运动、向左运动和静止。

表 3.3.1　测试仪中已录入的碰撞模式代号及相应的碰撞状态描述

模式	初始状态		结束状态	
1	A 位于光电门 1 左侧并向右运动，B 静止于两光电门之间	A—>　B__0	A—>　B—>	A 过光电门 1、光电门 2 后向右运动 B 过光电门 2 后向右运动
2		A—>　B__0	A<—　B—>	A 过光电门 1 后折返向左运动 B 过光电门 2 后向右运动
3		A—>　B__0	A__0　B—>	A 过光电门 1 后静止在两光电门中间 B 过光电门 2 后向右运动
4	A 位于光电门 1 左侧并向右运动，B 位于光电门 2 右侧并向左运动	A—>　B<—	A—>　B—>	A 过光电门 1、光电门 2 后向右运动 B 过光电门 2 后折返向右运动
5		A—>　B<—	A<—　B<—	A 过光电门 1 后折返向左运动 B 过光电门 2、光电门 1 后向左运动
6		A—>　B<—	A<—　B—>	A 过光电门 1 后折返向左运动 B 过光电门 2 后折返向右运动
7		A—>　B<—	A__0　B—>	A 过光电门 1 后静止在两光电门中间 B 过光电门 2 后折返向右运动
8		A—>　B<—	A<—　B__0	A 过光电门 1 后折返向左运动 B 过光电门 2 后静止在两光电门中间
9		A—>　B<—	A__0　B__0	A 过光电门 1 后静止在两光电门中间 B 过光电门 2 后静止在两光电门中间
A	A 和 B 都位于光电门 1 左侧，A 撞击 B 后，两者同时向右运动	A—>　B—>	A—>　B—>	A 过光电门 1、光电门 2 后向右运动 B 过光电门 1、光电门 2 后向右运动
B		A—>　B—>	A<—　B—>	A 过光电门 1 后折返向左运动 B 过光电门 1、光电门 2 后向右运动
C		A—>　B—>	A__0　B—>	A 过光电门 1 后静止在两光电门中间 B 过光电门 1、光电门 2 后向右运动

【实验仪器】

DHSY-1A 型磁悬浮动力学实验仪（含 DHSY-1 磁悬浮导轨实验智能测试仪）、运动滑块（含一端带有棉绳的滑块 1 个、一端装有弹簧且另一端装有黏性尼龙毛的滑块 1 个、一端装有黏性尼龙毛的滑块 1 个）、砝码（含砝码托盘）、水平仪、米尺、电子天平（选配，必须含有非铁材料隔板）。

1. DHSY-1A 型磁悬浮动力学实验仪

DHSY-1A 型磁悬浮动力学实验仪如图 3.3.5 所示（磁悬浮导轨长约 1.2m），其中 1 为基板，2 为水平调节螺钉，3 为导轨，4 为弹射器（用于碰撞实验时提供小车初始动能），5 为运动滑块，6 为光电门 1，7 为光电门 2，8 为配套的智能测试仪，9 为滑轮，10 为砝码（带砝码托盘）。

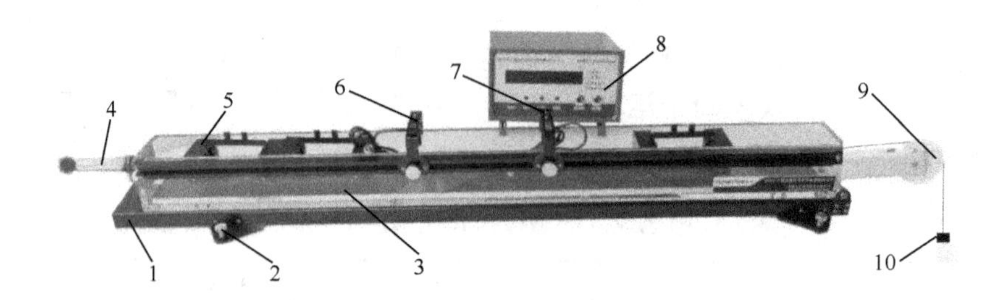

图 3.3.5　DHSY-1A 型磁悬浮动力学实验仪

在导轨底部中心轴线嵌入钕铁硼（NdFeB）磁钢，在其上方的运动滑块底部也嵌入钕铁硼磁钢，形成两组带状磁场。由于磁场极性相同，所以上下之间产生斥力，运动滑块处于非平衡状态，如图 3.3.6 所示。为使运动滑块悬浮在导轨上运行，采用了槽轨，运动滑块将对槽轨产生侧压力，因此运动滑块运行过程中会受到滚动摩擦力的影响。

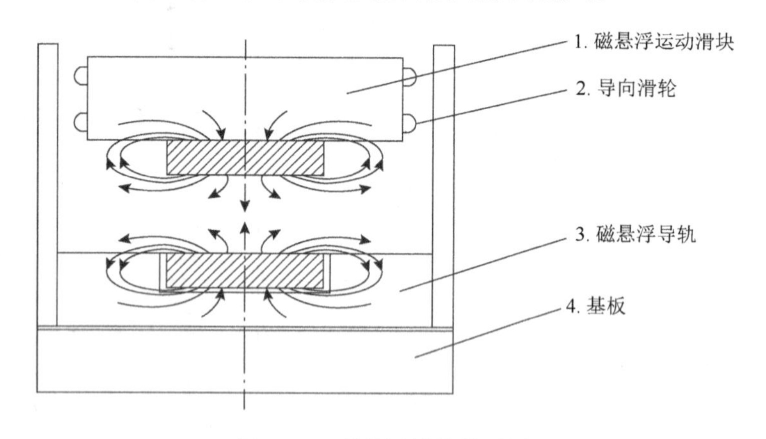

图 3.3.6　磁悬浮导轨截面图

2. DHSY-1 磁悬浮导轨实验智能测试仪

DHSY-1 磁悬浮导轨实验智能测试仪面板如图 3.3.7 所示，它有“加速度”和“碰撞”两种测量模式，开机及复位默认“加速度”模式，即“加速度”指示灯亮，信号源将依次扫描测量量；按“功能”键后，当信号源扫描完“加速度”模式的所有测量量后，会自动切换为“碰撞”模式，即“碰撞”指示灯亮，此时将依次扫描“碰撞”模式的测量量。

在“加速度”模式下，将首先经过的光电门定为光电门 1，将另一个光电门定为光电门 2，面板上的“t1”“t2”“t3”“v1”“v2”“a”分别对应运动滑块上两个挡光片通过光电门 1 的时间间隔 Δt_1、通过光电门 2 的时间间隔 Δt_2、运动滑块从光电门 1 运动到光电门 2 的时间间隔 Δt、光电门 1 处的瞬时速度 v_1、光电门 2 处的瞬时速度 v_2 和运动滑块的加速度 a。按“翻页”键可选择存储的组号（最左边显示位）或查看各组数据；按“开始”键可开始一次加速度测量过程。测量结束后，数据会自动保存在当前组中，且测量数据会按照“t1”“v1”“t2”“v2”“t3”“a”的顺序显示，对应的指示灯会依次亮起，每个数据显示 2s，按“复位”键可清除所有测量数据。

在“碰撞”模式下，参照图 3.3.4，将位于左侧的运动滑块定为运动滑块 A，将位于右侧的定为运动滑块 B，将位于导轨左侧的光电门定为光电门 1，将位于右侧的光电门定为光电门 2。按“功能”键选择好相应的碰撞模式；按“开始”键，开始一次碰撞测量。测量结束后，数据会自动保存在当前组中，测量数据的显示顺序为 At_1—Av_1—At_2—Av_2—Bt_1—Bv_1—Bt_2—Bv_2，对应的指示灯会依次亮起，每个数据显示 2s，最左边显示 1～C 对应的 12 种碰撞模式，具体模式状态如表 3.3.1 所示。

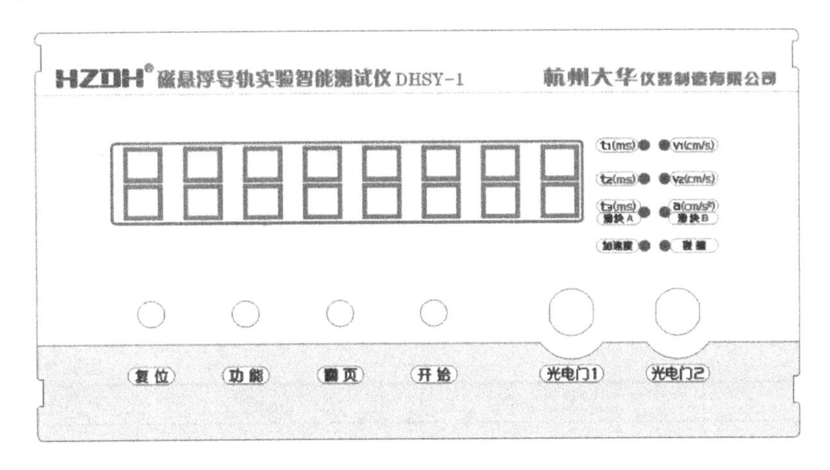

图 3.3.7　DHSY-1 磁悬浮导轨实验智能测试仪面板

两个挡光片之间的宽度也可设置，多次按动“功能”键，直到测试仪低二位数码管显示“00”，等待数秒钟，待“加速度”和“碰撞”指示灯都灭后，按“翻页”键设置十位数字，按“开始”键设置个位数字，默认值为 30，单位为 mm，可设定的值为 0～99mm。

【实验内容与方法】

1. 匀变速直线运动的研究

（1）将水平仪放置在磁悬浮导轨槽内，调整导轨基板上的水平调节螺钉，使导轨水平，将两个光电门分开合适的距离并固定在导轨一侧（原理上，光电门之间的距离不影响测量结果）。用米尺检查运动滑块上两个挡光片之间的宽度是否为 30mm，若不是，则需要根据智能测试仪操作方法部分进行修改。

（2）将导轨上的两条光电门数据线分别与智能测试仪的光电门 1 和光电门 2 接口连接，开启智能测试仪电源，默认为“加速度”模式。

注意： 由于在“加速度”模式下，将首先经过的光电门定为光电门 1，因此，必须将实验中运动滑块将要首先经过的光电门与智能测试仪的光电门 1 相连接。

（3）选取一端带有棉绳的运动滑块，将棉绳另一头拴在砝码托盘上，读取运动滑块上刻有的质量数值并填入表 3.3.2 中，或者用电子天平进行精确称量。

注意： 当用电子天平称量运动滑块时，为了避免运动滑块与电子天平的磁相互作用影响称量的准确性，要将非铁材料置于运动滑块与电子天平之间。

表 3.3.2　匀变速直线运动实验测量数据记录

运动滑块质量 M = ______ g，当地重力加速度理论值 g= ______ cm/s²

次数	砝码质量 m/g	外力 $F=mg$/（g·cm/s²）	加速度 a_1/（cm/s²）	加速度 a_2/（cm/s²）	加速度 a_3/（cm/s²）	加速度/（cm/s²）
1						
2						
3						
4						
5						

（4）将一定质量的砝码置于砝码托盘上，将运动滑块拉至导轨另一侧，检查运动滑块是否能在槽轨中水平悬浮运动且无卡顿，将棉绳挂在滑轮槽内，令砝码在悬空状态稳定下来，按智能测试仪“开始”键，松手让运动滑块在导轨上运动并经过两个光电门。

（5）从智能测试仪上读取加速度的显示值，重复测三次。改变砝码质量，多次测量，将加速度的值 a 记录于表 3.3.2 中，对表 3.3.2 中的数据进行计算整理，填写表 3.3.3。

注意：每测量完一组数据，都需要按“翻页”键选择下一组数据将要存储的数组，否则将会覆盖上一组数据。

表 3.3.3　由表 3.3.2 整理得到的数据

运动滑块质量 M = ______ g

次数	砝码质量 m/g	Ma/（g·cm/s²）	加速度 $\bar{a}$ /（cm/s²）
1			
2			
3			
4			
5			

2．物体碰撞的研究

（1）按智能测试仪的“功能”键，等待几秒钟后，切换为“碰撞”模式。自行设计一种弹性碰撞的实验方案，画出发生弹性碰撞实验的示意图，并注明两光电门的位置和运动滑块的位置。

（2）参照表 3.3.1 设定运动滑块发生弹性碰撞后的各种可能的运动方向，设计数据记录表格，按照设计的弹性碰撞实验方案进行测试，并将数据记录在表格中，表 3.3.4 为表格示例。

表 3.3.4　弹性碰撞实验测量数据记录

模式	滑块质量		碰撞前				碰撞后				动量增量	动量增量百分比	动能增量	动能增量百分比
	m_1/g	m_2/g	v_{01}/（m/s）	v_{02}/（m/s）	p_0/（g·m/s）	E_0/（g·m²/s²）	v_{11}/（m/s）	v_{12}/（m/s）	p_1/（g·m/s）	E_1/（g·m²/s²）				

续表

模式	滑块质量		碰撞前				碰撞后				动量增量	动量增量百分比	动能增量	动能增量百分比
	m_1/g	m_2/g	v_{01}/（m/s）	v_{02}/（m/s）	p_0/（g·m/s）	E_0/（g·m²/s²）	v_{11}/（m/s）	v_{12}/（m/s）	p_1/（g·m/s）	E_1/（g·m²/s²）				
…	…	…	…	…	…	…	…	…	…	…	…	…	…	…

（3）选取有黏性尼龙毛的两个运动滑块，使之发生完全非弹性碰撞，设计出观察两运动滑块间的完全非弹性碰撞的实验方案，设计数据记录表格，并测试数据。

注意：实验做完后，运动滑块不可长时间放在磁悬浮导轨中，防止导向轮被磁化。

【数据处理要求】

1．根据表 3.3.2 中的数据，作 a-F 曲线，用作图法计算运动滑块质量 M，并与标准值进行比较，计算误差百分比。

2．根据表 3.3.3 中的数据，作 Ma-m 曲线，用线性回归法计算重力加速度 g，并与当地标准重力加速度进行比较，计算误差百分比。

3．计算弹性碰撞和完全非弹性碰撞实验中各个碰撞模式下的动量增量百分比与动能增量百分比。

【分析与思考】

分析弹性碰撞和完全非弹性碰撞实验中的动量增量与动能增量产生的原因。

实验 3.4　温度传感器的特性研究

温度是表征物体冷热程度的物理量。温度只能通过物体随温度变化的某些特性来间接测量。温度传感器就是将温度信息转换成易于传递和处理的电信号的传感器。温度传感器按其材料和测温原理大致分为电阻式温度传感器、半导体温度传感器、晶体温度传感器、非接触型温度传感器、热电式温度传感器、光纤温度传感器、液压温度传感器、智能温度传感器、集成温度传感器等。本实验具体研究 Pt100 铂电阻、Cu50 铜电阻、PTC 热敏电阻、NTC 热敏电阻等电阻式温度传感器，以及热电偶式温度传感器、PN 结半导体温度传感器、集成温度传感器的温度特性与测量原理。

【实验目的】

1．了解温度传感器的分类、原理和应用范围。

2．了解 Pt100 铂电阻、Cu50 铜电阻、PTC 热敏电阻、NTC 热敏电阻的测温原理，学会用万用表直接测量法、单臂电桥法和恒流法研究温度传感器的温度特性。

3．掌握热电偶温差电动势的测量原理及方法。

4．在恒定正向电流条件下，测绘 PN 结正向压降随温度变化的曲线，并由此确定其灵敏度。

【实验原理】

1．电阻式温度传感器

电阻式温度传感器是利用导电物体的电阻率随温度变化的效应制成的传感器。热敏电阻是中低温区较常用的一种温度检测器，它的主要特点是测量精度高、性能稳定。它分为金属热敏电阻和半导体热敏电阻两大类。

金属热敏电阻的阻值和温度一般可以用以下近似关系式表示：

$$R_t = R_{t_0}\left[1+\alpha\left(t-t_0\right)\right] \tag{3.4.1}$$

式中，R_t 为温度为 t 时对应的阻值；R_{t_0} 为温度为 t_0（通常 t_0=0℃）时对应的阻值；α 为温度系数。

半导体热敏电阻的阻值和温度的关系为

$$R_t = A\cdot \mathrm{e}^{\frac{B}{t}} \tag{3.4.2}$$

式中，R_t 为温度为 t 时对应的阻值；A、B 是取决于半导体材料的结构常数。

1）金属热敏电阻

金属铂电阻是最常用的热敏电阻，其阻值随温度的升高而缓慢增大，具有电阻温度系数大、感应灵敏、电阻率高、元件尺寸小等特点，在测温范围内，其物理、化学性能稳定，长期复现性好，测量精度高，是目前公认的制造热敏电阻的最好材料。通常使用的铂电阻温度传感器在 0℃时对应的阻值为 100Ω，电阻变化率为 0.3851Ω/℃，TCR=$(R_{100}-R_0)/(R_0\times100)$，其中 R_0 为 0℃时的阻值、R_{100} 为 100℃时的阻值。根据 IEC751 国际标准，温度系数 TCR=0.003851，Pt100(R_0=100Ω)、Pt1000(R_0=1000Ω)为统一设计型铂电阻，称为 Pt100。Pt100 铂电阻温度传感器的精度高、稳定性好、应用温度范围广，是中低温区（−200～650℃）较常用的一种温度检测器，它不仅广泛应用于工业测温，还被制成各种标准温度计供计量和校准使用。

Pt100 铂电阻的阻值随温度变化的公式为

$$\begin{aligned}&-200℃<t<0℃，R_t = R_0\left[1+At+Bt^2+C\left(t-100\right)t^3\right]\\&0℃<t<850℃，R_t = R_0\left(1+At+Bt^2\right)\end{aligned} \tag{3.4.3}$$

式中，R_t 为 t（单位为℃）时的阻值；R_0 为 0℃时的阻值，系数分别为 $A=3.90802\times10^{-3}$℃$^{-1}$、$B=-5.802\times10^{-7}$℃$^{-2}$、$C=-4.2735\times10^{-12}$℃$^{-4}$。

铜电阻是利用物质在温度变化时本身电阻随之发生变化的特性来测量温度的。铜电阻的受热部分（感温元件）是用细金属丝均匀地双绕在绝缘材料制成的骨架上而制成的，当被测介质中有温度梯度存在时，所测得的温度是感温元件所在范围的介质层中的平均温度。铜电阻的测温范围小，为−50～150℃，其稳定性好、便宜，但体积大、机械强度较低。在测温范围内，铜电阻的阻值和温度呈线性关系。它的特点是系数大、适用于无腐蚀介质、超过 150℃易被氧化，通常用于测量精度要求不高的场合。铜电阻有 R_0=50Ω（0℃对应的阻值）和 R_0=100Ω两种，它们的分度号为 Cu50 和 Cu100，其中 Cu50 铜电阻的应用较广泛。

2）半导体热敏电阻

半导体热敏电阻（Thermally Sensitive Resistor）是阻值对温度变化非常敏感的一种半导体电阻，它有负温度系数和正温度系数两种。负温度系数（Negative Temperature Coefficient，NTC）热敏电阻的电阻率随着温度的升高而下降（一般是按指数规律）。NTC 热敏电阻大多数是由锰（Mn）、镍（Ni）、钴（Co）、铁（Fe）、铜（Cu）等金属的氧化物经过烧结的半导体材料制成的，一般使用温度为-100～300℃，有的也可以达到-200～700℃。正温度系数（Positive Temperature Coefficient，PTC）热敏电阻的电阻率随着温度的升高而阶跃性地升高。普通金属热敏电阻的电阻率随温度的升高而缓慢上升，图 3.4.1 显示了 NTC 热敏电阻与普通金属热敏电阻的阻值随温度的变化趋势。半导体热敏电阻对温度的反应要比金属热敏电阻对温度的反应灵敏得多，体积也可以做得很小，用它制成的半导体温度计已广泛使用在自动控制和科学仪器中。

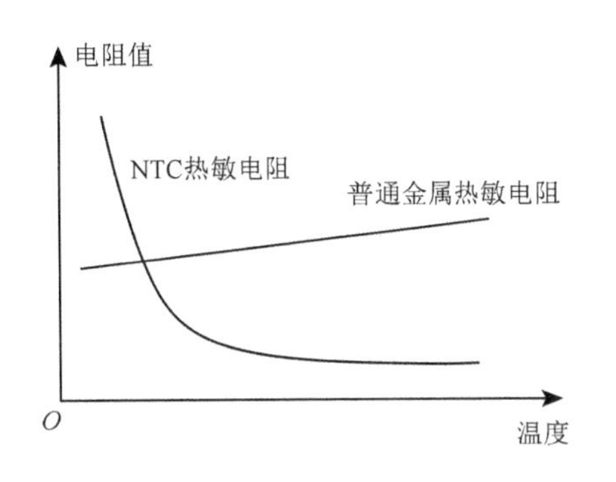

图 3.4.1　NTC 热敏电阻与普通金属热敏电阻的温度特性曲线

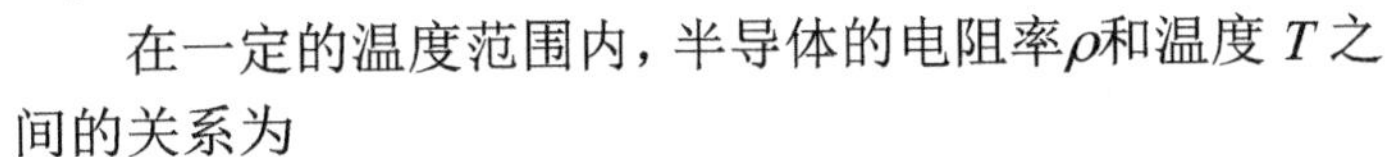

在一定的温度范围内，半导体的电阻率ρ和温度 T 之间的关系为

$$\rho = A_1 \cdot e^{\frac{B}{T}} \tag{3.4.4}$$

式中，A_1 和 B 是与材料物理性质有关的常数；T 为热力学温度。对于截面均匀的热敏电阻，其阻值 R_T 可表示为

$$R_T = \rho \frac{l}{s} \tag{3.4.5}$$

式中，R_T 的单位为 Ω；ρ的单位为 Ω·cm；l 为两电极间的距离，单位为 cm；s 为电阻的横截面积，单位为 cm^2。将式（3.4.4）代入式（3.4.5），令 $A = A_1 \frac{l}{s}$，可得

$$R_T = A \cdot e^{\frac{B}{T}} \tag{3.4.6}$$

对一定的电阻而言，A 和 B 均为常数。对式（3.4.6）两边取对数，则有

$$\ln R_T = B \cdot \frac{1}{T} + \ln A \tag{3.4.7}$$

由式（3.4.7）可见，$\ln R_T$ 与 $\frac{1}{T}$ 呈线性关系，在实验中测得各个温度 T 的 R_T 值后，即可通过作图求出 B 和 A 的值，代入式（3.4.7），即可得到 R_T 的表达式。

2. PN 结半导体温度传感器

PN 结半导体温度传感器是利用半导体 PN 结的温度特性制成的，其工作原理是 PN 结两端的电压随着温度的升高而下降，它具有灵敏度高、线性好、热响应快和体积小等特点，尤其在温度数字化、温度控制及用计算机进行温度实时信号处理等方面，是其他温度传感器不能比拟的。目前，PN 结半导体温度传感器主要以硅为材料。

PN 结的电流-电压方程为

$$I_F = I_S \left(e^{\frac{qU}{kT}} - 1 \right) \tag{3.4.8}$$

式中，I_F 为流过 PN 结的正向电流；I_S 为 PN 结反向饱和电流；q 为电子电荷量常数；U 为 PN 结的正向导通压降；k 为玻耳兹曼常数；T 为热力学温度。由于 $e^{\frac{qU}{kT}} \gg 1$，所以变换后可得

$$U = \frac{kT}{q} \ln \frac{I_F}{I_S} \tag{3.4.9}$$

由于 k、q 为常数，所以当流过 PN 结的正向电流 I_F 为恒值时，其正向压降 U 与温度 T 成正比，这样就可以把环境中的温度变化转化为 PN 结正向压降的变化。PN 结半导体温度传感器就是利用这种特性制成的温度敏感器件。

3．热电偶式温度传感器

热电偶也称温差电偶，是由 A、B 两种不同材料的金属丝的端点彼此紧密接触而组成的。当两个端点处于不同温度时，如图 3.4.2（a）所示，在回路中就有电动势产生，该电动势称为温差电动势或热电动势。当组成热电偶的材料一定时，温差电动势 E_X 仅与两端点处的温度有关，并且两端点的温差在一定的温度范围内的近似关系为

$$E_X = \alpha(t - t_0) \tag{3.4.10}$$

式中，α 为温差电系数，对于不同金属组成的热电偶，α 是不同的，其在数值上等于两端点温度差为 1℃时产生的电动势；t 为工作端的温度；t_0 为冷端的温度。

为了测量温差电动势，需要在如图 3.4.2（a）所示的回路中接入电势差计，但测量仪器的引入不能影响热电偶原来的性质，如不影响它在一定的温差（$t-t_0$）下应有的电动势 E_X。要做到这一点，实验时就应保证一定的条件。根据伏打定律，在 A、B 两种金属之间插入第三种金属 C 时，若它与 A、B 的两连接点处于同一温度 t_0，如图 3.4.2（b）所示，则该闭合回路的温差电动势与上述只有 A、B 两种金属组成的回路的数值完全相同。因此，把 A、B 两根不同化学成分的金属丝的一端焊在一起，构成热电偶的热端（工作端）；将另两端各与铜引线（第三种金属 C）焊接，构成两个同温度（t_0）的冷端（自由端）。铜引线与电势差计相连，这样就组成了一个热电偶温度计，如图 3.4.3 所示。通常将冷端置于冰水混合物中，保持 t_0=0℃，将热端置于待测温度处，即可测得相应的温差电动势，再根据事先校正好的曲线或数据求出温度 t。热电偶温度计的优点是热容量小、灵敏度高、反应迅速、测温范围广，它还能直接把非电学量温度转换成电学量。因此，它在自动测温、自动控温等系统中得到了广泛应用。

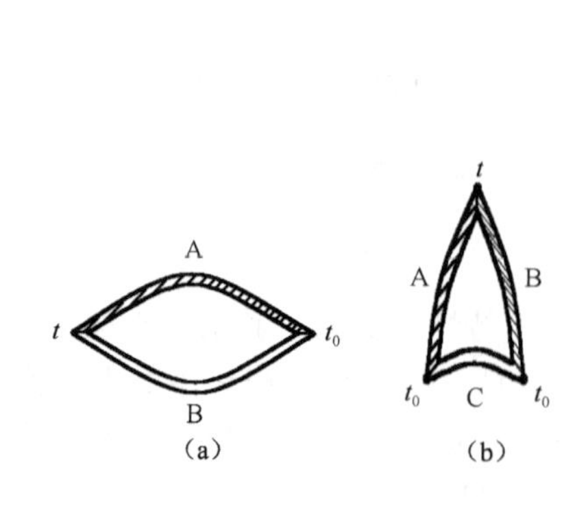

图 3.4.2　热电偶测温原理示意图

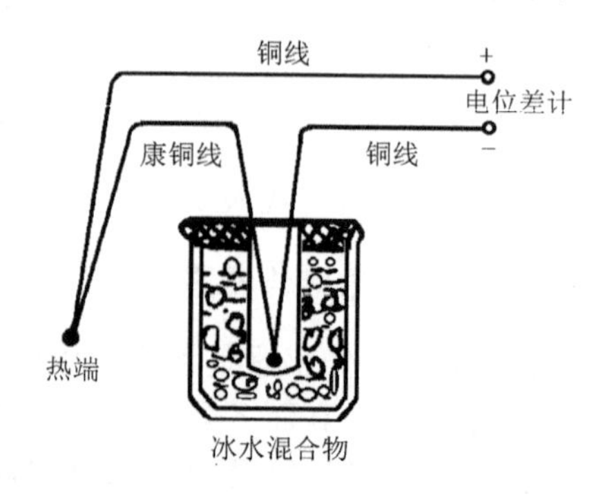

图 3.4.3　热电偶温度计测温示意图

本实验的热电偶为铜-康铜热电偶，其测温范围为-270～400℃。它的优点是温差电动势的直线性好、低温特性良好、再现性好、精度高等。

4．集成温度传感器

集成温度传感器实质上是一种半导体集成电路，它是利用晶体管的 b-e 结压降的不饱和值 V_{BE} 与热力学温度 T 和通过发射极的电流 I 的下述关系实现对温度的检测的：

$$V_{BE} = \frac{kIT}{q}\ln I \tag{3.4.11}$$

式中，k 为玻耳兹曼常数；q 为电子电荷量常数。

集成温度传感器具有线性好、精度适中、灵敏度高、体积小、使用方便等优点，从而得到了广泛的应用。集成温度传感器的输出形式分为电流输出和电压输出两种。其中，电流输出型的灵敏度一般为 1mA/K；电压输出型的灵敏度一般为 10mV/K。

1）电流型 AD590 集成温度传感器

图 3.4.4 是 AD590 集成温度传感器的引脚图和用于测量热力学温度的基本应用电路。因为流过 AD590 集成温度传感器的电流与热力学温度成正比，所以当电阻为 1kΩ 时，输出电压 V_{out} 随温度的变化为 1mV/K。但由于 AD590 集成温度传感器的增益有偏差，电阻也有误差，因此应对电路进行调整。调整的方法为：把 AD590 集成温度传感器放于冰水混合物中，调整电位器，使 V_{out}=273.2mV，或者在室温（25℃）条件下调整电位器，使 V_{out}=273.2+25=298.2mV，但这样调整只可保证在 0℃或 25℃附近有较高的精度。

2）电压型 LM35 集成温度传感器

图 3.4.5 是 LM35 集成温度传感器的引脚图和用于测量热力学温度的基本应用电路。LM35 集成温度传感器的测温范围是−55～150℃，其在 0℃时的电压输出为 0V，温度每升高 1℃，电压输出升高 10mV，因此输出电压值与摄氏温度呈线性关系，转换公式为

$$V_{out}=10\text{mV/℃}\times T\text{℃} \tag{3.4.12}$$

在常温下，LM35 集成温度传感器不需要额外的校准处理，其精度就可达到±1/4℃的准确率。其中 $R_1=-V_s/50\mu A$。

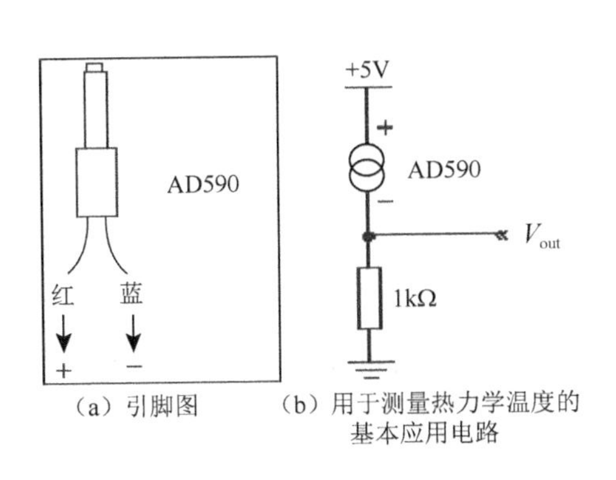

（a）引脚图　（b）用于测量热力学温度的基本应用电路

图 3.4.4　AD590 集成温度传感器

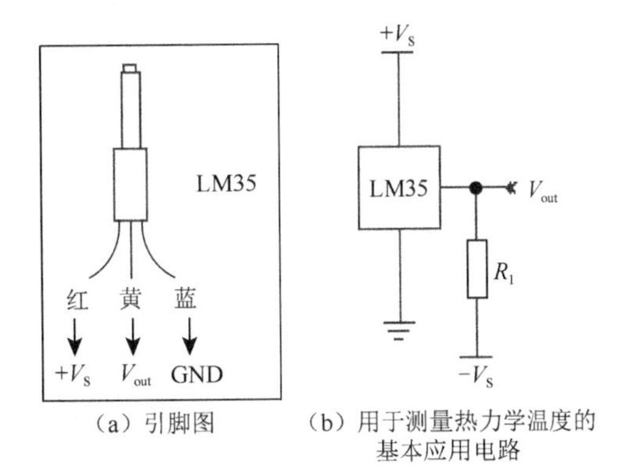

（a）引脚图　（b）用于测量热力学温度的基本应用电路

图 3.4.5　LM35 集成温度传感器

除了以上类型的温度传感器，还有光纤温度传感器、液压温度传感器等，此处不再赘述。

【实验仪器】

DH-SJ 型温度传感器实验装置、DH-VC1 直流恒压源/恒流源、九孔板（含电阻、电容等

模块及粗细插头导线若干）、数字万用表、电阻箱、冰块。

DH-SJ 型温度传感器实验装置包含温控仪、恒温炉、保冷杯、各式温度传感器，如铂电阻 Pt100、PTC 热敏电阻、NTC 热敏电阻、Cu50 铜电阻、铜-康铜热电偶、PN 结、AD590 和 LM35 等，如图 3.4.6 所示。温控仪与恒温炉的连线如图 3.4.7 所示。

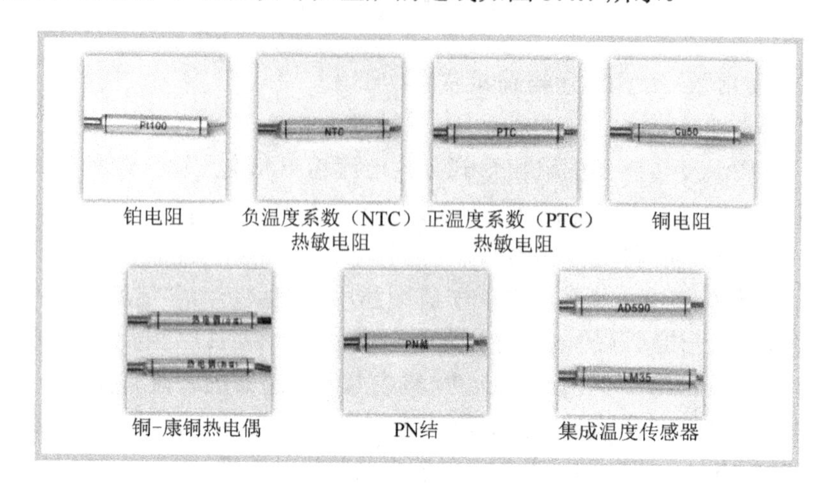

图 3.4.6　温度传感器实物照片

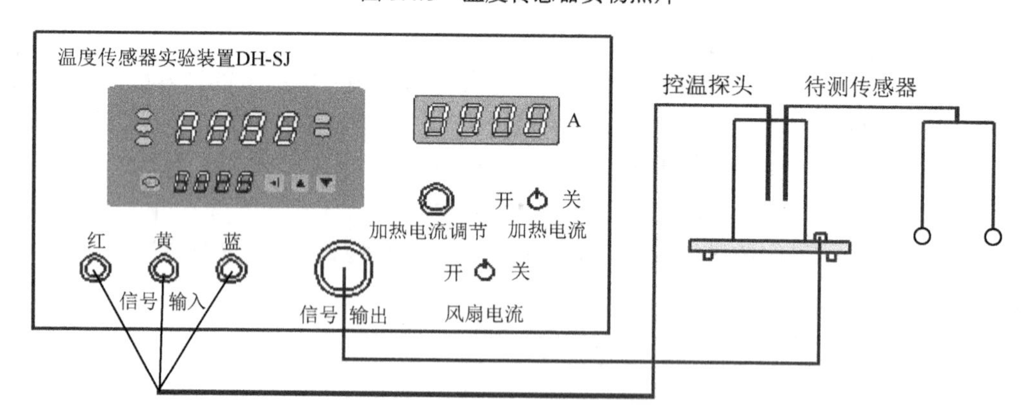

图 3.4.7　温控仪与恒温炉的连线

【实验内容与方法】

1. 用数字万用表直接测量热电阻的温度特性

（1）按照图 3.4.7 连接好温控仪和恒温炉，将待研究的温度传感器直接插在 DH-SJ 型温度传感器实验装置的恒温炉中。在传感器的输出端，用数字万用表直接测量 Pt100 铂电阻、PTC 热敏电阻、NTC 热敏电阻、Cu50 铜电阻的阻值。

（2）在不同的温度下，观察 Pt100 铂电阻、PTC 热敏电阻、NTC 热敏电阻、Cu50 铜电阻的阻值变化，从室温到 100℃，每隔 5℃（或自定间隔）测一个数据，将测量数据逐一记录在表 3.4.1 内。

表 3.4.1　温度传感器温度特性的测量数据记录

传感器名

序　号	1	2	3	4	5	6	7	8	9	10
温度 t/℃										
R_t/Ω										
序　号	11	12	13	14	15	16	17	18	19	…
温度 t/℃										…
R_t/Ω										…

注意：PTC 热敏电阻的温度不要超过 100℃。

2. 单臂电桥法测量热电阻的温度特性

（1）参照附录 A，运用数字万用表自行判定三线制 Pt100 铂电阻的接线方式。根据单臂电桥原理，按图 3.4.8 连接成单臂电桥形式，R_3 连接电位器。用 DH-VC1 直流恒压源/恒流源的恒压源提供稳定的电压，为 0～5V。用数字万用表测量输出电压信号。

（2）将温度传感器作为其中的一个桥臂。根据不同的温度传感器，参照附录 B 和附录 C 中的温度传感器在 0℃的对应阻值，把电阻器件调到与温度传感器对应的阻值（如 Cu50 铜电阻在 0℃的阻值是 50Ω，用 100Ω 并联 220Ω 的电位器作为比较臂 R_3），仔细调节比较臂 R_3，使桥路平衡，即数字万用表的示数为零。PTC/NTC 热敏电阻温度传感器以 25℃时的阻值作为桥路平衡的零点，把电阻器件调到与 PTC/NTC 热敏电阻温度传感器对应的 25℃时的阻值。例如，NTC 热敏电阻温度传感器 25℃时的阻值为 5kΩ，用 1kΩ 的电阻串联 5kΩ 的电位器作为比较臂 R_3。

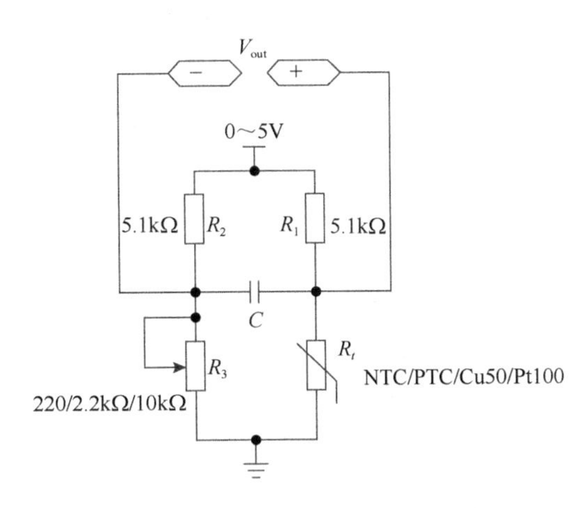

图 3.4.8　电桥法测量热电阻的电路图

（3）将温度传感器直接插在 DH-SJ 温度传感器实验装置的恒温炉中。通过温控仪进行加热，在不同的温度下，观察 Pt100 铂电阻、PTC 热敏电阻、NTC 热敏电阻和 Cu50 铜电阻的阻值变化情况，从室温到 120℃，每隔 5℃（或自定间隔）测一个数据，参照表 3.4.1 自行设计表格，对测量数据进行逐一记录。

3．恒流法测量热电阻的温度特性

（1）按照图 3.4.9 接线。用 DH-VC1 直流恒压源/恒流源提供 1mA 或 0.1mA 的直流电流。用数字万用表测量取样电阻 R_0 两端的电压信号，调节恒流源的电位器，使其两端的电压为 1V 或 0.1V。

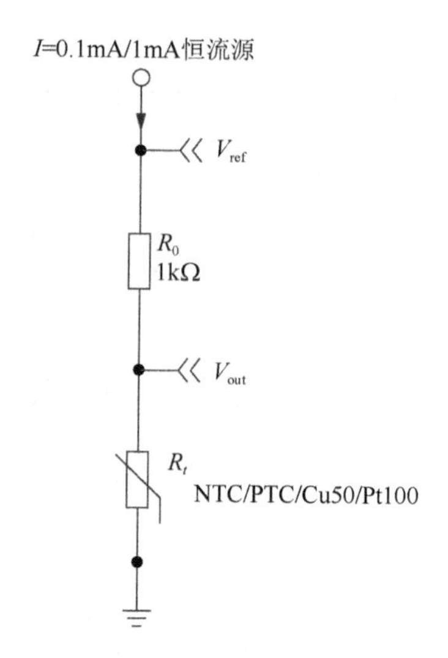

图 3.4.9　恒流法测量热电阻的温度特性的电路图

（2）将温度传感器直接插在 DH-SJ 型温度传感器实验装置的恒温炉中。通过温控仪进行加热，在不同的温度下，观察 Pt100 铂电阻、PTC 热敏电阻、NTC 热敏电阻和 Cu50 铜电阻的阻值变化情况，从室温到 100℃，每隔 5℃（或自定间隔）测一个数据，将测量数据记录于自行设计的表格中。

注意：PTC 热敏电阻的实验温度不要超过 100℃。

4．热电偶定标并设计测温电路

（1）按图 3.4.3 连接线路，注意热电偶的正、负极的正确连接。将热电偶的冷端置于冰水混合物中，确保 t_0=0℃，将热端直接插在恒温炉内。

（2）测量待测热电偶的电动势。用数字万用表测出室温时热电偶的电动势，然后开启温控仪电源，给热端加温。每隔 10℃左右测一组(t, E_X)，直至 100℃。再做一次降温测量，每降低 10℃测一组(t, E_X)，再取升温和降温测量数据的平均值作为最后的测量值，将数据填入表 3.4.2 中。

表 3.4.2　热电偶定标测量数据记录

室温 t =＿＿＿℃，t_0=＿0＿℃

序　号	1	2	3	4	5	6	7	8	9	…
升温温度 t/℃										…
电动势 E_X/mV										…
降温温度 t/℃										…
电动势 E_X/mV										…

（3）自行设计热电偶数字测温电路。

注意：传感器头如果没有完全浸入冰水混合物中或接触到保温杯壁，则会引起测量误差；传感器头如果没有接触恒温炉孔的底或壁，那么也会引起测量误差。

5．PN 结正向压降与温度的关系

（1）将温控仪面板上的“加热电流”开关置于“关”位置，将“风扇电流”开关置于“关”位置。PN 结半导体温度传感器的引脚图如图 3.4.10（a）所示，按图 3.4.10（b）连接电路，用 DH-VC1 直流恒压源/恒流源提供恒定的电流。

（2）此时测试仪上将显示出室温 T_R，记录下起始温度 T_R。将恒流源 I_F 调节至 I_F=100μA，记录下 $V_{F(T_R)}$的值。再将 PN 结半导体温度传感器置于冰水混合物中，静置几分钟后，记录下 $V_{F(0)}$的值。

（3）开启加热电流（指示灯亮），进行变温实验，并记录对应的ΔV 和 T，至于ΔV、T 的数

据测量，可按ΔV每改变10～15mV立即读取一组($\Delta V,T$)，这样可以减小测量误差，自行设计表格并记录数据。

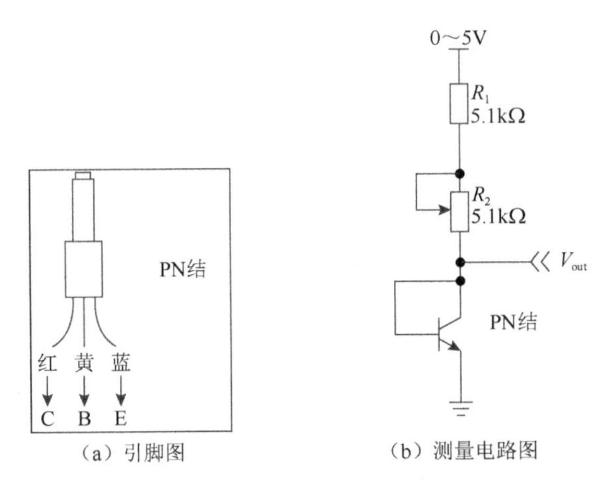

(a) 引脚图　　(b) 测量电路图

图3.4.10　PN结半导体温度传感器

注意：在整个实验过程中，加热电流不要太大，升温速率要慢，且设定的温度不宜过高，最好控制在120℃以内。

(4) 记录数据：实验起始温度T_R=_____℃，工作电流I_F=_______mA，起始温度为T_R时的正向压降$V_{F(T_R)}$=________mV，加热电流i=_________A。

(5) 改变工作电流（I_F=50～1000μA），重复（1）～（4）步，并比较两组测量结果。

6. 集成温度传感器的温度特性

(1) 参照图3.4.4（b）接线，通过温控仪进行加热，在不同的温度下，观察AD590集成温度传感器的变化，从室温到120℃，每隔5℃（或自定间隔）测一个数据，自行设计表格，将测量数据逐一记录在表格内。

(2) 参照图3.4.5（b）接线。根据$R_1=-V_s/50\mu A$，自行选择取样电阻阻值R_1和电源电压V_s。例如，当电源电压V_s=5V，$-V_s$=−5V时，根据$R_1=-V_s/50\mu A$，得R_1=100kΩ，R_1可以用99kΩ的电阻与2.2kΩ的电位器相串联来实现。

(3) 通过温控仪进行加热，在不同的温度下，观察LM35集成温度传感器的变化，从室温到120℃，每隔5℃（或自定间隔）测一个数据，自行设计表格，将测量数据逐一记录在表格内。

【数据处理要求】

1．画出数字万用表直接测量法、单臂电桥法和恒流法测量出的几种温度传感器的热电阻-温度曲线。

2．作热电偶定标E_X-t曲线，求出铜-康铜热电偶的温差电系数α。

3．画出不同加热电流和工作电流I_F下的PN结正向压降的ΔV-T曲线，求出被测PN结正向压降随温度变化的灵敏度S。

4．画出两种集成温度传感器的V-t曲线。

【分析与思考】

1．在 PN 结正向压降与温度的关系实验中，测 $V_{F(T_R)}$的目的何在？为什么实验要求测 $\Delta V\text{-}T$ 曲线而不是 $V_F\text{-}T$ 曲线？测 $\Delta V\text{-}T$ 时为何按 ΔV 的变化读取 T？而不是按自变量 T 读取 ΔV？

2．在测量 PN 结正向压降和温度的关系时，温度高时的 $\Delta V\text{-}T$ 曲线的线性好？还是温度低时的线性好？

附录 A　二线制、三线制接法电路图

图 A.1 为二线制、三线制接法电路图，在热电阻的两端各连接一根导线来引出电阻信号的方式叫作二线制，这种引线方法很简单，但由于连接导线必然存在引线电阻 r，r 的大小与导线的材质和长度有关，因此这种引线方式只适用于对测量精度要求较低的场合。在热电阻的一端连接一根引线，而在另一端连接两根引线的方式称为三线制，这种方式通常与电桥配套使用，可以较好地消除引线电阻的影响。Pt100 铂电阻一般采用三线制引线。

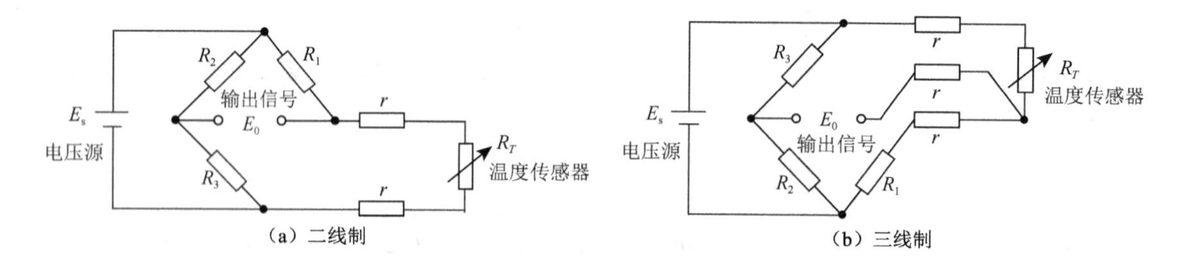

图 A.1　二线制、三线制接法电路图

三线制接法要求引出的三根导线的截面积和长度均相同，即图 A.1（b）中的三根引线电阻的值 r 相等，测量铂电阻的电路一般是不平衡电桥，铂电阻作为电桥的一个桥臂电阻，将一根导线接到电桥的电源端，其余两根分别接到铂电阻所在的桥臂及与其相邻的桥臂上，当桥路平衡时，通过计算可得温度传感器的阻值 R_T 为

$$R_T = \frac{R_1 R_3}{R_2} + \frac{rR_1}{R_2} - r \tag{A.1}$$

当 $R_1=R_2$ 时，引线电阻的变化对测量结果没有任何影响，这样就消除了引线电阻带来的测量误差，但是必须为全等臂电桥，否则不可能完全消除引线电阻的影响。分析可见，采用三线制会大大减小引线电阻带来的附加误差，因此工业上一般都采用三线制接法。

附录 B　Cu50 铜电阻分度表

Cu50 铜电阻分度表如表 B.1 所示。

表 B.1　Cu50 铜电阻分度表

α=0.004280/℃

温度/℃	0	1	2	3	4	5	6	7	8	9
	电阻值/Ω									
−50	39.24	—	—	—	—	—	—	—	—	—

续表

温度/℃	0	1	2	3	4	5	6	7	8	9
	电阻值/Ω									
-40	41.40	41.18	40.97	40.75	40.54	40.32	40.10	39.89	39.67	39.46
-30	43.55	43.34	43.12	42.91	42.69	42.48	42.27	42.05	41.83	41.61
-20	45.70	45.49	45.27	45.06	44.84	44.63	44.41	42.20	43.98	43.77
-10	47.85	47.64	47.42	47.21	46.99	46.78	46.56	46.35	46.13	45.92
-0	50.00	49.78	49.57	49.35	49.14	48.92	48.71	48.50	48.28	48.07
0	50.00	50.21	50.43	50.64	50.86	51.07	51.28	51.50	51.81	51.93
10	52.14	52.36	52.57	52.78	53.00	53.21	53.43	53.64	53.86	54.07
20	54.28	54.50	54.71	54.92	55.14	55.35	55.57	55.78	56.00	56.21
30	56.42	56.64	56.85	57.07	57.28	57.49	57.71	57.92	58.14	58.35
40	58.56	58.78	58.99	59.20	59.42	59.63	59.85	60.06	60.27	60.49
50	60.70	60.92	61.13	61.34	61.56	61.77	61.93	62.20	62.41	62.63
60	62.84	63.05	63.27	63.48	63.70	63.91	64.12	64.34	64.55	64.76
70	64.98	65.19	65.41	65.62	65.83	66.05	66.26	66.48	66.69	66.90
80	67.12	67.33	67.54	67.76	67.97	68.19	68.40	68.62	68.83	69.04
90	69.26	69.47	69.68	69.90	70.11	70.33	70.54	70.76	70.97	71.18
100	71.40	71.61	71.83	72.04	72.25	72.47	72.68	72.90	73.11	73.33
110	73.54	73.75	73.97	74.18	74.40	74.61	74.83	75.04	75.26	75.47
120	75.68	—	—	—	—	—	—	—	—	—

附录 C　Pt100 铂电阻分度表

Pt100 铂电阻分度表如表 C.1 所示。

表 C.1　Pt100 铂电阻分度表

R(0℃)=100.00Ω

温度/℃	0	1	2	3	4	5	6	7	8	9
	电阻值 R/Ω									
0	100.00	100.39	100.78	101.17	101.56	101.95	102.34	102.73	103.12	103.51
10	103.90	104.29	104.68	105.07	105.46	105.85	106.24	106.63	107.02	107.40
20	107.79	108.18	108.57	108.96	109.35	109.73	110.12	110.51	110.90	111.29
30	111.67	112.06	112.45	112.83	113.22	113.61	114.00	114.38	114.77	115.15
40	115.54	115.93	116.31	116.70	117.08	117.47	117.86	118.24	118.63	119.01
50	119.40	119.78	120.17	120.55	120.94	121.32	121.71	122.09	122.47	122.86
60	123.24	123.63	124.01	124.39	124.78	125.16	125.54	125.93	126.31	126.69
70	127.08	127.46	127.84	128.22	128.61	128.99	129.37	129.75	130.13	130.52
80	130.90	131.28	131.66	132.04	132.42	132.80	133.18	133.57	133.95	134.33
90	134.71	135.09	135.47	135.85	136.23	136.61	136.99	137.37	137.75	138.13
100	138.51	138.88	139.26	139.64	140.02	140.40	140.78	141.16	141.54	141.91
110	142.29	142.67	143.05	143.43	143.80	144.18	144.56	144.94	145.31	145.69
120	146.07	146.44	146.82	147.20	147.57	147.95	148.33	148.70	149.08	149.46

续表

温度/℃	0	1	2	3	4	5	6	7	8	9
	电阻值 R/Ω									
130	149.83	150.21	150.28	150.96	151.33	151.71	152.08	152.46	152.83	153.21
140	153.58	153.96	154.33	154.71	155.08	155.46	155.83	156.20	156.58	156.95
150	157.33	157.70	158.07	158.45	158.82	159.19	159.56	159.94	160.31	160.95
160	161.05	161.43	161.80	162.17	162.54	162.91	163.29	163.66	164.03	164.40
170	164.77	165.14	165.51	165.89	166.26	166.63	167.00	167.37	167.74	168.11
180	168.48	168.85	169.22	169.59	169.96	170.33	170.70	171.07	171.43	171.80
190	172.17	172.54	172.91	173.28	173.65	174.02	174.38	174.75	175.12	175.49
200	175.86	176.22	176.59	176.96	177.33	177.69	178.06	178.43	178.79	179.16

附录 D　铜-康铜热电偶分度表

铜-康铜热电偶分度表如表 D.1 所示。

表 D.1　铜-康铜热电偶分度表

温度/℃	0	1	2	3	4	5	6	7	8	9
	温差电动势/mV									
−10	−0.383	−0.421	−0.458	−0.496	−0.534	−0.571	−0.608	−0.646	−0.683	−0.720
−0	0.000	−0.039	−0.077	−0.116	−0.154	−0.193	−0.231	−0.269	−0.307	−0.345
0	0.000	0.039	0.078	0.117	0.156	0.195	0.234	0.273	0.312	0.351
10	0.391	0.430	0.470	0.510	0.549	0.589	0.629	0.669	0.709	0.749
20	0.789	0.830	0.870	0.911	0.951	0.992	1.032	1.073	1.114	1.155
30	1.196	1.237	1.279	1.320	1.361	1.403	1.444	1.486	1.528	1.569
40	1.611	1.653	1.695	1.738	1.780	1.865	1.882	1.907	1.950	1.992
50	2.035	2.078	2.121	2.164	2.207	2.250	2.294	2.337	2.380	2.424
60	2.467	2.511	2.555	2.599	2.643	2.687	2.731	2.775	2.819	2.864
70	2.908	2.953	2.997	3.042	3.087	3.131	3.176	3.221	3.266	3.312
80	3.357	3.402	3.447	3.493	3.538	3.584	3.630	3.676	3.721	3.767
90	3.813	3.859	3.906	3.952	3.998	4.044	4.091	4.137	4.184	4.231
100	4.277	4.324	4.371	4.418	4.465	4.512	4.559	4. 607	4.654	4.701
110	4.749	4.796	4.844	4.891	4.939	4.987	5.035	5.083	5.131	5.179
120	5.227	5.275	5.324	5.372	5.420	5.469	5.517	5.566	5.615	5.663
130	5.712	5.761	5.810	5.859	5.908	5.957	6.007	6.056	6.105	6.155
140	6.204	6.254	6.303	6.353	6.403	6.452	6.502	6.552	6.602	6.652
150	6.702	6.753	6.803	6.853	6.903	6.954	7.004	7.055	7.106	7.156
160	7.207	7.258	7.309	7.360	7.411	7.462	7.513	7.564	7.615	7.666
170	7.718	7.769	7.821	7.872	7.924	7.975	8.027	8.079	8.131	8.183
180	8.235	8.287	8.339	8.391	8.443	8.495	8.548	8.600	8.652	8.705
190	8.757	8.810	8.863	8.915	8.968	9.024	9.074	9.127	9.180	9.233
200	9.286	—	—	—	—	—	—	—	—	—

注意：由于不同热元件的输出会有一定的偏差，因此以上表格中的数据仅供参考。

实验 3.5　常用传感器的应用研究

传感器是一种检测装置，它能够感知环境信息并将其转换成电信号或其他形式信号输出，以满足信息存储、显示、控制、处理、传输等要求，是生产生活中必不可少的基本元件。本实验对生活中常用的传感器进行研究，具有设计性、趣味性、开放性和可扩展性，实验过程涉及大量的接线、调试、数据处理与分析，不仅可加深学生对常用传感器的构造和原理的理解，还可培养学生细致严谨的实验态度。

【实验目的】

1．了解霍尔式传感器、差动变压器式传感器、磁电式传感器、压电式传感器、差动变面积式电容传感器、扩散硅压阻式压力传感器、光电传感器、气敏传感器、湿敏电阻传感器、热释电传感器的原理、结构及应用。

2．熟悉信号调节转换模块（差动放大器、电荷放大器、低通滤波器、电容变换器等）的适用条件及使用方法。

【实验原理】

传感器是能感知环境信息并按照一定规律将其转换成可用输出信号的器件或装置。由于传感器的输出信号一般都很微弱，所以通常需要有信号调节转换模块将其放大或转换为容易传输、处理、记录和显示的形式。常见的信号调节转换模块有差动放大器、电桥、频率振荡器、电荷放大器、低通滤波器、电容变换器等，它们分别与相应的传感器配合使用。

1．霍尔式传感器

霍尔效应的原理如图 3.5.1（a）所示，将一块长为 l、宽为 b、厚度为 d 的半导体薄片置于磁感应强度为 B（z 方向）的磁场中，磁场方向垂直于薄片所在平面。当在它相对的两边通以控制电流 I（$-y$ 方向）时，磁场方向与电流方向正交，由于半导体中的载流子会受到洛伦兹力的作用，所以在垂直于电流和磁场方向的半导体另外两边（x 方向）上将产生电势差 U_H，其大小与控制电流和磁感应强度成正比，即

$$U_H = K_H IB \tag{3.5.1}$$

这种现象称为霍尔效应，式中，$K_H = \dfrac{1}{ned}$，为霍尔元件的灵敏度；U_H 为霍尔电压，该半导体薄片就是霍尔元件。霍尔元件在电路图中的标识符号如图 3.5.1（b）所示。

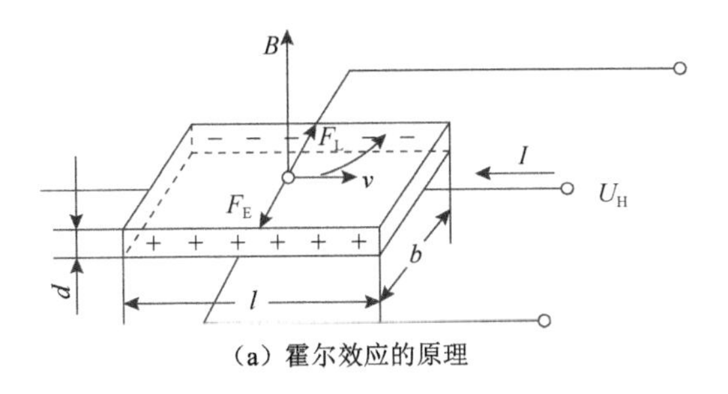

（a）霍尔效应的原理

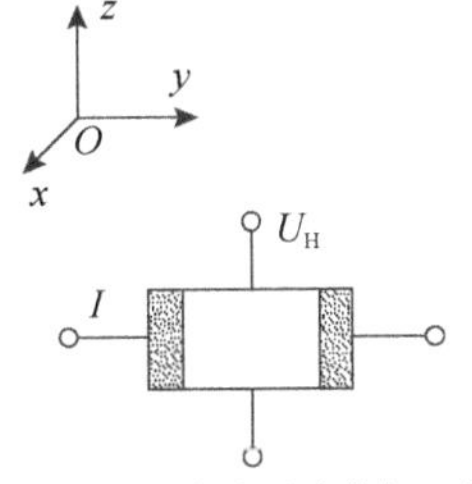

（b）霍尔元件在电路图中的标识符号

图 3.5.1　霍尔效应

霍尔式位移传感器包含霍尔片和霍尔磁场两部分。霍尔磁场如图 3.5.2（a）所示，两个马蹄形磁铁的异极相对，两磁铁之间留有空隙，图中以两个空隙之间的中点为零点，沿 x 方向的磁感应强度 B 的曲线如图 3.5.2（b）所示，两极相对处为均匀磁场，中心处磁场为 0，中心两端磁感应强度方向相反，且中间有一段距离的磁感应强度 B 与 x 满足线性关系。

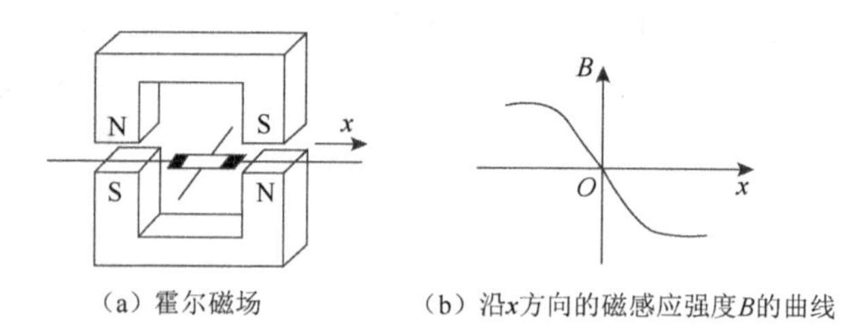

（a）霍尔磁场　　（b）沿x方向的磁感应强度B的曲线

图 3.5.2　霍尔磁场及沿 x 方向的磁感应强度 B 的曲线

当霍尔元件在霍尔磁场中沿 x 方向移动时，霍尔电压的变化为

$$\frac{\mathrm{d}U_{\mathrm{H}}}{\mathrm{d}x}=K_{\mathrm{H}}I\frac{\mathrm{d}B}{\mathrm{d}x} \tag{3.5.2}$$

由于在霍尔磁场中，磁感应强度 B 在一定范围内与 x 呈线性关系，因此$\frac{\mathrm{d}B}{\mathrm{d}x}$为常数。当控制电流 I 不变时，$K_{\mathrm{H}}I\frac{\mathrm{d}B}{\mathrm{d}x}$为常数，将其设为 K，积分后得

$$U_{\mathrm{H}}=Kx \tag{3.5.3}$$

因此，在霍尔磁场的一定范围内，霍尔电压 U_{H} 与位移量 x 呈线性关系，并且霍尔电压的极性反映了元件位移的方向，依此原理即可测量位移量。

2. 差动变压器式传感器

把被测的非电量变化转换为线圈互感变化的传感器称为互感式传感器，因这种传感器是根据变压器的基本原理制成的，且其二次绕组都用差动形式连接。在非电量测量中，应用较多的是螺线管式的差动变压器式传感器，可测 1～100mm 的机械位移，并具有测量精度高、灵敏度高、结构简单、性能可靠等优点。

图 3.5.3 为差动变压器式传感器的原理图和内部构造图。它由圆筒形线圈和与其完全分离的铁芯构成。其中，圆筒形线圈有三个，其长度均是总长度的三分之一，中间是一次线圈，两侧是二次线圈。加入圆筒形线圈中的铁芯用来在线圈中连接磁力线而构成磁路。

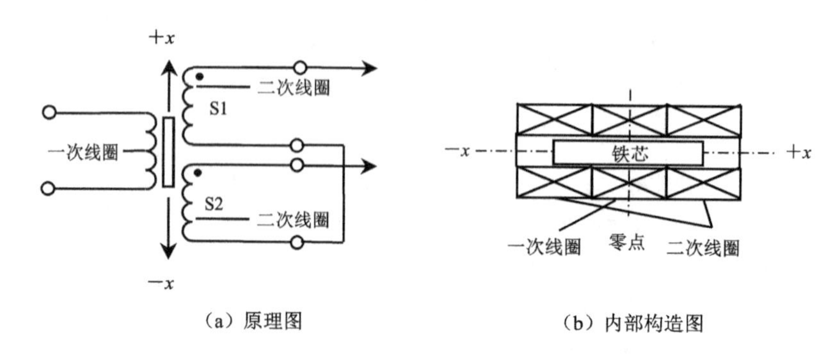

（a）原理图　　（b）内部构造图

图 3.5.3　差动变压器式传感器

当在中间的一次线圈上加上交流电压时（激磁），由于它与两端线圈的互感作用，产生了电动势，这与普通变压器相同。因为二次线圈彼此极性反向串联，所以两个二次线圈中的感应电动势的相位相反，将其相加的结果是在输出端产生电势差。线圈长度方向的中心处的两个二次线圈的感应电动势的大小相等、方向相反，因而输出为零，这个位置被称为差动变压器式传感器的机械零点。当铁芯从零点沿$\pm x$方向改变位置时，位移方向的二次线圈的电压增大，另一个二次线圈的电压减小。差动变压器式传感器在产品设计时，要保证产生的电势差与铁芯的位移成正比。当铁芯从零点向相反的方向移动时，同样会产生与位移成正比的电压，但是相位与之前相差 180°。电势差和铁芯位移成正比的范围称为线性范围，这是差动变压器式传感器最重要的指标之一。

3．磁电式传感器

磁电式传感器是通过磁电作用将被测量转换成电信号的传感器，之前提到的霍尔式传感器也是一种磁电式传感器。

根据电磁感应定律，N 匝线圈在磁场中运动切割磁力线，线圈内产生的感应电动势ε与穿过线圈磁通量Φ的变化率有关。按工作原理不同，磁电式传感器可分为恒定磁通式和变磁通式两种。恒定磁通式磁电式传感器按运动部件的不同可分为动圈式和动铁式。本实验采用的是动铁式恒定磁通式磁电式传感器，如图 3.5.4 所示，其工作气隙中的磁通恒定，感应电动势是由于永久磁铁与线圈之间的相对运动——线圈切割磁力线产生的。当内部磁棒以速度$v=\mathrm{d}x/\mathrm{d}t$运动时，磁棒与线圈有相对运动，线圈切割磁力线，产生与运动速度成正比的感应电动势ε，其大小为

$$\varepsilon=-NBl\frac{\mathrm{d}x}{\mathrm{d}t} \tag{3.5.4}$$

式中，N 为线圈在工作气隙磁场中的匝数；B 为工作气隙中的磁感应强度；l 为每匝线圈的平均长度。当磁棒周期性地在气隙中运动时，将产生周期性的电信号。

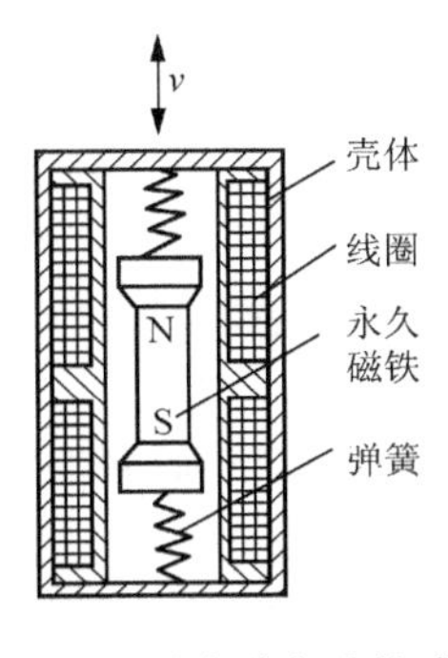

图 3.5.4　动铁式恒定磁通式磁电式传感器的工作示意图

4．压电式传感器

压电效应分正压电效应和逆压电效应，当压电材料在受到外力作用时，其内部正、负电荷的中心发生相对偏移，导致材料表面出现电荷分布不均的现象叫作正压电效应。相反，当压电材料受到外加电场的作用时，其内部正、负电荷在电场的影响下自发地移动，使正、负电荷的中心相对偏移，导致材料形状发生改变，这种现象称为逆压电效应，又称电致伸缩效应。

压电材料实现了机械能与电能的相互转化，因此，采用压电效应的压电式传感器是一种

双向传感器。由于压电式传感器的特性，在汽车上，它多应用在测量发动机振动及车辆加速等方面。

5. 差动变面积式电容传感器

电容式传感器有多种形式，本实验采用差动变面积式电容传感器，它由两组定片和一组动片组成。当安装于振动台上的动片的上下位置改变时，它与两组定片之间的重叠面积会发生变化，极间电容也相应发生变化，称为差动电容。将上层定片与动片形成的电容量定为 C_{x1}，将下层定片与动片形成的电容量定为 C_{x2}，当将 C_{x1} 和 C_{x2} 接入桥路作为相邻两桥臂时，桥路的输出电压与电容量的变化有关，即与振动台的位移有关，根据此原理，利用输出电压值可测量动片的位移。

6. 扩散硅压阻式压力传感器

在具有压阻效应的半导体材料上，用扩散或离子注入法，在单晶硅膜片表面形成四个阻值相等的电阻条，并将它们连接成惠斯通电桥；将电桥电源端和输出端引出，用制造集成电路的方法将其封装起来，制成扩散硅压阻式压力传感器，如图 3.5.5 所示。

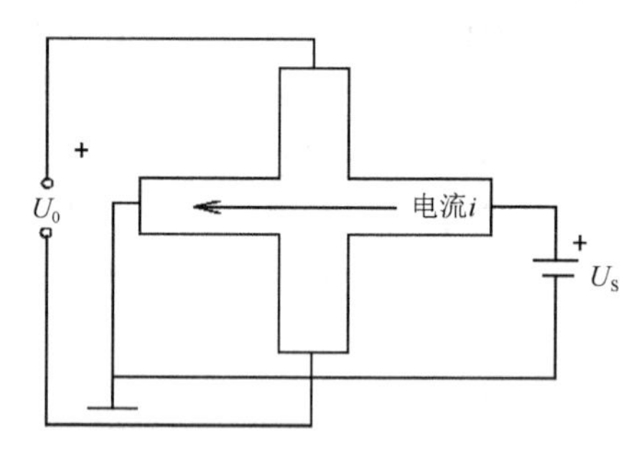

图 3.5.5　扩散硅压阻式压力传感器原理图

扩散硅压阻式压力传感器的工作原理是：在扩散硅压阻式压力传感器的一个方向上加偏置电压，形成电流 i，当没有外加压力作用时，内部电桥处于平衡状态，输出电压为 0V；当受力时，在垂直电流方向将会引起电场的变化，该电场的变化会引起电势变化，因此，在垂直电流方向的两端可得因压力引起的输出电压 U_0：

$$U_0 = d \cdot E = d \cdot \Delta\rho \cdot i \qquad (3.5.5)$$

式中，d 为元件两端的距离；$\Delta\rho$ 为扩散硅压力传感器由压力引起的密度变化值。

7. 光电传感器

光电传感器是采用光电元件作为检测元件的传感器，它首先把被测量的变化转换成光信号的变化，然后借助光电元件进一步将光信号转换成电信号。光电传感器一般由光源、光学通路和光电元件三部分组成。

由光通量对光电元件的作用原理的不同而制成的光学测控系统是多种多样的，按光电元件输出量性质的不同可将其分两类，即模拟式光电传感器和脉冲式光电传感器。模拟式光电传感器将被测量转换成连续变化的光电流，它与被测量呈单值关系。模拟式光电传感器按测量方法又可分为透射式、漫反射式、遮光式三大类。所谓透射式，就是将被测物体放在光路中，恒光源发出的光能量穿过被测物，部分光能量被吸收后，透射光投射到光电元件上；所谓漫反射式，就是将恒光源发出的光投射到被测物上，再从被测物表面反射后投射到光电元件上；所谓遮光式，就是将光源发出的光通量经被测物遮掉其中一部分，使投射到光电元件上的光通量改变，改变的程度与被测物在光路中的位置有关。

光电检测方法具有精度高、反应快、非接触等优点，而且它可测参数多，传感器的结构简单、形式多样，可用于检测直接引起光量变化的非电量，如光强、光照度等；也可用于检测能转换成光量变化的其他非电量，如零件直径、表面粗糙度、应变、位移、振动、速度、加速度；还可用于物体的形状、工作状态的识别等。

8．气敏传感器

MQ3 气敏传感器使用的气敏材料是在清洁空气中电导率较低的二氧化锡（SnO_2）。当传感器所处环境存在酒精蒸汽时，它的电导率随空气中酒精气体浓度的增加而升高。使用简单的电路即可将电导率的变化转换为与该气体浓度相对应的输出信号。

9．湿敏电阻传感器

湿度即空气的潮湿程度，是指空气中所含有的水蒸气量，即在一定温度下，空气中实际水蒸气压强与饱和水蒸气压强的（百分）比值，称为相对湿度（用 RH 表示），其单位为%RH。湿敏电阻传感器种类较多，根据水分子易于吸附在固体表面并渗透到固体内部的这种特性（水分子亲和力），湿敏电阻传感器可以分为水分子亲和力型和非水分子亲和力型两种。

非水分子亲和力型湿敏电阻传感器的测量原理有三种：①利用潮湿空气和干燥空气的热传导之差来测定湿度；②利用微波在含水蒸气的空气中传播，水蒸气吸收微波使其产生一定的能量损耗，传输损耗的能量与环境空气中的湿度有关，以此来测定湿度；③利用水蒸气能吸收特定波长的红外线来测定空气中的湿度。

本实验采用的是集成水分子亲和力型湿敏电阻传感器，其敏感元件是亲水性高分子材料湿敏元件（湿敏电阻）。它是将具有感湿功能的高分子聚合物（高分子膜）涂敷在带有导电电极的陶瓷衬底上形成的，水分子的存在会影响高分子膜内部导电离子的迁移率，形成阻抗随相对湿度变化成对数变化。因为湿敏元件阻抗随相对湿度变化成对数变化，所以一般在应用时，都经放大转换电路处理，将对数变化转换成相应的线性电压信号输出以制成湿敏传感器模块形式。

10．热释电传感器

热释电效应是指极化强度随温度改变而表现出的电荷释放现象，宏观上是温度的改变使材料的两端出现电压或产生电流。热释电效应与压电效应类似，它也是晶体的一种自然物理效应。能产生热释电效应的晶体称为热释电体或热释电元件。热释电元件常用的材料有单晶（如 $LiTaO_3$ 等）、压电陶瓷（如 PZT 等）及高分子薄膜（如 PVFZ 等）。

热释电传感器一般由陶瓷氧化物或压电晶体元件组成，将元件的两个表面做成电极，在传感器监测范围内，当温度有 ΔT 的变化时，热释电效应会在两个电极上产生电荷 ΔQ，即在两电极之间产生一微弱的电压 ΔU。由于热释电传感器的输出阻抗极高，所以其中有一个场效应管以进行阻抗变换。热释电效应产生的电荷 ΔQ 会与空气中的离子结合而消失，即当环境温度稳定不变时，ΔT=0℃，传感器无输出。当人体进入检测区时，因人体温度与环境温度有差别，会产生 ΔT，所以有输出；若人体进入检测区后不动，则温度没有变化，此时传感器也就没有输出了。因此，这种传感器常用来检测运动的人或动物。

【实验仪器】

九孔板接口平台、直流恒压源、传感器实验台、万用表、测微头及连接件、电桥模块、差动放大器、霍尔式传感器及霍尔磁场、霍尔电路模块、频率振荡器、示波器、差动线圈与磁芯连接板、磁电式传感器及磁芯连接板（与差动式连接板通用）、低通滤波器、电荷放大器、单芯屏蔽线、压电式传感器、差动变面积式电容传感器、电容变换器、扩散硅压阻式压力传感器及压力表、光电传感器（带风扇）、气敏传感器、湿敏电阻传感器、热释电传感器、插头导线若干。

1．传感器实验台

传感器实验台装有双平行梁（包括应变片且上下各两片、梁自由端的磁钢）、测微头及支架、振动盘（装有磁钢，用于固定霍尔式传感器的两个半圆形磁钢、差动变压器式传感器的可动芯子、电容传感器的动片组、磁电式传感器的可动芯子、压电式传感器等）。如图 3.5.6 所示，其中 1 为机箱，2 为平行梁压块及底座，3 为激励线圈及螺母，4 为磁棒，5 为器件固定孔，6 为应变片组信号输出端，7 为激励信号输入端，8 为振动盘，9 为振动盘锁紧螺钉，10 为垫圈，11 为测微头座，12 为双平行梁，13 为支杆锁紧螺钉，14 为测微头，15 为连接板锁紧螺钉，16 为支杆锁紧螺钉，17 为支杆，18 为连接板，19 为应变片（中间一片备用），20 为磁棒锁紧螺钉（在隔块后面），21 为隔块及固定螺钉。

实验中可根据不同的实验内容安装相应的部件，做静态实验需要装测微头，做动态实验不装测微头。在使用振动盘时，必须先卸下振动盘，装上所需的部件再安装振动盘，不要在没有卸下之前装上其他部件。

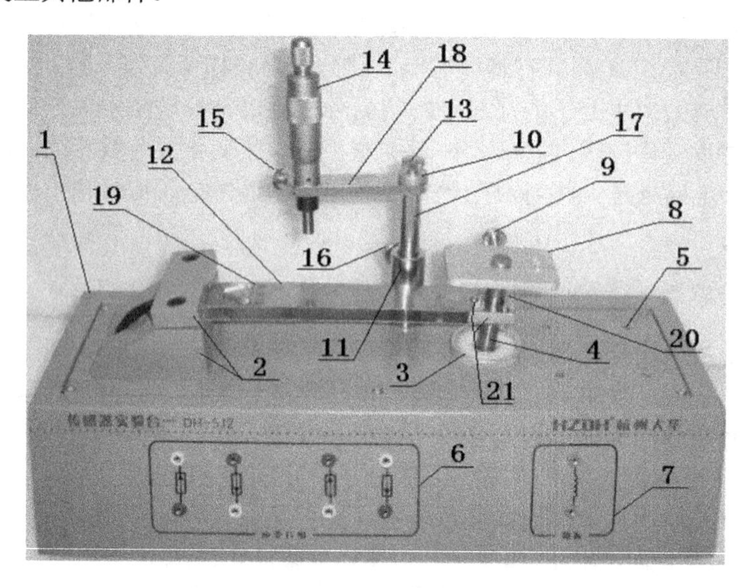

图 3.5.6　传感器实验台的组成结构

2．频率振荡器

频率振荡器面板如图 3.5.7 所示，它可提供幅度可调的频率为 0.4～10kHz 的音频信号和频率为 1～30Hz 的低频信号，其中音频振荡器用于信号输出，低频振荡器用于振动实验，一般与图 3.5.6 中的激励信号输入端 7 相连接。

3．直流恒压源

直流恒压源面板如图 3.5.8 所示，它的左侧可提供±15V 的电压、芯片电源；中间可提供 0～12V 的可调电压输出，用于光电传感器中电动机的调速；右侧可提供±2V、±4V、±6V、±8V、±10V、±12V 的实验用电源，可根据需要选择挡位。

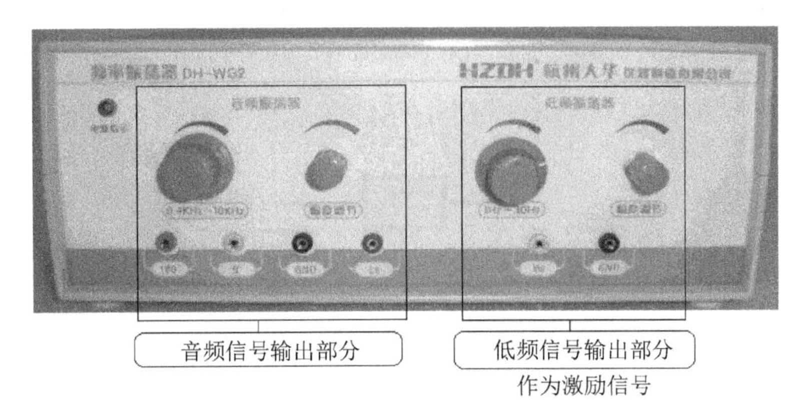

图 3.5.7 频率振荡器面板

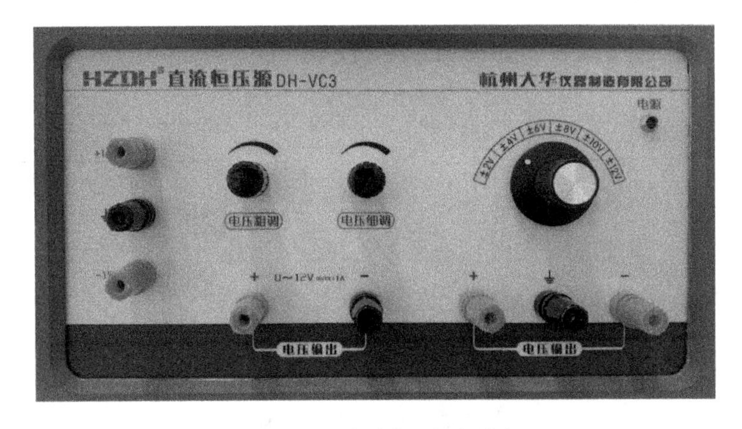

图 3.5.8 直流恒压源面板

4．信号调节转换模块（差动放大器、低通滤波器、电容变换器、电荷放大器等）

差动放大器用于信号的放大，其面板及接线说明如图 3.5.9 所示。

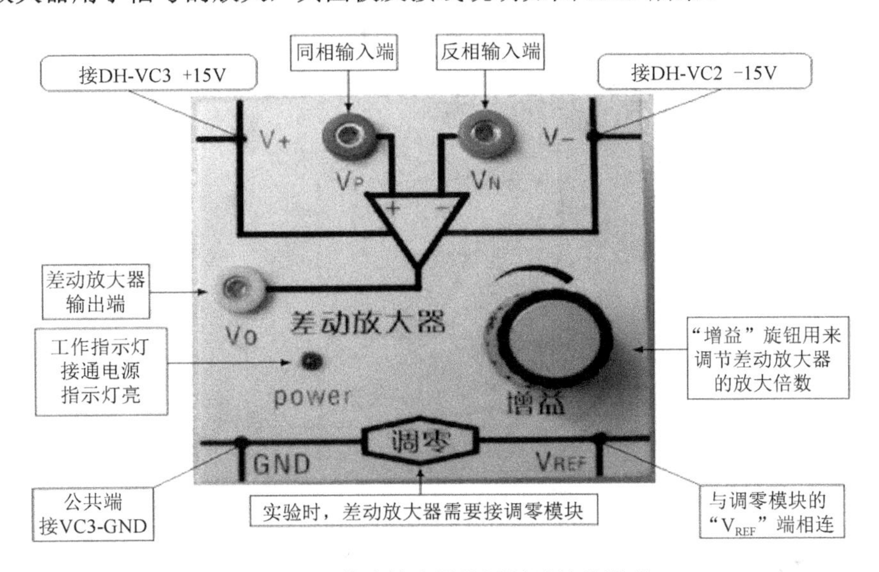

图 3.5.9 差动放大器的面板及接线说明

低通滤波器的作用是将交流信号转变为直流信号，其面板如图 3.5.10 所示。

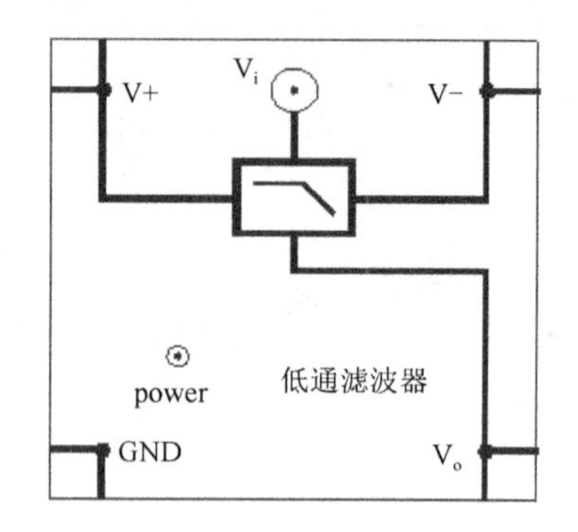

图 3.5.10　低通滤波器面板

电容变换器的面板和接线说明如图 3.5.11 所示。

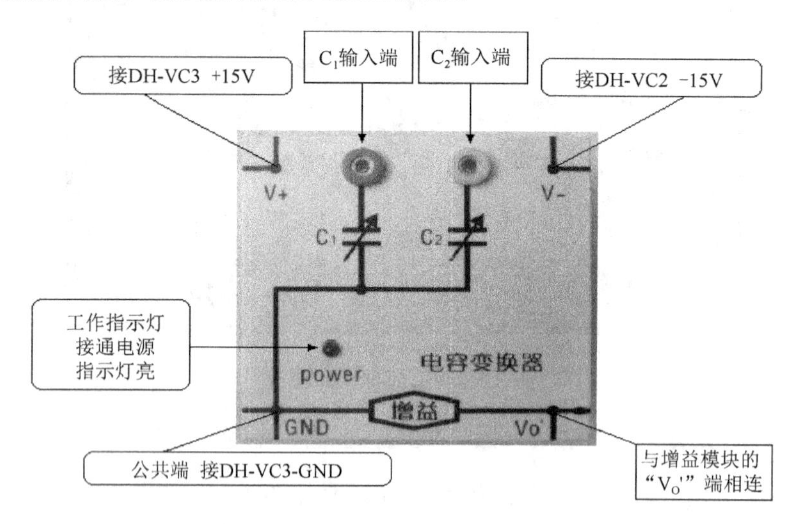

图 3.5.11　电容变换器的面板和接线说明

电荷放大器的面板如图 3.5.12 所示，其接线说明可参考图 3.5.13（低通滤波器的接线说明也可参考图 3.5.13）。

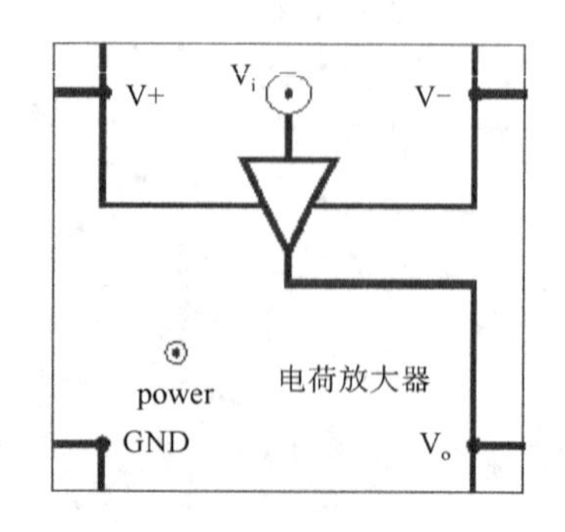

图 3.5.12　电荷放大器的面板

5. 常用传感器

常用传感器的面板如图 3.5.13 所示，依次为霍尔式传感器、差动变压器式传感器、磁电式传感器、差动变面积式电容传感器、扩散硅压阻式压力传感器、光电传感器、气敏电阻传感器、湿敏电阻传感器、热释电传感器。

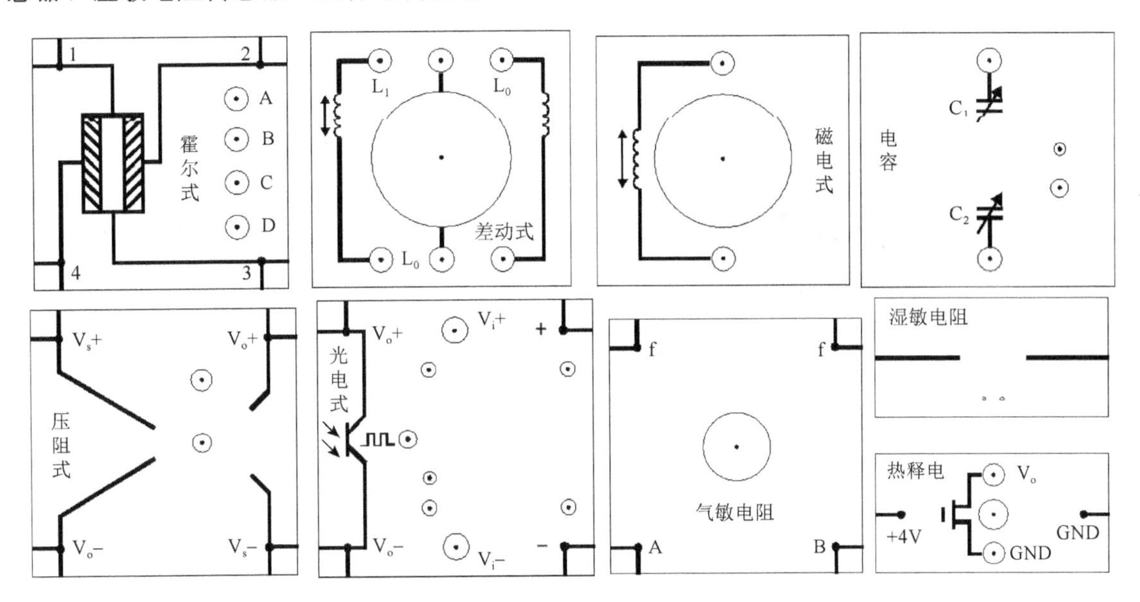

图 3.5.13　常用传感器的面板

【实验内容与方法】

1．连接差动放大器模块及调零

（1）差动放大器供电：差动放大器模块的“V_+”端与调零模块的“V_+”端相连，并接至直流恒压源的+15V；差动放大器模块的“V_-”端与调零模块的“V_-”端相连，并接至直流恒压源的-15V；差动放大器模块的“GND”端与调零模块的“GND”端相连，并接至直流恒压源的±15V 的电源 GND 端；差动放大器模块的“V_{REF}”端与调零模块的“V_{REF}”端相连。

注意： *后面新添加的电荷放大器、低通滤波器、电容变换器等均需要参考以上步骤先供电和接地。*

（2）初始状态调节：将调零模块的“调零”旋转调到中间位置，以使电位器有更大的调节范围（由于该电位器为 10 圈电位器，因此可将电位器逆向调至最小，再反方向转 5 圈，即中间位置）。先将差动放大器的“增益”旋钮顺时针调到最大，再反向退回半圈，即得到合适的增益（在实验过程中，可根据实际情况调节增益）。

（3）调零：用细插头导线将差动放大器的同相输入端和反相输入端短接，将万用表置于直流电压 2V 挡，将红表笔插入差动放大器的输出端，将黑表笔插入“GND”端（为保证接触良好，可将黑表笔导线换成实验用的粗插头导线），调节调零模块的“调零”旋钮，使万用表的示值为零。

注意： *差动放大器调好后，在后面的实验中不要随意调节“调零”或“增益”旋钮。*

2．利用霍尔式传感器测量位移

（1）实验台的安装：按照图 3.5.14，将霍尔磁场固定在振动盘上，将测微头转动到 5mm 刻度线附近，并将其安装到双平行梁的自由端，与磁棒中心对齐并吸合，调节振动盘与霍尔

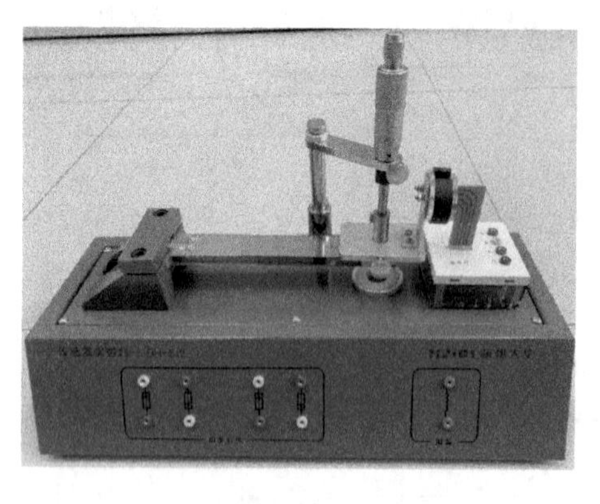

图 3.5.14　将霍尔磁场固定在振动盘上

片之间的位置，使霍尔片处于霍尔磁场的气隙中且无任何接触，以免损坏霍尔式传感器。

注意：霍尔磁场要固定好，不能晃动，霍尔式传感器盒的四只引脚不需要完全插入定位孔中，以方便调整位置。需要特别注意的是，霍尔片不可接触霍尔磁场。

（2）电路的连接：在九孔板接口平台上按图 3.5.15 连线，W1、r 为电桥模块的直流电桥平衡网络，振动台上霍尔片的“A”“B”“C”“D”接头与霍尔电路模块上的“A”“B”“C”“D”接头用细插头导线连接，连线时，霍尔电路模块上的“A”“B”“C”“D”接头分别对应电路板上的“1”“2”“3”“4”接头，如图 3.5.13 所示。

注意：电路图上未画出差动放大器的供电和接地电路，实验时需要自行连接，后面实验均需要自行添加差动放大器等模块的供电和接地电路，并且所加激励电压不可过大，以免损坏霍尔片。

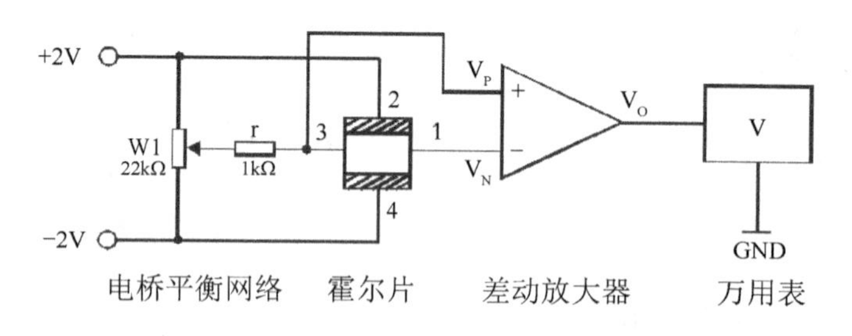

图 3.5.15　霍尔式传感器连线图

（3）调节：打开直流恒压源，观察万用表的示数，调整霍尔片的位置，使万用表示数最小；再调整 W1，使万用表指零。

（4）测量：上下旋动测微头，每隔 0.1mm 读一次万用表的读数 U，正反方向均需要读数，将读数填入表 3.5.1 中，表格不够时请自行添加。

表 3.5.1　霍尔式传感器霍尔片位移与输出电压信号的关系

X/mm									…
U/V									…

注意：每个实验完毕后均需要关闭直流恒压源，并将各旋钮置于初始位置。

3. 差动变压器式传感器

（1）实验台的安装：如图 3.5.16 所示，将差动线圈及其铁芯连接件安装在传感器实验台的振动盘上，将测微头转动到 5mm 刻度线附近，并将其安装到双平行梁的自由端，先不吸合。

（2）电路的连接：在九孔板接口平台上按图 3.5.17 连线，将音频振荡器 L_v 输出端与示波器的 CH1 端连接起来，示波器的 CH2 端连差动变压器式传感器的输出端。差动变压器式传感器模块上有三对接线孔，如图 3.5.17 所示，从左向右分别对应 L_1、L_0、L_0 三对接线孔，其中两个 L_0 之间的连线需要尾头相连。

注意：音频振荡器和示波器均需要可靠接地，由于示波器两个通道的接地端是相连的，因此只需其中一个通道接地即可。

（3）调节：打开直流恒压源，音频振荡器在4～8kHz内进行调节，观察差动变压器式传感器一次侧线圈——音频振荡器激励信号的峰峰值 $U_{p\text{-}p}$ 为2V。通过调节铁芯的上下位置，使CH2的波形幅度最小。

（4）测量：将测微头与传感器实验台的磁棒吸合，转动测微头，使示波器上的波形输出幅度最小，记下测微头上的刻度值。往下旋动测微头，使传感器实验台产生位移，每移动0.5mm，用示波器读出差动变压器式传感器输出端的 $U_{p\text{-}p}$ 并填入表3.5.2中，表格不够时请自行添加。

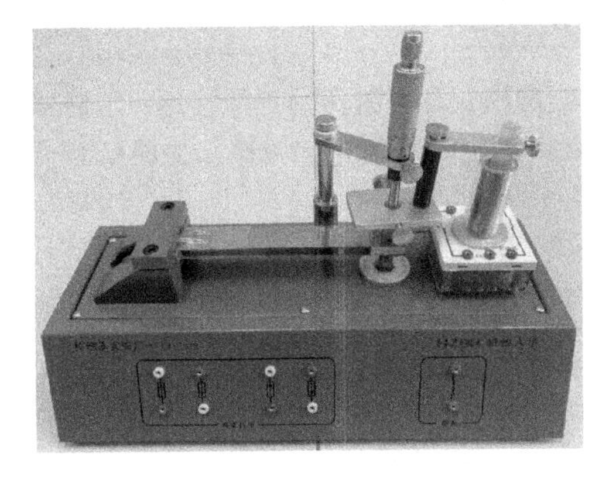

图3.5.16　将差动变压器式传感器固定在传感器实验台上

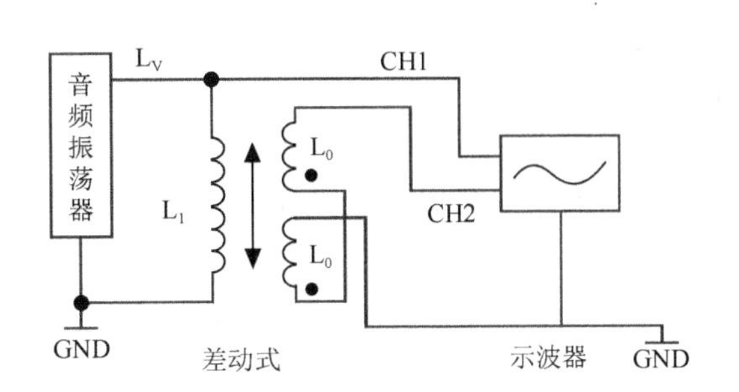

图3.5.17　差动变压器式传感器连线图

表3.5.2　差动变压器传感器铁芯位移与输出信号 $U_{p\text{-}p}$ 的关系

X/mm									…
$U_{p\text{-}p}$/mV									…

4. 磁电式传感器

（1）实验台的安装：卸下测微头，将磁电式传感器及磁芯连接板的位置按照图3.5.18安装调整好，使按下振动盘时可有一个较大的位移空间。

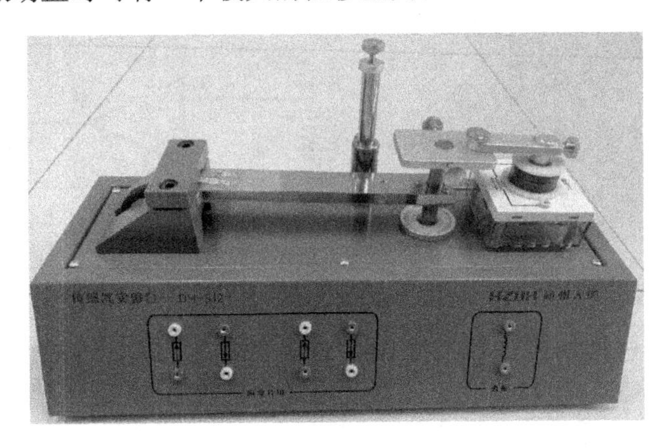

图3.5.18　将磁电式传感器固定在传感器实验台上

（2）电路的连接：在九孔板接口平台上按图3.5.19连线，将磁电式传感器、差动放大器、低通滤波器、示波器连接起来，组成一个测量线路。

注意：差动放大器和低通滤波器均需要供电与接地。

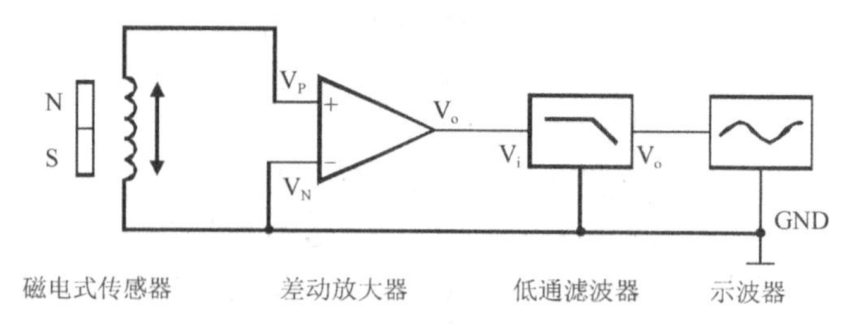

图 3.5.19　磁电式传感器连线图

（3）激振的连接：将低频振荡器的输出端“V_o”接激振一端，激振另一端接地；示波器的另一通道与低频振荡器的输出端“V_o”连接，用来观察输出激振信号的频率。先将低频振荡器幅度调至最小，打开电源。

（4）测量：调整好示波器，调节低频振荡器的幅度，使其稳定振荡；调节频率，调节时用示波器监测频率变化，记录输出信号的峰峰值并填入表 3.5.3 中，表格不够时请自行添加。

表 3.5.3　磁电式传感器激振频率与输出信号峰峰值的关系

f/Hz									…
$U_{p\text{-}p}$/V									…

注意：磁电式连接板与差动式连接板通用。

5．压电式传感器的动态响应

（1）实验台的安装：按图 3.5.20 将压电式传感器固定在振动盘上，使按下振动盘时可有一个较大的位移空间，否则要调整振动盘在磁钢上的位置。

（2）电路的连接：在九孔板接口平台上按图 3.5.21 连线，将压电式传感器、电荷放大器、低通滤波器、示波器连接起来，组成一个测量线路，其中电荷放大器也需要供电和接地。

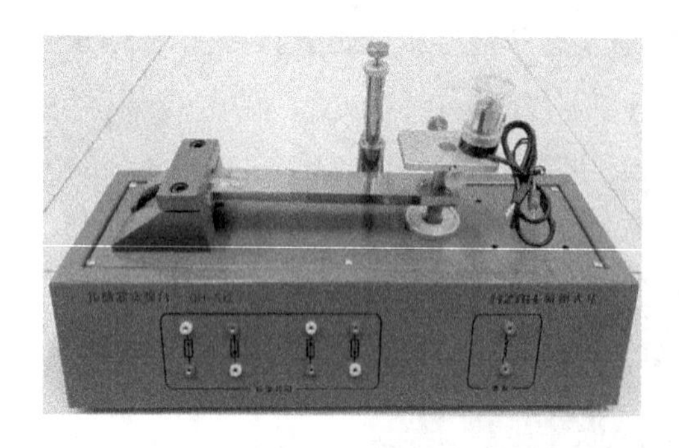

图 3.5.20　将压电式传感器固定在振动盘上

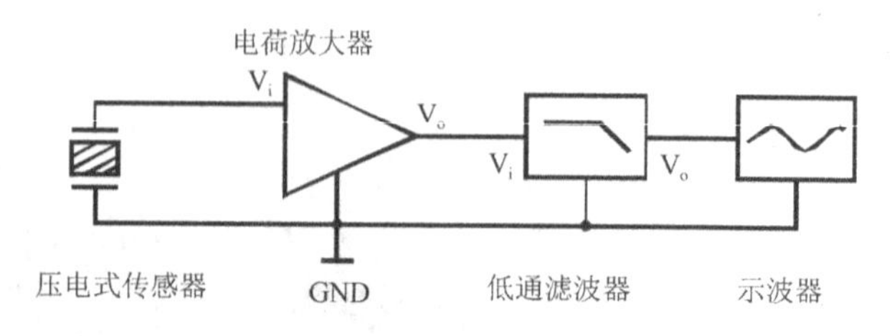

图 3.5.21　压电式传感器的连线图

（3）激振的连接：将低频振荡器的输出端“V_o”接激振一端，激振另一端接地；示波器的另一通道与低频振荡器的输出端“V_o”连接，用来观察输出激振信号的频率。先将低频振荡器幅度调至最小，打开电源。

（4）测量：调整好示波器，将低频振荡器的幅度调至最大并固定；调节频率，用示波器的 CH2 通道监测频率，用示波器的 CH1 通道读出峰峰值并填入表 3.5.4 中，表格不够时请自行添加。

表 3.5.4　压电式传感器激振频率与输出信号峰峰值的关系

f/Hz									…
U_{p-p}/V									…

6．差动变面积式电容传感器的静态特性及动态特性

（1）实验台的安装：按图 3.5.22 将差动变面积式电容传感器固定在振动盘上，调整好动片与定片的位置，两者不能相互接触，将测微头转动到 5mm 刻度线附近，并将其安装到双平行梁的自由端，与磁棒对齐并吸合。

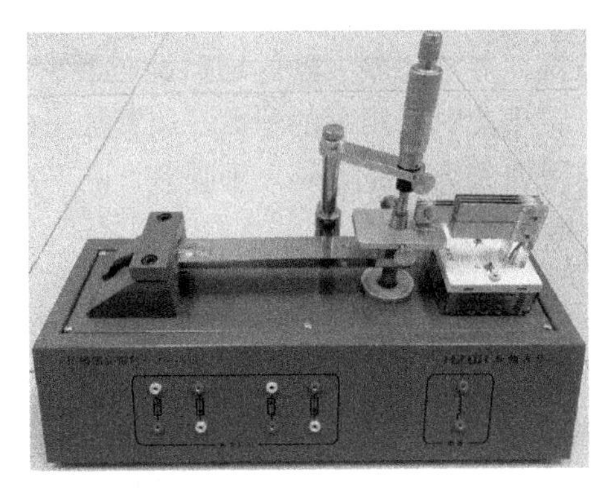

图 3.5.22　将差动变面积式电容传感器固定在传感器实验台上

（2）电路的连接：在九孔板接口平台上按图 3.5.23 接线，在定片上自行加装一根接地线，并与电路地线相连，其中电容变换器也需要供电和接地，把电容变换器的增益调至合适位置，然后将万用表打至 20V 挡。

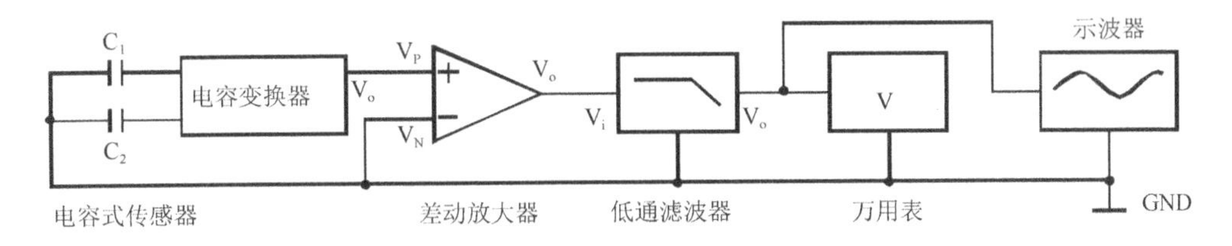

图 3.5.23　差动变面积式电容传感器的连线图

（3）激振的连接：将低频振荡器的输出端接激振一端，激振另一端接地；示波器的另一通道连接低频振荡器的输出端“V_o”，以观察输出波形。先将低频振荡器的幅度调至最小，打开电源。

（4）测量：调节定片的上下位置，使万用表读数最小；调节测微头，使输出为零，并记下其刻度值。转动测微头，每次 0.3mm，记录此时测微头的读数 X 及万用表的读数 U 并填入表 3.5.5 中，直至动片与上（或下）定片的覆盖面积最大。将测微头调至初始位置，开始向相反方向旋动，并记录 X 及 U 的值，表格不够时请自行添加。

表 3.5.5　差动变面积式电容传感器动片位移与输出电压信号的关系

X/mm									…
U/V									…

注意：安装电容插片并通电后，动、定两插片切不可相互接触，以免短路。

7. 扩散硅压阻式压力传感器

（1）电路的连接：在九孔板接口平台上按照图 3.5.24 接线，差动放大器接成同相或反相均可。

注意：接线必须正确，否则易损坏元器件。

（2）供压回路的连接：先检查压力表指针是否处于零位，如果没有处于零位，则可以通过工具校准或记下该初始值。按图 3.5.25 接好供压回路，将加压皮囊上的单向调节阀的锁紧螺钉旋松。

（3）测量：打开直流恒压源，将差动放大器的增益旋至最大，并适当调节“调零”旋钮，使万用表的指示尽可能为零，记下此时万用表的示数。旋紧加压皮囊上的单向调节阀的锁紧螺钉，轻按加压皮囊，注意不要用力太大，每隔一个压强差，记下万用表的示数，并将数据填入表 3.5.6 中，表格不够时请自行添加。

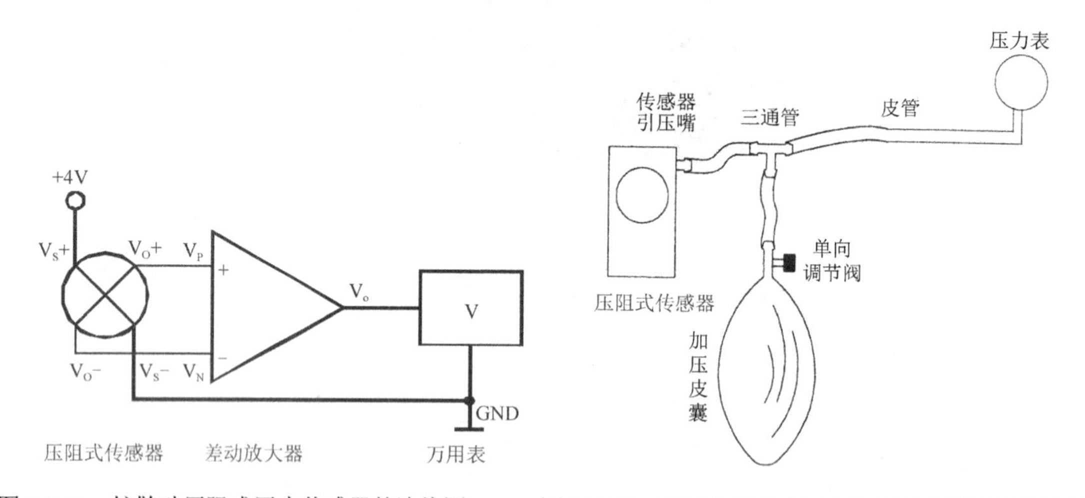

图 3.5.24　扩散硅压阻式压力传感器的连线图　　图 3.5.25　扩散硅压阻式压力传感器供压回路的连接

表 3.5.6　扩散硅压阻式压力传感器压强与输出电压信号的关系

P/kPa									…
U/V									…

注意：

（1）若实验中压力不稳定，则应检查供压回路是否有漏气现象；加压皮囊上的单向调节阀的锁紧螺钉是否旋紧。

（2）如果读数误差较大，则应检查气管是否有折压。折压会造成传感器与压力表之间的供气压力不均匀。

（3）如果觉得差动放大器的增益不理想，则可调整其“增益”旋钮，不过此时应重新调整零位，调好后，在整个实验过程中不得再改变其位置。

8. 光电式传感器测转速

（1）电路的连接：在九孔板接口平台上按图 3.5.26 接线，其中电压放大器需要供电和接地；光电式传感器的正、负端用来给风扇电动机供电，分别接至直流恒压源 0～15V 的正、负端；“V_i+”端和“V_i−”端（见图 3.5.13）用来给发光二极管供电，分别接直流恒压源的+6V 和“GND”端；“V_o+”端和“V_o−”端引出输出信号；所有接地端相连。

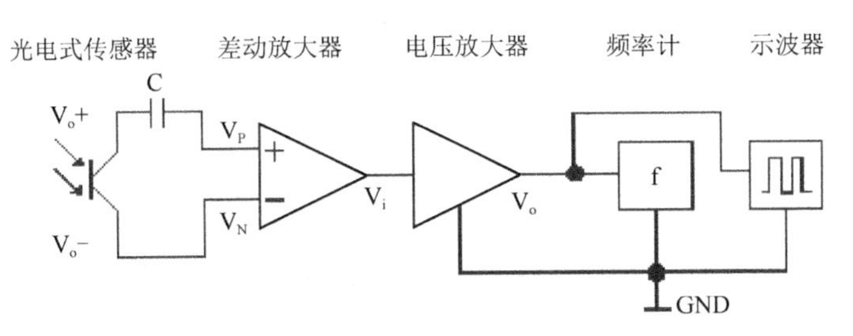

图 3.5.26　光电式传感器的连线图

（2）测量：调节直流恒压源的电压粗调旋钮，使电动机转动，根据示波器读出的输出信号频率及电动机上反射面的数目，算出此时的电动机转速 N=示波器读出频率值÷6(电动机上反射面的数目)×60，单位为 r/min。

9. MQ3 气敏传感器

（1）电路的连接：在九孔板接口平台上按图 3.5.27 接线，将差动放大器的增益调至最小；将差动放大器重新调零；将万用表置于 20V 挡。

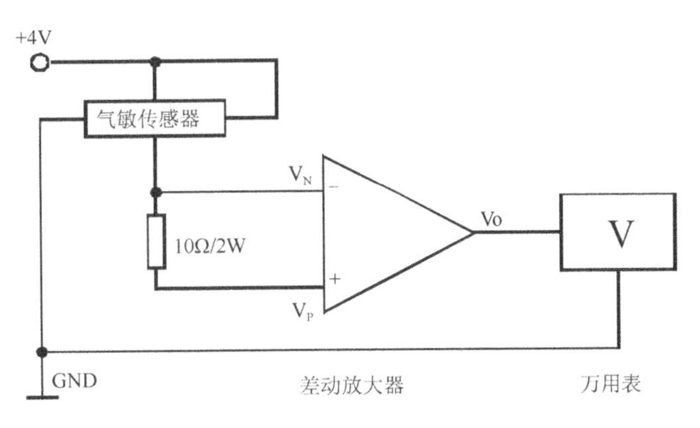

图 3.5.27　气敏传感器的连线图

（2）观察：打开直流恒压源，预热 5～15min 后，用浸有酒精的棉球靠近传感器，并轻轻吹气，使酒精挥发而进入传感器金属网内，同时观察万用表示数的变化，如果万用表示数有变化，则说明气敏传感器检测到了酒精气体的存在；如果万用表示数变化不够明显，则可适当调大差动放大器的增益。

10. 湿敏电阻传感器

（1）电路的连接：按图 3.5.28 接线，将差动放大器的增益调至最小；将差动放大器重新调零；将万用表置于 20V 挡。

（2）观察：取两种不同湿度的海绵或其他易吸潮的材料，分别轻轻地将其与传感器接触，观察万用表示数的变化。

注意：实验时选取的材料不要太湿，否则会产生湿度饱和现象，延长脱湿时间。

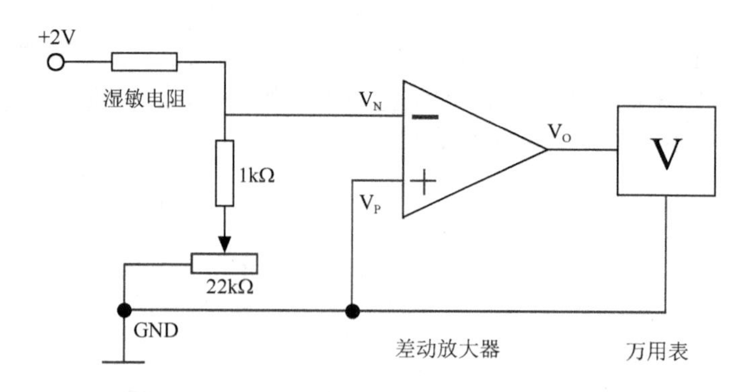

图 3.5.28　湿敏电阻传感器的连线图

11. 热释电人体接近实验

（1）电路的连接：在九孔板接口平台上按图 3.5.29 接线，将热释电传感器模块的“+4V”端接在直流恒压源的“+4V”端上，两个“GND”端与地相连，热释电的“V_o”端接电荷放大器的“V_i”端，输出信号“V_o”端接万用表和示波器，将万用表置于交流 20V 挡。

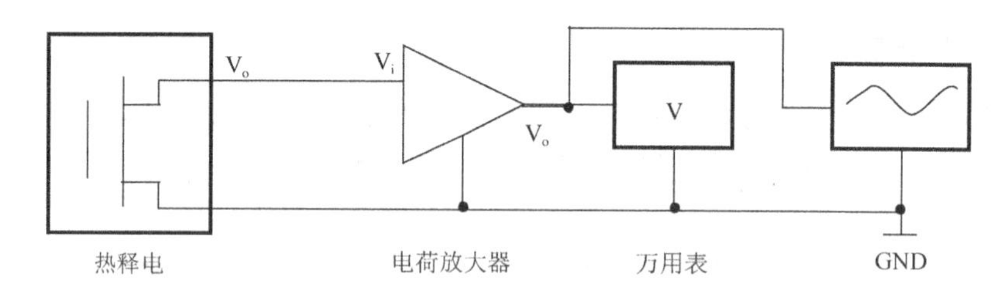

图 3.5.29　热释电传感器的连线图

（2）观察：改变手指与传感器之间的距离，观察示波器上的波形及万用表（交流 20V 挡）示数的变化。

【数据处理要求】

1. 根据表 3.5.1 记录的数据，画出霍尔式传感器的 U-X 曲线，找出线性范围，求出灵敏度 $S=\Delta U/\Delta X$。

2. 根据表 3.5.2 记录的数据，画出差动变压器式传感器的 $U_{p\text{-}p}$-X 关系曲线，找出线性范围，求出灵敏度 $S=\Delta U/\Delta X$。

3. 根据表 3.5.3 记录的数据，画出磁电式传感器的 $U_{p\text{-}p}$-f 曲线。

4. 根据表 3.5.4 记录的数据，画出压电式传感器的 $U_{p\text{-}p}$-f 曲线。

5. 根据表 3.5.5 记录的数据，画出差动变面积式电容传感器的 U-X 关系曲线，求出灵敏度 $S=\Delta U/\Delta X$。

6. 根据表 3.5.6 记录的数据，画出扩散硅压阻式压力传感器的 U-P 关系曲线，找出线性范围，求出灵敏度 $S=\Delta U/\Delta P$。

【分析与思考】

1. 当差动变压器式传感器中磁棒的位置由上到下变化时，通过示波器观察到的波形、相位会发生怎样的变化？用测微头调节振动平台的位置，使在示波器上观察到的差动变压器式传感器的输出端信号最小，这个最小电压叫作什么？是什么原因造成的？

2．磁电式传感器具备怎样的特点？通过实验能否推测出线圈的振动频率？

3．根据实验结果，振动平台的自振频率大致是多少？压电式传感器的特点有哪些？磁电式传感器输出波形的相位差 $\Delta\varphi$ 大致为多少？为什么？

4．差动变压器式传感器是否可测试真空度及负压？如何实现测量人的肺活量？请给出设计方案、原理图和必要的文字说明。

5．光电式传感器测转速产生的误差大和稳定性差的原因是什么？主要有哪些因素？通过本实验的学习，是否能够实现家用电风扇的测速？如果可行，如何实现？需要注意哪些问题？请给出方案、电路图和必要的文字说明。

实验 3.6　数字全息实验

全息术利用光的干涉和衍射原理，将物体发射的特定光波以干涉条纹的形式记录下来，并在一定条件下使其再现，形成原物体逼真的立体像。由于该技术记录了物体的全部信息（振幅和相位），因此称为全息术或全息照相。全息术是由英国科学家 Dennis Gabor 在 1948 年提出的。1960 年，高度相干性和高强度的激光光源的出现，以及 1962 年 Leith 和 Upatnieks 提出离轴全息图以后，全息术的研究进入了一个新阶段，成为光学的一个重要分支。

数字全息早在 40 年前就被 J. W. Goodman 提出来了，它是由光敏电子元件代替普通照相记录介质并用数字计算方式实现的。但受制于当时的计算机技术和电子记录器材，数字再现图的设想一直没有得到很好的实现。直到近年来，随着计算机和电子图像传感器件性能的逐渐提高，数字全息术才得到了较大的发展。U. Schnars 和 W. Juptuer 于 1994 年首次通过 CCD 摄像机成功获取全息图。数字全息虽然依然是基于光学全息记录理论的，但它以 CCD 摄像机等电子成像器件作为记录介质获取全息图并将其存入计算机，然后用数字方法对此全息图进行再现。相对于光学全息术，数字全息术具有高效、简便、实时等优点。

【实验目的】

1．掌握数字全息的基本原理。

2．学会数字全息的拍摄方法和再现方法。

3．了解数字全息在干涉计量方面的应用。

【实验原理】

1．全息记录（干涉记录）

物光波的波前信息包括光波的振幅和相位两部分，但是现有的所有记录介质仅对光强产生响应，因此必须设法把相位信息转化为强度信息。干涉法就是将空间相位调制转换为空间强度调制的方法。

设全息记录平面上的物光波和参考光波分别为

$$O(x,y)=o(x,y)\exp\left[-\mathrm{j}\varphi(x,y)\right] \tag{3.6.1}$$

$$R(x,y)=r(x,y)\exp\left[-\mathrm{j}\phi(x,y)\right] \tag{3.6.2}$$

则全息图的强度分布为

$$I(x,y)=\left|R(x,y)\right|^2+\left|O(x,y)\right|^2+2r(x,y)\cdot o(x,y)\cdot\cos\left[\varphi(x,y)-\phi(x,y)\right] \tag{3.6.3}$$

式中，等号右边前两项分别是物光波和参考光波的强度分布，它们仅与振幅有关，与相位无关；第三项是干涉项，包含物光波的振幅和相位信息。参考光波作为一种高频载波，其振幅和相位都受到物光波的调制，干涉条纹是参考光波的振幅和相位信息受到物光波的振幅和相位调制的结果。

记录介质的作用相当于线性变换器，它把曝光时的入射光强线性地变换为显影后负片的振幅透过率。假定曝光量在胶片 *t-E*（透过率-曝光量）图的线性区内变化，并且胶片具有足够的分辨率，则全息图的振幅透过率可表示为

$$t(x,y)=t_0+\beta I(x,y) \tag{3.6.4}$$

式中，t_0 和 β 为常数，将式（3.6.3）代入式（3.6.4），得

$$t(x,y)=t_\mathrm{b}+\beta\left|O(x,y)\right|^2+\beta O(x,y)R^*(x,y)+\beta O(x,y)^*R(x,y) \tag{3.6.5}$$

式中，$t_\mathrm{b}=t_0+\beta\left|R(x,y)\right|^2$，当参考光波是平面波时，$t_\mathrm{b}$ 表示均匀的偏置透过率。

2．全息再现（衍射再现）

移去物体，把全息图放在记录时全息干板所在的位置，使用再现光波 $C(x,y)$ 照明全息图。此时全息图的透射光场为

$$\begin{aligned}U(x,y)&=C(x,y)t_\mathrm{b}+\beta C(x,y)\left|O(x,y)\right|^2+\beta C(x,y)O(x,y)^*R(x,y)\\&=U_1(x,y)+U_2(x,y)+U_3(x,y)+U_4(x,y)\end{aligned} \tag{3.6.6}$$

若用原参考光波照射全息图，即 $C(x,y)=R(x,y)$，则衍射光场的四部分可以分别表示为

$$U_1(x,y)=R(x,y)t_\mathrm{b},\quad U_2(x,y)=\beta R(x,y)\left|O(x,y)\right|^2$$

$$U_3(x,y)=\beta\left|R(x,y)\right|^2O(x,y),\quad U_4(x,y)=\beta R(x,y)^2O^*(x,y)$$

式中，$U_1(x,y)$ 是参考光波的直透部分；$U_2(x,y)$ 是物光波的自相关量，它导致再现图形的中心部分被遮蔽，$U_1(x,y)$ 与 $U_2(x,y)$ 合称零级衍射波，产生零级衍射光斑；$U_3(x,y)$ 正比于物光波，称为+1 级衍射波（再现物光波），除了一个常数因子，$U_3(x,y)$ 就是原始物光波前的准确再现，当这一光波传播到观察者眼睛里时，和真实物体的光波完全相同，尽管物体已被移开，但仍可以看到物体的虚像；$U_4(x,y)$ 称为−1 级衍射波（物光波的孪生波），它除了与物光波共轭，还附加了一个相位因子，因此这一项成为畸变了的共轭像，若原始物光波是发散的，则共轭光波是会聚的，在全息图的前方会产生一个实像。

如果采用参考光波的共轭照明全息图，即 $C(x,y)=R^*(x,y)$，则第三、四项分别为

$$U_3(x,y)=\beta R(x,y)^*R(x,y)^*O(x,y)$$

$$U_4(x,y)=\beta\left|R(x,y)\right|^2O^*(x,y)$$

式中，$U_3(x,y)$ 和 $U_4(x,y)$ 仍然正比于物光波前或其共轭波前，分别产生虚像和实像。其中，虚像有变形，实像不存在变形，但是是赝像，即原来近的部位变远了、原来远的部位变近了。

由式（3.6.6）可知，全息图的衍射光场包含四项，这四项能否分离由全息图的记录光路结构决定。

当物光波与参考光波的光轴夹角为零时，记录的是同轴全息图，其再现光路如图 3.6.1 所示，衍射光场的四项场分量都在同一方向传播。其中，直接透射光大大降低了像的衬度，且虚像和实像之间的距离为物体与全息干板之间的距离的 2 倍，构成不可分离的孪生像，当对实像聚焦时，总是伴随一离焦的虚像，两者重叠在一起，大大降低了重构像的质量。

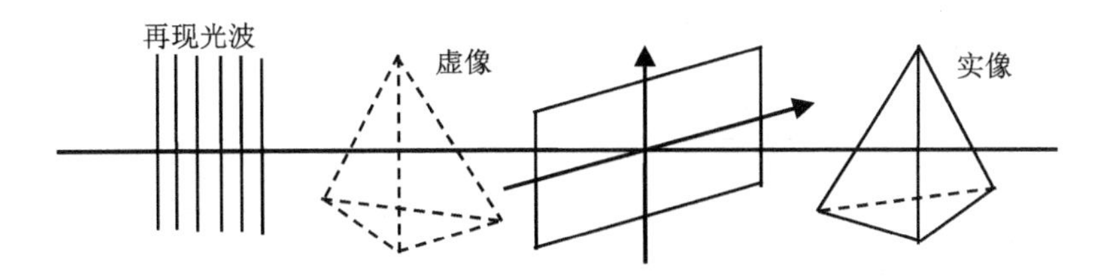

图 3.6.1　同轴全息图的再现光路

当物光波与参考光波的光轴夹角不为零时，记录的是离轴全息图，图 3.6.2 是离轴全息图的再现光路。离轴全息图的最大特点就是其衍射光场的直透部分［式（3.6.6）的前两项］和±1 级衍射波［式（3.6.6）的后两项］是可以相互分离的，提高了重构像的衬度。由于承载信息的两个平面波向不同的方向传播，所以 $O(x,y)$和 $O^*(x,y)$产生的孪生像相互干扰。当然，要使成像光波及它们和 $U_1(x,y)$、$U_2(x,y)$能够成功分离，就需要适当地选择物光波和参考光波之间的夹角。

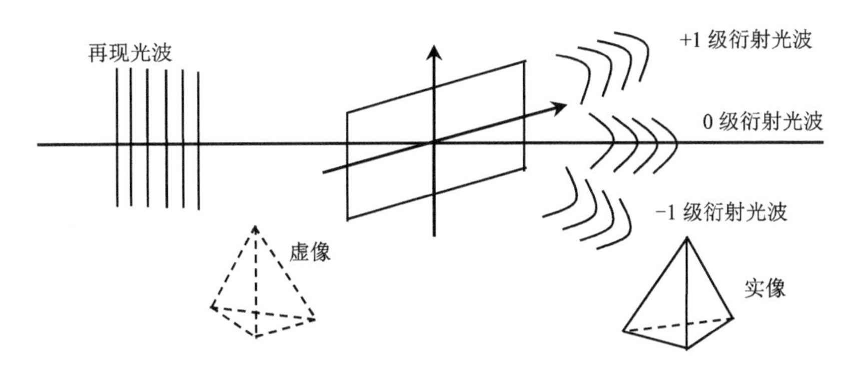

图 3.6.2　离轴全息图的再现光路

3．数字全息术

数字全息术和传统全息术一样，包括记录和再现两个过程。不同的是，数字全息术使用光电成像器件代替普通的全息干板来拍摄全息图，并将记录的数字全息图存入计算机，然后用数值计算方法对此全息图进行数字再现，再现结果直接显示在计算机显示器上。

1）数字全息的基本模型

图 3.6.3 给出了数字全息图记录和再现的结构及坐标示意图。物体位于 xy 平面，与全息图平面 $\xi\eta$ 相距 d，物体的复振幅分布为 $O(\xi, \eta)$，物光波和参考光波在全息图平面上的干涉强度分布为 $H(\xi, \eta)$，光电成像器件位于该平面上，实现采集图像和将全息图数字化。$x'y'$平面是数值重构时的像平面，与全息图平面的距离为 d'。$b'(x', y')$是重构像的复振幅分布，包含物体的全部信息。我们把 d 称为全息记录距离，把 d'称为数值重构距离。

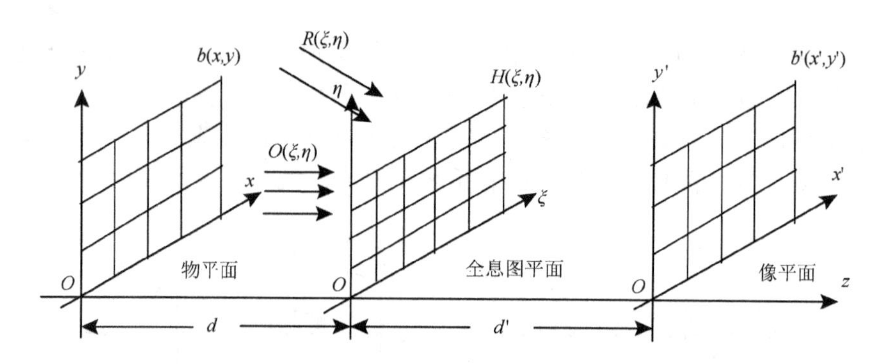

图 3.6.3　数字全息图的记录和再现的结构及坐标示意图

2）数字全息的重构

利用光学方法记录一幅全息图，然后利用参考光波照射全息图时可以重构原物信息。用波长为 532nm 的均匀平面波垂直照射物体，当记录尺寸(ξ, η)和再现尺寸(x', y')远远小于数值重构距离 d'时，有

$$b'(x',y')=\frac{\exp(\mathrm{j}kd)}{\mathrm{j}\lambda d}\exp\left[\frac{\mathrm{j}k}{2d}(x'^2+y'^2)\right]\int\int_{-\infty}^{\infty}O(\xi,\eta)\exp\left(\mathrm{j}k\frac{\xi^2+\eta^2}{2d}\right)\exp\left[-\mathrm{j}\frac{k}{d'}(\xi x'+\eta y')\right]\mathrm{d}\xi\mathrm{d}\eta$$

$$=\frac{\exp(\mathrm{j}kd)}{\mathrm{j}\lambda d}\exp\left[\frac{\mathrm{j}\pi}{\lambda d}(x'^2+y'^2)\right]\cdot\mathrm{FFT}\left\{O(\xi,\eta)\exp\left[\frac{\mathrm{j}\pi}{\lambda d}(\xi^2+\eta^2)\right]\right\}\Bigg|_{\substack{x'=\frac{\xi}{\lambda d'}\\ y'=\frac{\eta}{\lambda d'}}} \tag{3.6.7}$$

由于

$$x'=pT=p\frac{\lambda d}{\Delta L_0},\quad y'=qT=q\frac{\lambda d}{\Delta L_0}$$

$$\xi=mT_0=m\frac{\Delta L_0}{M},\quad \eta=nT_0=n\frac{\Delta L_0}{N}$$

因此，用一次快速傅里叶变换计算衍射场的离散表达式为

$$b'(pT,qT)=\frac{\Delta L_0^2}{MN}\frac{\exp(\mathrm{j}kd)}{\mathrm{j}\lambda d}\exp\left[\mathrm{j}\pi\frac{\lambda d}{\Delta L_0^2}(p^2+q^2)\right]\cdot$$
$$\mathrm{FFT}\left\{O\left(m\frac{\Delta L_0}{M},n\frac{\Delta L_0}{N}\right)\exp\left[\mathrm{j}\pi\frac{\Delta L_0{}^2}{\lambda dMN}(m^2+n^2)\right]\right\} \tag{3.6.8}$$

式中，假设矩形光电成像器件 CCD 或 CMOS 有 $M\times N$ 个像素；m 和 n 为整数，$-M/2\leqslant m\leqslant M/2$，$-N/2\leqslant n\leqslant N/2$；$p$ 和 q 同样为整数，取值一般也为$-M/2\leqslant p\leqslant N/2$，$-M/2\leqslant q\leqslant N/2$；$\Delta L_0$ 是像平面的采样间隔，满足抽样定理。从式（3.6.8）中可以看出，数字重构过程实际就是反傅里叶变换的过程。

【实验仪器】

光学平台、磁性底座、二维调节磁性底座、半导体激光器（532nm）、分束镜、扩束镜、针孔滤波器、准直透镜、反射镜、被照物、CCD 采集相机、可变光阑、白屏、计算机（带软件）。

【实验内容与方法】

数字全息实验全景图如图 3.6.4 所示。

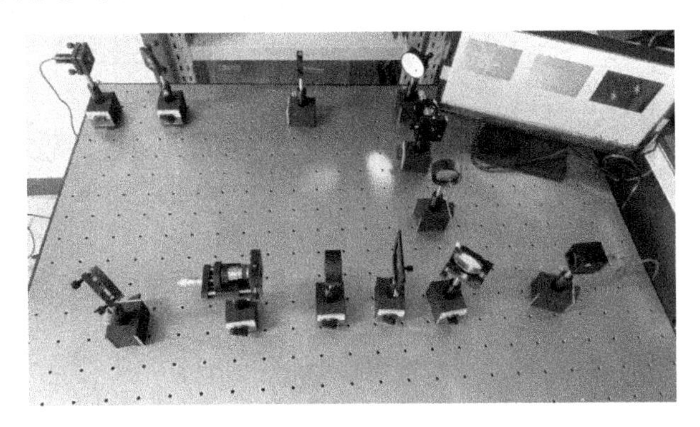

图 3.6.4　数字全息实验全景图

1．透射式数字全息

（1）首先把半导体激光器发出的光束调节至与全息台平行：将可变光阑的通光孔径调到最小，并将它放置在半导体激光器前面的磁性底座上，让激光光束通过可变光阑的通光孔；把可变光阑移动到光学平台的另一端，调节半导体激光器的二维调节旋钮，使激光光束再次通过可变光阑的通光孔；再次把可变光阑放在半导体激光器前面，这样来回几次，就可以使半导体激光器发出的光束与全息台平行了。校正所用的反射镜、分束镜、准直透镜等器件，让光束能刚好照射到器件的中心。

（2）参照图 3.6.5 摆放各个器件。精确测量参考光波和物光波的光程，只要保证二者之间的光程差小于半导体激光器的相干长度，就可以很好地干涉。

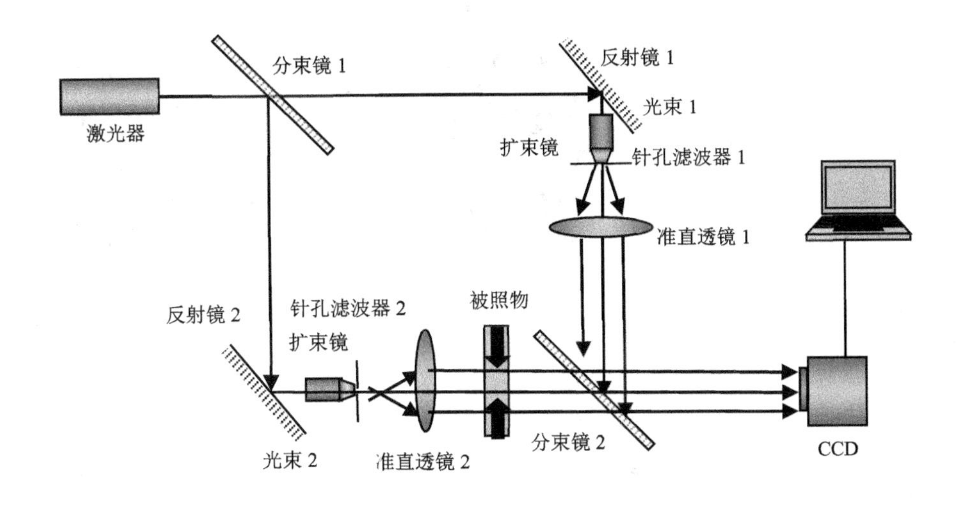

图 3.6.5　透射式数字全息光路图

（3）在反射镜 1 后放置针孔滤波器。在反射镜 1 后面大约 40cm 处放置可变光阑（通光孔径最小），调整可变光阑的高度，让激光光束通过通光孔，将针孔滤波器架置于反射镜 1 和可变光阑之间，调整针孔滤波器的高度，使光束沿针孔滤波器架的孔中心通过。把扩束镜安装在针孔滤波器架上，再次微调针孔滤波器的高度，使可变光阑的通光孔位于扩束后均匀光斑的中心，把针孔安装在针孔滤波器上，先调节前后方向的旋钮，使扩束镜向针孔方向移动，当在可变光阑屏上出现光点后，调节左右方向和垂直方向的旋钮，使光点移到可变光阑中心。不断重复此操作，最后沿三个方向进行微调，使中央亮斑半径不断扩大、亮度逐渐增加，直至最亮、最均匀。

（4）在针孔滤波器 1 后 10cm 处放置准直透镜 1，在准直透镜 1 后放置一白屏，前后移动白屏，观察白屏上圆形光斑的大小是不是发生了变化，如果发生变化，就再次前后移动准直透镜 1，接着前后移动白屏，观察圆形光斑的大小。重复以上步骤，直到光斑大小不发生变化，完成调节。在调节过程中，应注意光斑大小变化与准直透镜 1 移动方向的关系，这样可以很快达到调节效果。

（5）在反射镜 2 后面的光路中，重复（3）、（4）步操作。

（6）在准直透镜 1 后放置通光孔径为 50cm 的分束镜 2，在分束镜 2 后放置白屏，旋转分束镜 2，直到光束 1 经分束镜 2 的反射光斑和光束 2 经分束镜 2 的透射光斑在白屏上重合。

（7）用 CCD 摄像头替代白屏，连接好 CCD 与计算机之间的连线，打开 CCD 驱动软件，微调被照物的高度，使“光”字位于软件界面的合适位置，微调分束镜 2 的二维调节旋钮，使 CCD 采集相机软件界面上出现干涉条纹（人眼刚好可分辨即可）。如果干涉条纹的清晰度不好，则可以在分束镜 1 的透射光路中放置偏振片，旋转偏振片，让两路光的光强比接近 1:1，以提高干涉条纹的对比度。

（8）打开“数字全息模拟”界面，分别输入激光波长（532nm）、相机像素尺寸（5.2μm）、物体尺寸（7mm），单击“计算”按钮，可以算出最小记录距离，载入原始像“光字.jpg”，输入记录距离（要比最小记录距离大），单击“计算全息”按钮，会得到相应的全息图和再现像。如果再现像不完整，则增大记录距离，直到得到较好的再现像，如图 3.6.6 所示。

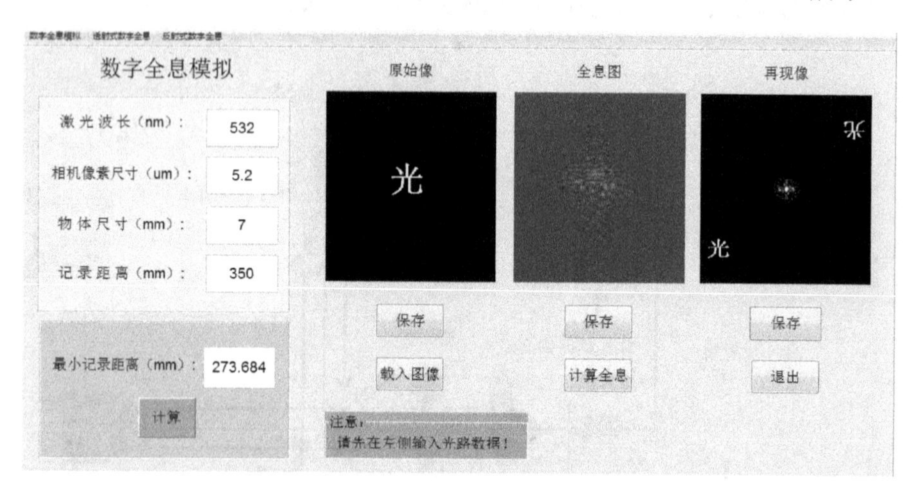

图 3.6.6　“数字全息模拟”界面

（9）根据步骤（8）模拟得到的记录距离调整光路中被照物和 CCD 采集相机光敏元件之间的距离，微调 CCD 采集相机的高度，使“光”字完整地位于 CCD 拍摄软件界面的图片窗口中，拍摄得到全息图并保存。将白屏置于光束 2 的光路中，用 CCD 采集相机拍摄得到背景图并保存。

（10）透射式数字全息。打开“透射式数字全息”界面，如图 3.6.7 所示，分别载入步骤

(9) 保存的全息图和背景图，在“光路参数”选区中输入相应的数据，单击“全息计算”按钮，得到再现像，拖动“亮度调节”纵向滑动条，单击“亮度调节”按钮，观察再现像的亮度变化，直至得到清晰的再现像，单击“保存”按钮，可以保存亮度调节后的再现像。

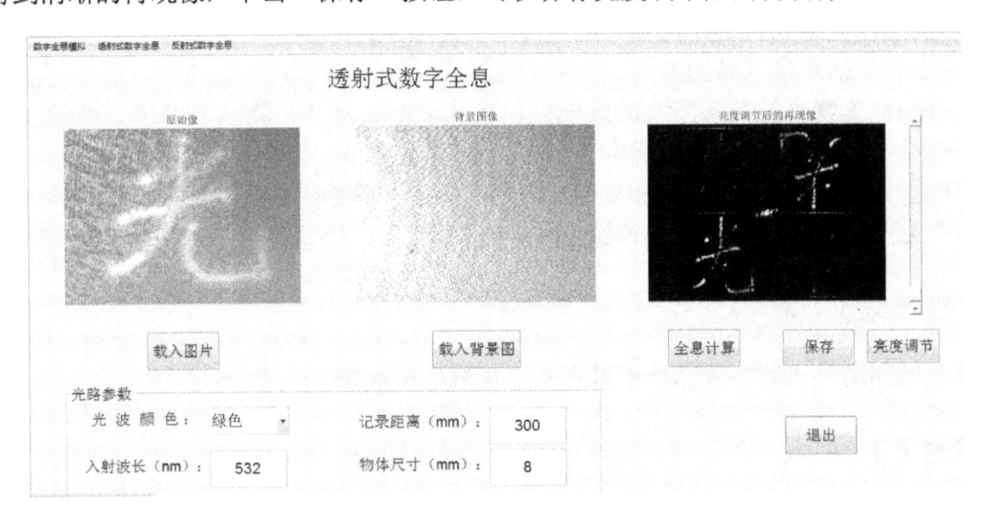

图 3.6.7　“透射式数字全息”界面

2．反射式数字全息

（1）按照图 3.6.8 搭建光路，其中，M_1、M_2 为反射镜；B_1、B_2 为扩束镜；P_1、P_2 为分束镜；H_1、H_2 为针孔滤波器；L_1、L_2 为准直透镜，L_3 为成像透镜。

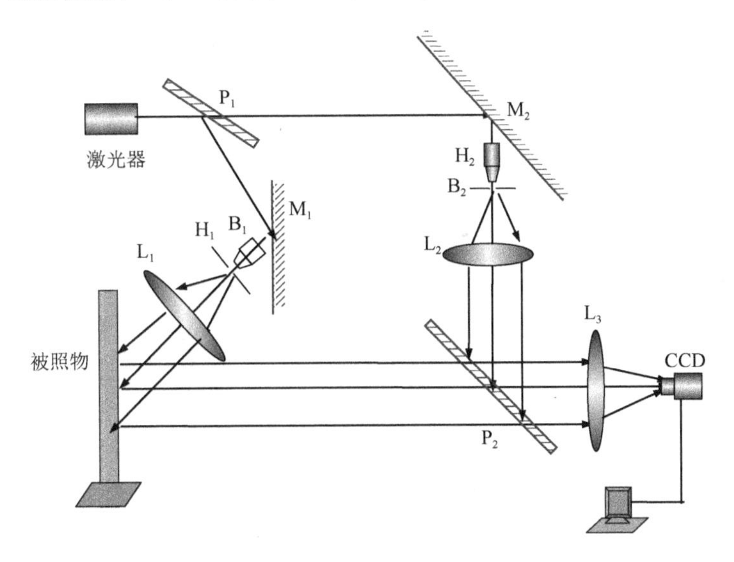

图 3.6.8　反射式数字全息光路图

（2）首先把半导体激光器发出的光束调节至与全息台平行；校正所用的反射镜、分束镜、透镜等器件，让光束能刚好照射到器件的中心。

（3）按照实验需要的距离摆放各个器件。精确测量参考光波和物光波走过的路程，只需保证二者之间的光程差小于半导体激光器的相干长度即可。然后装上扩束镜和针孔滤波器、准直透镜。通过调节反射镜和分束镜来调整参考光波和物光波的干涉条纹并控制干涉条纹的数目，避免因条纹过多出现叠频现象；如果条纹过少，则信息量太少（条纹数的多少与 CCD 采集相机的分辨率对应）。

（4）由于反射式物光波一般情况下较弱（可在物体表面喷白漆来加强反射），所以应尽量使被照物与 CCD 采集相机的距离近一些，以保证能够采集到清晰的干涉图，并记录下被照物到 CCD 采集相机的距离（备用）。

（5）分别测量物光波与参考光波的光强，加入衰减器，让物光波与参考光波的光强达到 1:1 的比例，以提高干涉条纹的对比度。

（6）固定好被照物，稳定 1min 后用 CCD 采集相机采集干涉图。

注意：光学元件表面不可用手触摸。

【数据处理要求】

采集并保存透射式数字全息和反射式数字全息的再现图。

【分析与思考】

1. 分析并对比数字全息与传统光学全息的不同之处。
2. 数字全息为什么对光学平台的稳定性要求不高？
3. 数字全息能够完全取代传统光学全息吗？为什么？
4. 数字全息的核心是什么？

实验 3.7　光纤位移传感实验

光纤是一种圆柱介质光波导，能够约束并引导光波在其内部或表面附近沿其轴线方向传播。光纤传感技术是 20 世纪 70 年代随着光纤和光纤通信技术的发展而迅速发展起来的一种以光为载体，以光纤为介质来感知和传输外界信号的新型传感技术。与传统的机械类和电子类传感器相比，光纤传感器具有如下几方面的优势：①灵敏度高，动态范围大；②抗电磁干扰，电绝缘性好，抗腐蚀，能在高温高压和易燃易爆等恶劣环境下工作；③传感头结构简单，尺寸小，质量轻，适合埋入大型结构中；④传输损耗小，可实现远距离检测；⑤光纤轻巧柔软，易复用和形成传感网络，易于实现分布式传感等。因此，光纤传感器一问世就受到世界各国的普遍重视。它在军事、国防、航天航空、工矿企业、能源环保、工业控制、医药卫生、计量测试、建筑、家用电器等方面获得了广泛应用。

【实验目的】

1. 了解光纤的基本原理。
2. 学习并掌握与光纤传感相关的概念和原理。
3. 了解光纤传感实验仪的基本使用方法，并会用该装置测定各种光纤传感现象。

【实验原理】

光纤的基本结构如图 3.7.1 所示，它由纤芯、包层和涂覆层构成。其中，纤芯由高折射率的介质材料（如石英玻璃等）经过严格的工艺制成，是光波的传播介质；包层是一层折射率稍低于纤芯折射率的介质材料，它一方面与纤芯一起构成光波导，另一方面保护纤芯不被污染或损坏；涂覆层一般由高损耗的柔软材料（如塑料等）制成，起增强机械性能、保护光纤的作用，同时阻止纤芯光功率串入邻近光纤线路，抑制串扰。光波在光纤中的传输具有如下特点：①光能量以电磁波的形式在光纤内部或表面沿其轴向传输；②光波以全反射的原理被约束在光纤界面内；③光波的传输特性由光纤的结构和材料特性决定。

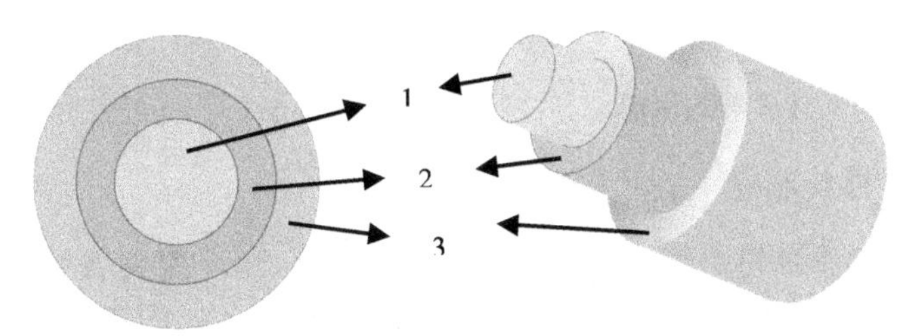

1—纤芯；2—包层；3—涂覆层

图 3.7.1　光纤的基本结构

光纤的纤芯与包层的折射率差很小，它们都属于弱导介质。这种尺寸较小的介质波导在压力、温度等外界因素作用下，波导结构参数、折射率及其分布等很容易产生变化，因而导致光纤传输特性的改变。当光波在光纤中传播时，表征光波的特征参量，如振幅、相位、偏振态、波长、频率等会因光纤参数的改变而直接或间接地发生变化，即被调制。通过测量光波的特征参量的变化即解调制，就可以得到作用于光纤的相应物理量的大小，实现传感功能。根据被调制的光波的特征参量的不同，光纤传感器可分为强度调制型、频率调制型、波长调制型、偏振调制型和相位调制型等。根据被测对象的不同，光纤传感器又可分为温度传感器、位移传感器、浓度传感器、压力传感器等。

光纤位移传感器是一种使用广泛的传感装置，它通过测量光纤输出口的功率对待测量三维空间位置的变化进行传感监测。下面以三种光纤位移传感器为例，详细分析其各自的传感原理。

1. 透射式光纤位移传感器

透射式光纤位移传感器的原理如图 3.7.2 所示，调制处的光纤端面为平面，通常，发射光纤不动，接收光纤可以在纵（横）向移动，这样，接收光纤的输出光强就被其位移调制了。透射式调制方式的分析比较简单。在发射光纤端，其光场分布为一立体光锥，各点的光通量由函数$\phi(r,z)$描述，其光场分布坐标如图 3.7.3 所示。该特性调制函数可借助接收光纤端探测到的光强公式给出：

$$I(r,z)=\frac{S_{\mathrm{A}}I_0}{\pi\omega^2(z)}\cdot\exp\left[-\frac{r^2}{\omega^2(z)}\right] \tag{3.7.1}$$

式中，I_0为由光源耦合到发射光纤中的光强；$I(r,z)$为接收光纤端光场中(r,z)处的光通量密度；S_{A}为接收面积，即纤芯面。

当z取定值时，得到的是横向位移传感特性函数；当r取定值时（如$r=0$），可得到纵向位移传感特性函数。

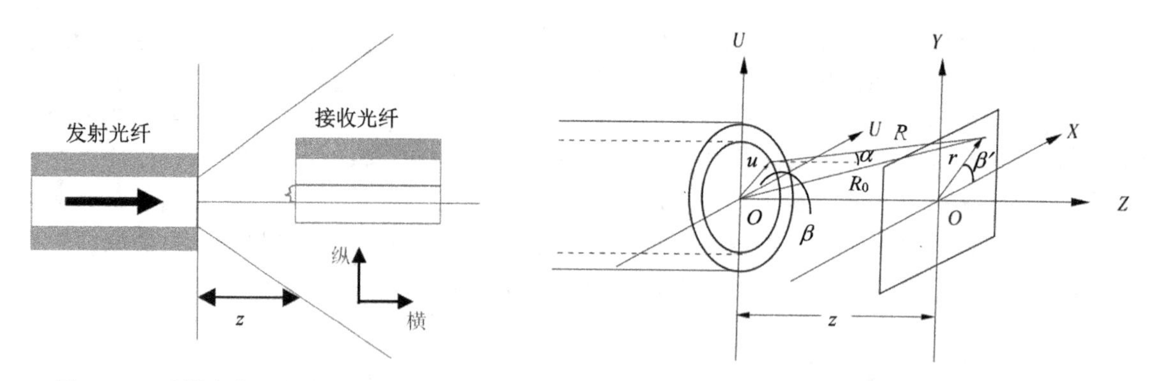

图 3.7.2　透射式光纤位移传感器的原理　　图 3.7.3　光纤发射端的光场分析坐标

2. 反射式光纤位移传感器

反射式光纤位移传感器的原理如图 3.7.4 所示。其中，光纤探头 A 由两根光纤组成，一根用于发射光波，一根用于接收反射回的光波；R 是反射材料，如图 3.7.4（a）所示。系统可工作在两个区域中，即前沿工作区和后沿工作区，如图 3.7.4（c）所示，当系统在后沿工作区工作时，可以获得较宽的动态范围。

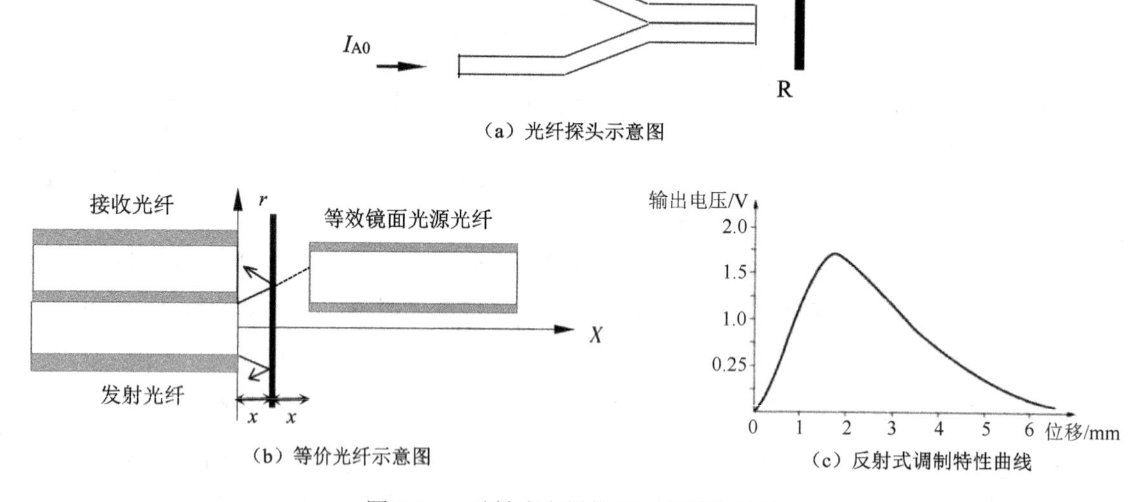

（a）光纤探头示意图

（b）等价光纤示意图　　（c）反射式调制特性曲线

图 3.7.4　反射式光纤位移传感器的原理

就外部调制非功能型光纤传感器而言，其光强响应特性曲线是这类传感器的设计依据。该特性调制函数可借助接收光纤端出射光场的场强分布函数给出：

$$\phi(r,x)=\frac{I_0}{\pi\sigma^2 a_0^2\left[1+\xi\left(x/a_0\right)^{2/3}\right]^2}\exp\left\{-\frac{r^2}{\sigma^2 a_0^2\left[1+\xi\left(x/a_0\right)^{2/3}\right]^2}\right\} \tag{3.7.2}$$

式中，$\phi(r,x)$为接收光纤端光场中(r,x)处的光通量密度；I_0 为由光源耦合到发射光纤中的光强；σ为一表征光纤折射率分布的相关参数，对于阶跃折射率光纤，$\sigma=1$；r 为偏离光纤轴线的距离；x 为接收光纤端面与反射面的距离；a_0 为纤芯半径；ξ为与光源种类、光纤数值孔径及光源与光纤耦合情况有关的综合调制参数。

如果将同种光纤置于发射光纤出射光场中作为探测接收器，则它接收到的光强可表示为

$$I(r,x)=\iint_S \phi(r,x)\mathrm{d}S=\iint_S \frac{I_0}{\pi\omega^2(x)}\exp\left[\frac{r^2}{\omega^2(x)}\right]\mathrm{d}S \tag{3.7.3}$$

式中，$\omega(x)=\sigma a_0\left[1+\xi(x/a_0)^{2/3}\right]$，这里，$S$ 为接收光面，即纤芯面。

在接收光纤端出射光场的远场区，为简便计算，可用接收光纤端面中心点处的光强作为整个纤芯面上的平均光强，在这种近似下，可得接收光纤终端探测到的光强公式为

$$I_\mathrm{A}(x)=\frac{RSI_0}{\pi\omega^2(2x)}\exp\left[-\frac{r^2}{\omega^2(2x)}\right] \tag{3.7.4}$$

3. 微弯式光纤位移传感器

微弯式光纤位移传感器的原理如图 3.7.5 所示。当光纤发生弯曲时，由于其全反射条件被破坏，所以纤芯中传播的某些模式光束会进入包层，造成光纤中的能量损耗。为了扩大这种效应，把光纤夹持在一个周期为Λ的梳状结构中。

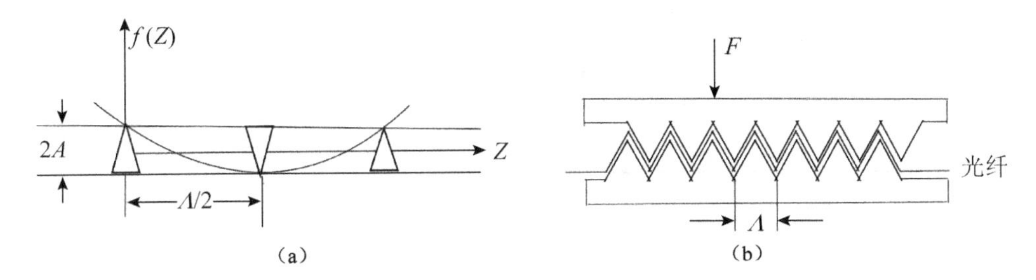

图 3.7.5　微弯式光纤位移传感器的原理

当梳状结构（变形器）受力时，光纤的弯曲情况将发生变化，纤芯中跑到包层中的光能（损耗）也将发生变化，近似将光纤看作正弦微弯形式，其微弯变形函数为

$$f(Z)=\begin{cases}A\sin\omega\cdot Z & (0\leqslant Z\leqslant L)\\ 0 & (Z<0,Z>L)\end{cases} \tag{3.7.5}$$

式中，L 是光纤产生微弯的区域长度；A 为弯曲幅度；ω为空间频率，设光纤微弯变形函数的微弯周期为Λ，则有 $\Lambda=2\pi/\omega$。

光纤由于弯曲产生的光能损耗系数为

$$\alpha=\frac{A^2L}{4}\left\{\frac{\sin\left[(\omega-\omega_\mathrm{c})L/2\right]}{(\omega-\omega_\mathrm{c})L/2}+\frac{\sin\left[(\omega+\omega_\mathrm{c})L/2\right]}{(\omega+\omega_\mathrm{c})L/2}\right\} \tag{3.7.6}$$

式中，ω_c 称为谐振频率，$\omega_\mathrm{c}=\dfrac{2\pi}{\Lambda_\mathrm{c}}=\beta-\beta'=\Delta\beta$，$\Lambda_\mathrm{c}$ 为谐振波长；β和β'为纤芯中两个模式的传播常数。当$\omega=\omega_\mathrm{c}$时，这两个模式的光功率耦合得特别紧，因而损耗也会增大。

如果选择相邻的两个模式，则对光纤折射率为平方律分布的多模光纤而言，满足以下关系：

$$\Delta\beta = \frac{\sqrt{2\varDelta}}{r} \tag{3.7.7}$$

式中，r 为光纤半径；$\varDelta$为纤芯与包层之间的相对折射率差。由式（3.7.6）、式（3.7.7）可得

$$A_{\mathrm{c}} = \frac{2\pi r}{\sqrt{2\varDelta}} \tag{3.7.8}$$

对于通信光纤，$r = 25\mu\mathrm{m}$，$\varDelta \leqslant 0.01$，$A_{\mathrm{c}} \approx 1.1\mathrm{mm}$。式（3.7.6）表明$\alpha$与弯曲幅度的平方成正比，并与微弯区域的长度成正比。通常，我们让光纤通过周期为$\varLambda$的梳状结构来产生微弯，按式（3.7.8）得到的 A_{c} 一般太小，实用时可取其奇数倍数值，即 $3A_{\mathrm{c}}$、$5A_{\mathrm{c}}$、$7A_{\mathrm{c}}$等，同样可得到较高的灵敏度。

【实验仪器】

光纤激光器、光源驱动组件、跳线若干、光纤位移实验装置。

图 3.7.6～图 3.7.8 分别给出了透射式、反射式和微弯式的实验装置。

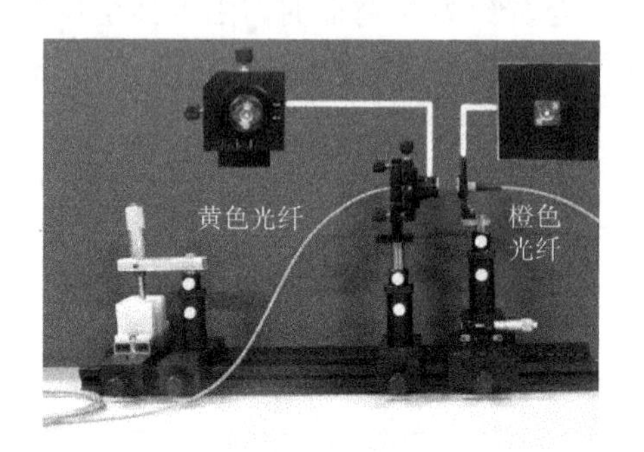

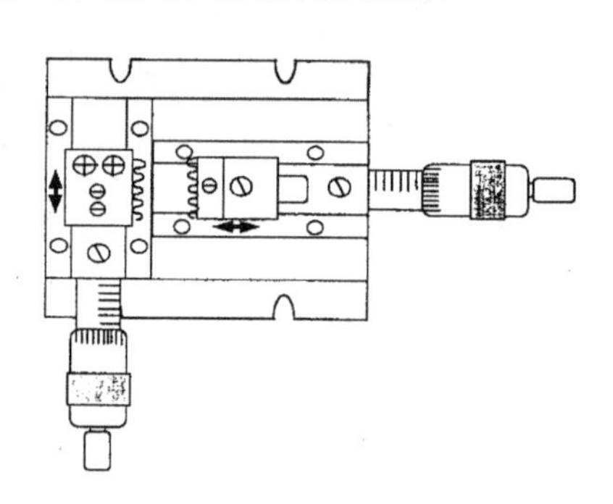

图 3.7.6　透射式实验装置

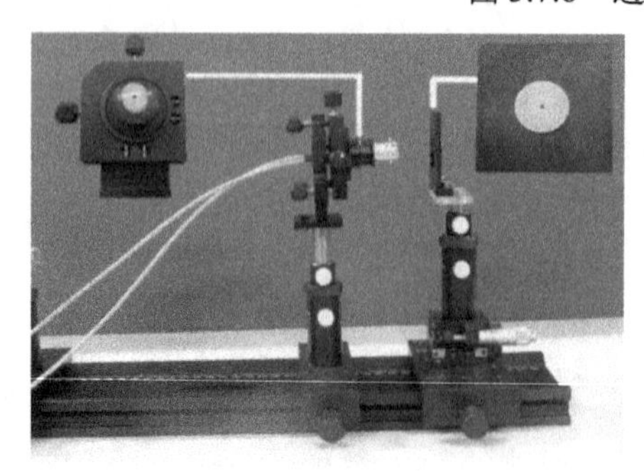

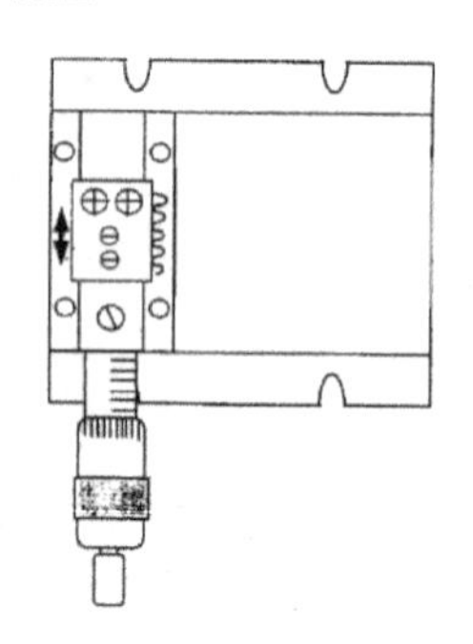

图 3.7.7　反射式实验装置

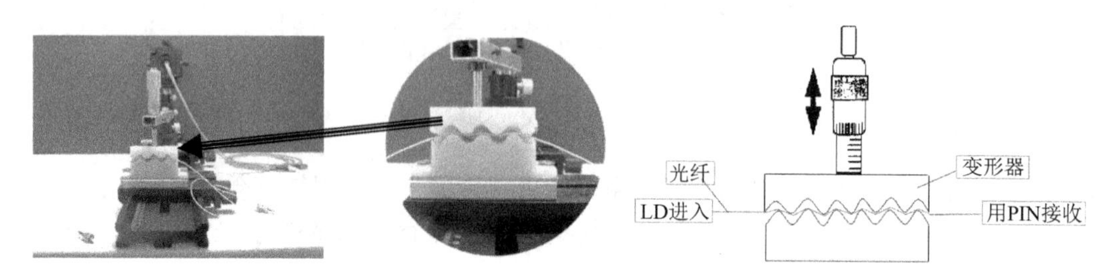

图 3.7.8　微弯式实验装置

【实验内容与方法提示】

1．透射式实验

（1）根据图 3.7.6 连接光路，将黄色光纤跳线的一端连接激光器，另一端连接结构件；将橙色光纤跳线的短插芯一端连接探测器，长插芯一端连接结构件，并将纵向的螺旋测微器反方向（逆时针）调到初始位置。

注意：分别将两根光纤跳线带有 ST 插芯的一端安装在光纤探头固定装置上，另一端接激光器和探测器；ST 插芯比普通的 PC 插芯要长一些，通过对比观察即可辨别。

（2）接通电源，按下电源开关，主机（指的是光纤传感实验仪的主机）的液晶屏上将显示工作电压 *V*、工作电流 *I* 和光功率 *P* 三行数据。按步长选择键选择，选择 2mA 步长；按增大电流键▲，增大驱动电流，使电流达到最大值。

（3）将光纤的发射端和接收端两个光纤端面靠近并对准，通过调整四维架和横向的螺旋测微器，使光纤的发射端和接收端保持同轴，此时主机的液晶屏上显示的光功率值应为最大值。

（4）假定此时纵向螺旋测微器的读数为零，沿纵向远离的方向旋转螺旋测微器，每移动一定的距离（推荐每次变化 10～50μm，螺旋测微器的每一格对应 10μm），记录下螺旋测微器的读数和相应的光功率值，直到光功率值减小到接近零时停止实验。

（5）根据所测数据在坐标纸上绘出相应的曲线，即纵向光纤位移传感调制曲线。

（6）在测量横向光纤位移传感器调制曲线时，使发射端和接收端的光纤端面保持一定的距离，并使之同轴。假定此时横向螺旋测微器的读数为零，旋转横向的螺旋测微器（每次移动 10μm），使两个光纤端面在径向上相偏离，在表 3.7.1 中记录下螺旋测微器的读数和相应的光功率值，直到光功率值减小到接近零时停止实验。

（7）根据所测数据在坐标纸上绘出相应的曲线，即透射式光纤位移传感器调制曲线。

表 3.7.1　透射式光纤位移传感器测量数据记录

测量次数	1	2	3	4	5	6	7	8	9	10
螺旋测微器读数/mm										
光功率/mW										

2．反射式实验

（1）根据图 3.7.7 连接光路，更换结构件中的光纤固定头，用螺丝刀将反射式光纤固定紧，并将其两头分别与主机上的激光器和探测器相连接；将纵向的螺旋测微器反方向（逆时针）调到初始位置。

（2）接通电源，按下电源开关，主机的液晶屏上将显示工作电压 *V*、工作电流 *I* 和光功率 *P* 三行数据。按步长选择键选择，选择 2mA 步长；按增大电流键▲，增大驱动电流，使电流达到最大值。

（3）通过调整四维架和横向的螺旋测微器，使发射端光纤端面和反射物端面靠近并对准。

（4）假定此时纵向螺旋测微器的读数为零，沿纵向远离的方向旋转螺旋测微器，每移动一定的距离（推荐每次变化 10～50μm，螺旋测微器的每一格对应 10μm），在表 3.7.2 中记录下螺旋测微器的读数和相应的光功率值，直到光功率值减小到接近零时停止实验。

（5）根据所测数据在坐标纸上绘出相应的曲线，即反射式光纤位移传感器调制曲线。

表 3.7.2　反射式光纤位移传感器测量数据记录

测量次数	1	2	3	4	5	6	7	8	9	10
螺旋测微器读数/mm										
光功率/mW										

3．微弯式实验

（1）根据图 3.7.8 连接光路，用白色光纤跳线分别与主机上的激光器和探测器相连接。

（2）接通电源，按下电源开关，主机的液晶屏上将显示工作电压 V、工作电流 I 和光功率 P 三行数据。按步长选择键（选择），选择 2mA 步长；按增大电流键▲，增大驱动电流，使电流达到最大值。

（3）将被测光纤 U 形弯曲放置在弯曲变形调制器中。利用螺旋测微器，首先使弯曲变形调制器与光纤接触，在表 3.7.3 中记录此时的光功率值，同时记录当前螺旋测微器的读数。

（4）每旋进 50μm 记录一次光功率值，将所得数据绘成曲线，该曲线即可作为微弯式光纤位移传感器测量的标定曲线，用于微位移的检测。利用这条曲线可以方便地对光纤弯曲损耗的特性进行研究。

表 3.7.3　微弯式光纤位移传感器测量数据记录

测量次数	1	2	3	4	5	6	7	8	9	10
螺旋测微器读数/mm										
光功率/mW										

注意：不要用力压迫光纤，以免光纤被压断；当光功率值显示接近零时停止实验。

【数据处理要求】

根据所测数据，分别绘制三种位移式光纤传感器调制曲线。

【分析与思考】

1．自己动手设计基于可见光的反射式光纤位移传感系统。

2．自己动手设计基于可见光的微弯式光纤位移传感系统。

实验 3.8　光电效应综合实验

1887 年，赫兹发现了光电效应现象，即在光的照射下，某些物质内部的电子会被光子激发出来而形成电流，即光生电。该现象的发现对发展量子理论及波粒二象性起了重要的作用。爱因斯坦于 1905 年应用并发展了普朗克的量子理论，提出了“光量子”的概念，简称“光子”，并用光量子成功地解释了光电效应。10 年后，密立根用实验证实了爱因斯坦的光量子理论，精确测定了普朗克常数。两位物理大师因在光电效应等方面做出的杰出贡献，分别于 1921 年和 1923 年获得了诺贝尔物理学奖。利用光电效应制成的许多光电器件在科学和技术上得到了极其广泛的应用。

【实验目的】

1．理解光电效应及光的量子性。
2．学习利用光电效应原理测量普朗克常数。
3．了解光敏电阻、光电池、光电二极管的光照伏安特性。

【实验原理】

1．光电效应与普朗克常数的测定

光电效应实验的原理如图 3.8.1 所示，入射光照射到光电管的阴极 K 上，产生光电子，在电场作用下向阳极 A 迁移，构成光电流，改变外加电压 U_{AK}，测量出光电流 I 的大小，即可得出光电管的伏安特性曲线，即光电效应。

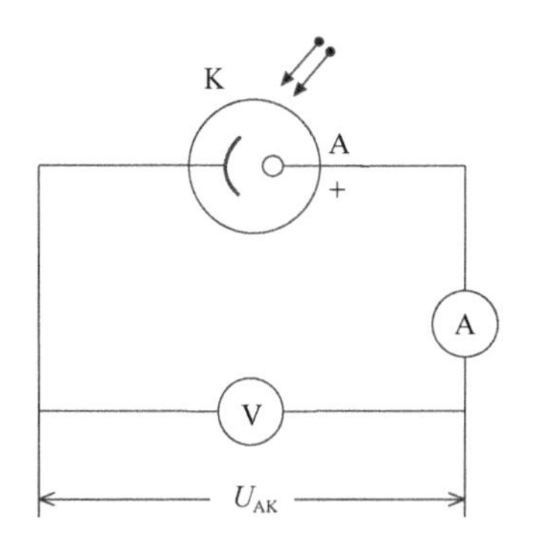

图 3.8.1　光电效应实验的原理

经典电磁理论认为，电子会连续地从波阵面上获得能量，且获得的能量的大小应与光的强度有关。因此，对于任何频率，只要有足够的光强度和照射时间，总会发生光电效应，而实验事实与之不符。

1905 年，爱因斯坦提出光量子理论，认为光能并不像电磁波理论想象的那样分布在波阵面上，而是集中在被称为光子的微粒上，但这种微粒仍然保持着频率（或波长）的概念，频率为 υ 的光子具有的能量为 $E = h\upsilon$，h 为普朗克常数。当光子照射到金属表面上时，被金属中的电子全部吸收，无须积累能量的时间。电子把能量的一部分用来克服金属表面对它的吸引力，余下的部分就变为电子离开金属表面后的动能。按照能量守恒定律，爱因斯坦给出了著名的光电效应方程：

$$h\upsilon = \frac{1}{2}mv^2 + A \tag{3.8.1}$$

式中，A 为金属的逸出功；$\frac{1}{2}mv^2$ 为光生电子获得的初始动能。

由式（3.8.1）可见，入射到金属表面的光频率越高，逸出的电子动能越大，因此，即使阳极电位比阴极电位低，也会有电子落入阳极而形成光电流，直至阳极电位低于截止电压 U_0，光电流才为零，此时有如下关系：

$$eU_0 = \frac{1}{2}mv^2 \tag{3.8.2}$$

式中，e 为电子电量。阳极电位高于截止电压后，随着阳极电位的升高，阳极对阴极发射的电子的收集作用越强，光电流随之增大。当阳极电位高到一定程度时，即已把阴极发射的光电子几乎全收集了过来，此时再升高 U_{AK}，I 不再变化，光电流饱和，饱和光电流 I_M 的大小与入

射光的强度 P 成正比。

当光子的能量 $h\upsilon < A$ 时，电子不能脱离金属，因而没有光电流产生。产生光电效应的最低频率（截止频率）是 $\upsilon_0 = \dfrac{A}{h}$。将式（3.8.2）代入式（3.8.1），可得

$$eU_0 = h\upsilon - A \tag{3.8.3}$$

式（3.8.3）表明，截止电压 U_0 是频率 υ 的线性函数，直线斜率 $a = \dfrac{h}{e}$。可见，只要用实验测出不同的频率对应的截止电压，求出直线斜率，就可以算出普朗克常数。

2．光敏电阻

根据光子与物质相互作用的不同过程，光电效应又分为外光电效应和内光电效应。外光电效应是指在外界高于某一特定频率的电磁波的辐射下，物体内部电子吸收能量而逸出表面的现象。内光电效应是入射电磁波辐射到物体表面导致其电导率变化（或其内部产生电动势）的现象。

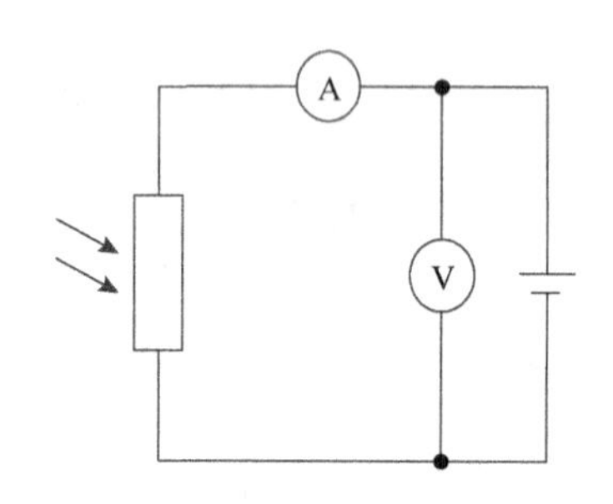

图 3.8.2　光敏电阻工作原理电路

光敏电阻正是基于内光电效应工作的元件。图 3.8.2 为光敏电阻工作原理电路，当光敏电阻受到光照而发生内光电效应时，固体材料吸收的能量使部分价带电子迁移到导带，同时在价带中留下空穴。这样，材料中的载流子的数目增加，材料的电导率也就增大，它的改变量为

$$\Delta\sigma = \Delta pe\mu_{\rm p} + \Delta ne\mu_{\rm n} \tag{3.8.4}$$

式中，Δp 为空穴浓度的改变量；e 为电子电量；$\mu_{\rm p}$ 为空穴迁移率；Δn 为电子浓度的改变量；$\mu_{\rm n}$ 为电子迁移率。

当在光敏电阻两端加上电压 U 后，光电流为

$$I_{\rm PH} = \frac{S}{d}\Delta\sigma U \tag{3.8.5}$$

式中，S 为与电流垂直的截面积；d 为电极间的距离。由式（3.8.4）和式（3.8.5）可知，当光照一定时，光敏电阻两端所加电压与光电流呈线性关系且该直线过零点，其斜率反映光照下的阻值状态。

光敏电阻的基本特性有伏安特性、光照特性、光谱特性等。伏安特性是指在一定的照度下，加在光敏电阻两端的电压和光电流之间的关系。光照特性是指在一定的外加电压下，光敏电阻的光电流与光通量之间的关系。本实验所用光敏电阻的材料为硫化镉（CdS），它是光敏电阻的常用材料，通过本实验，可验证其伏安特性并了解其光照特性。

3．光电池

光电池又叫光伏电池，它可以把外界的光能转为电能。一般，光电池是由大面积的 PN 结形成的，即在 N 型硅片上扩散硼形成 P 型层，并用电极引线把 P 型层和 N 型层引出，形成正、负电极。

短路电流 $I_{\rm SC}$ 和开路电压 $U_{\rm OC}$ 是光电池的两个重要性能指标，它们分别对应外接负载电阻 $R_{\rm L} = 0$ 和 $R_{\rm L} = \infty$ 的情况；最大输出功率 $P_{\rm M}$ 也是重要性能指标。在 U=0 的情况下，当光电池

外接负载电阻时，其输出电压 U 和电流均随 R_L 的变化而变化。当 R_L 取某一定值时，输出功率达到最大值 P_M，即最佳匹配阻值 $R_L = R_{LB}$，而 R_{LB} 则取决于光电池的内阻 $R_i = \frac{U_{OC}}{I_{SC}}$。由于 U_{OC} 和 I_{SC} 均随光强的增强而增大，不同的是，U_{OC} 与光强的对数成正比，I_{SC} 与光强（在弱光下）成正比，所以 R_i 也随光强的变化而变化。最大输出功率 P_M 与 U_{OC} 和 I_{SC} 的乘积之比为填充因子 FF：

$$\text{FF} = \frac{P_M}{U_{OC} \cdot I_{SC}} \tag{3.8.6}$$

FF 也是表征光电池性能优劣的重要指标，常见光电池的填充因子的值一般为 0.5～0.8。

在光照状态下，如果光电池是由一个理想电流源、一个理想二极管、一个并联电阻 R_{sh} 与一个电阻 R_S 组成的，那么光电池的工作原理如图 3.8.3 所示。

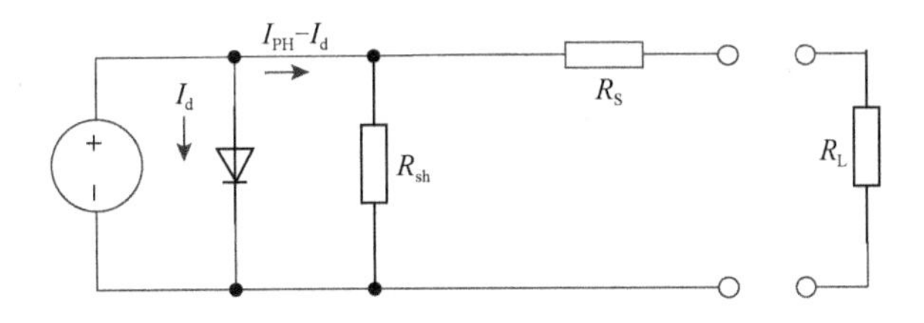

图 3.8.3　光电池在光照状态下的工作原理

在图 3.8.3 中，I_{PH} 为光电池在光照状态下电流源的输出电流；I_d 为光照状态下通过光电池内部理想二极管的电流。由基尔霍夫定律得

$$IR_S + U - (I_{PH} - I_d - I)R_{sh} = 0 \tag{3.8.7}$$

式中，I 为光电池的输出电流；U 为输出电压。由式（3.8.7）可得

$$I\left(1 + \frac{R_S}{R_{sh}}\right) = I_{PH} - \frac{U}{R_{sh}} - I_d \tag{3.8.8}$$

假设 $R_{sh} = \infty$，$R_S = 0$，则光电池的工作原理图可简化为图 3.8.4，$I = I_{PH} - I_d = I_{PH} - I_0\left(e^{\beta U} - 1\right)$。

短路时，$U = 0$，$I_{PH} = I_{SC}$；开路时，$I = 0$，$I_{SC} - I_0\left(e^{\beta U_{OC}} - 1\right) = 0$。由此可得

$$U_{OC} = \frac{1}{\beta}\ln\left(\frac{I_{SC}}{I_0} + 1\right) \tag{3.8.9}$$

式（3.8.9）即在 $R_{sh} = \infty$ 和 $R_S = 0$ 的情况下，光电池的开路电压 U_{OC} 和短路电流 I_{SC} 的关系式。

黑暗状态下的光电池的工作原理如图 3.8.5 所示。

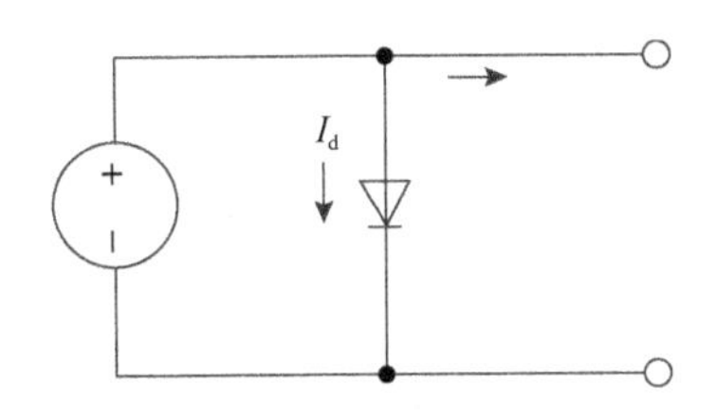

图 3.8.4　光电池的工作原理简化图

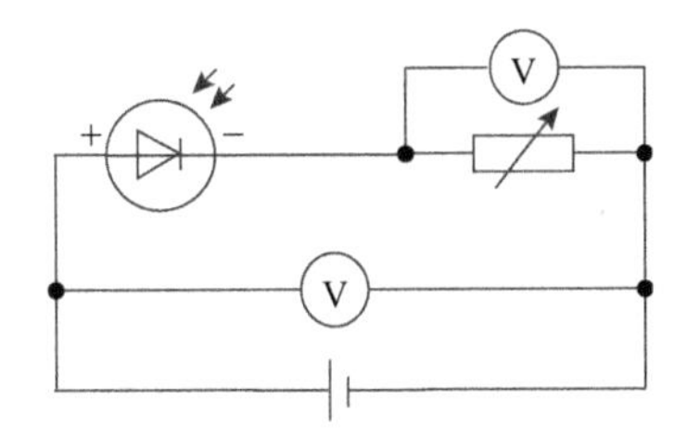

图 3.8.5　黑暗状态下的光电池的工作原理

此时加在光电池上面的正向偏压 U 与通过它的电流 I 之间的关系为

$$I = I_0\left(e^{\beta U} - 1\right) \tag{3.8.10}$$

式中，I_0 和 β 是常数，其中

$$\beta = \frac{kT}{e} = 1.38\times10^{-23}\times300/1.602\times10^{-19} = 2.6\times10^{-2}\text{V}$$

式中，k 为玻耳兹曼常数。

4. 光电二极管

光电二极管又称光敏二极管，它与普通半导体二极管在结构上是相似的。在光电二极管的管壳上，有一个能射入光线的玻璃透镜，入射光通过透镜正好照射在管芯上。

光电二极管的 PN 结具有单向导电性，因此，光电二极管在工作时应加上反向电压，如图 3.8.6 所示。当无光照时，电路中也有很小的反向饱和漏电流，一般为 1×10^{-9}～1×10^{-8}A（称为暗电流），此时相当于光电二极管处于截止状态；当有光照时，PN 结附近受到光子的轰击，半导体内被束缚的价电子吸收光子能量而被激发产生电子-空穴对。对 P 区和 N 区的少数载流子来说，其浓度会大大提高，在反向电压作用下，反向饱和漏电流大大增加，形成光电流，该光电流随入射光强度的变化而变化。当光电流通过负载电阻 R_L 时，在电阻两端将得到随入射光变化的电压信号。光电二极管就是这样完成光电功能转换的。

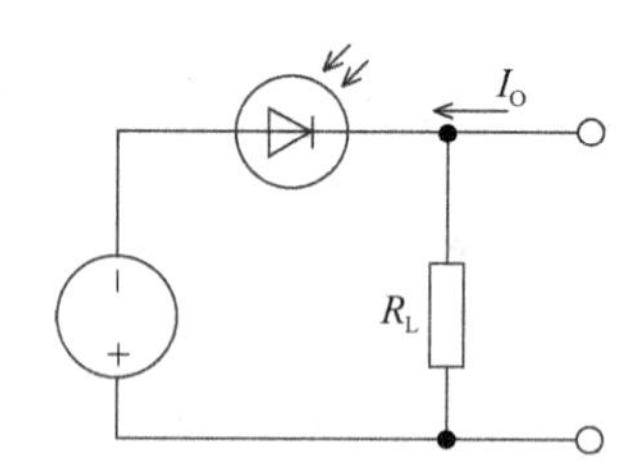

图 3.8.6　光电二极管加反向电压的原理图

【实验仪器】

LB-PH4A 光电综合实验仪 1 套，它由汞灯、光阑及滤色片、光电管、光电池盒、光敏电阻盒、光电二极管盒、控制箱（含光电管电源和微电流放大器）构成。

本实验的实验装置如图 3.8.7 所示，控制箱的前面板和后面板分别如图 3.8.8 和图 3.8.9 所示。

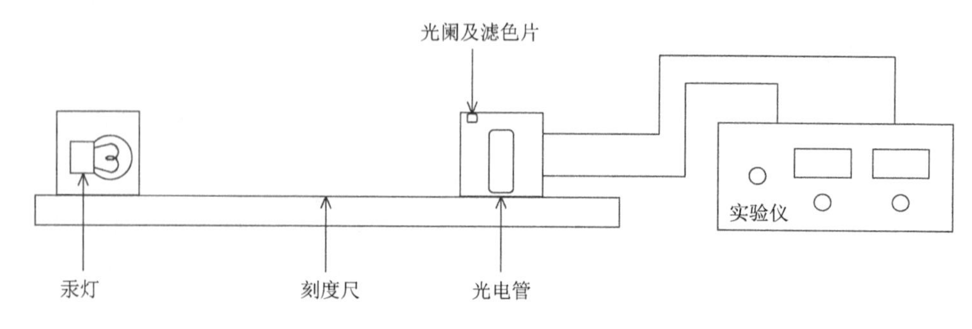

图 3.8.7　本实验的实验装置

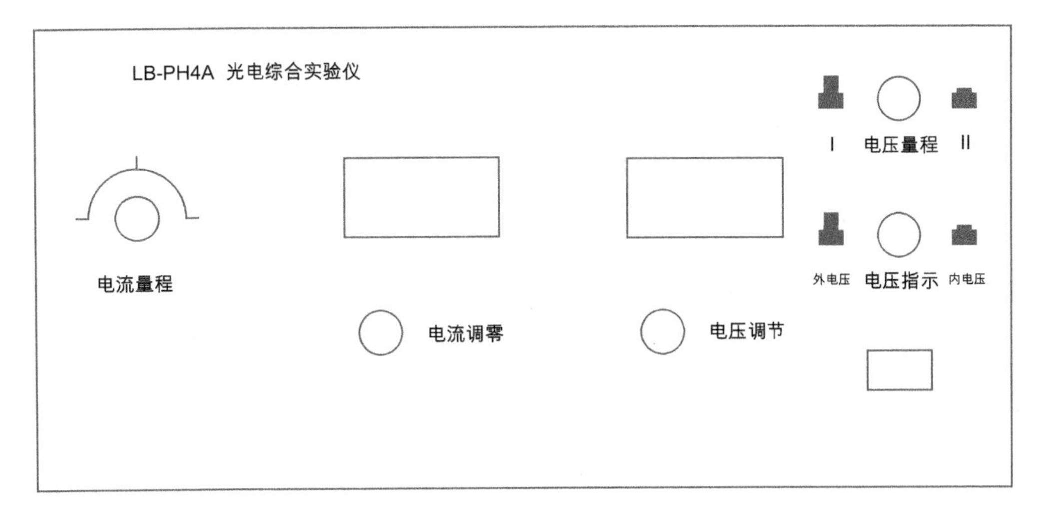

图 3.8.8 控制箱的前面板

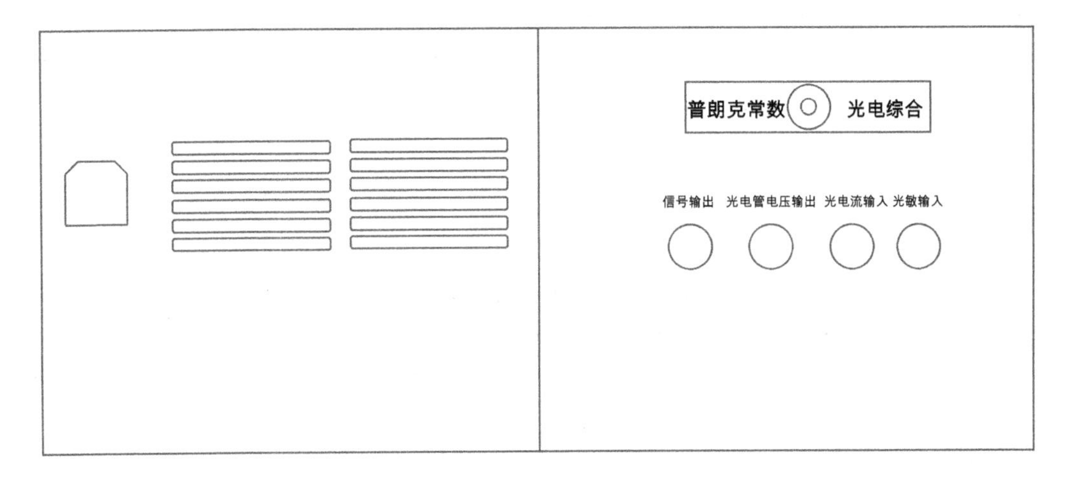

图 3.8.9 控制箱的后面板

【实验内容与方法】

1. 测试前准备

（1）将控制箱及汞灯电源接通，预热 20min。

（2）把汞灯及光电管的暗箱遮光盖盖上，将汞灯暗箱光输出口对准光电管暗箱光输入口，调整光电管于刻度尺 30cm 处并保持不变。

（3）用专用连接线将光电管暗箱电压输入端与控制箱的“光电管电压输出”端（后面板上）连接起来（红-红，黑-黑）；将控制箱后面板上的开关拨到“普朗克常数”一侧。

（4）仪器在充分预热后，进行测试前调零操作：先将光电管暗箱电流输出端 K 与控制箱的“光电流输入”端（后面板上）断开，将“电压指示”开关打到“内电压”挡。在无光电管电流输入的情况下，将“电流量程”选择开关打至 10^{-13} 挡，旋转“电流调零”旋钮，使电流指示为零。每次在开始新的测试时都应调零。

（5）用高频匹配电缆将光电管暗箱电流输出端 K 与实验仪的“光电流输入端”（后面板

上）连接起来。

注意：在进行测量时，请在各表头数值完全稳定后记录，如此可减小人为读数误差。调零时如果采用 10^{-13} 挡，则其精度较高，因此在转动旋钮时要缓慢；如果电流溢出，则可将电流量程挡位先调高、再降低。

2. 测量光电管的伏安特性曲线

（1）将滤色片旋转至 365.0nm（也可选择任意一谱线），调光阑到 8mm 或 10mm 挡。

（2）“电压量程”选择 I 挡（电压可调节范围为−3～+20V），“电压指示”选择“内电压”挡，“电流量程”选择开关应置于 10^{-10} 挡，从低到高调节电压，电压每变化一定值，记录相应的电流值，将数据填入表 3.8.1 中。

表 3.8.1　光电管的伏安特性曲线测量数据记录

光阑=____mm　距离=____cm

365.0nm	U_{AK}/V										
	I/（$\times10^{-10}$A）										

3. 验证光电管的饱和光电流与入射光强成正比

由于照射到光电管上的光强与光阑面积成正比，所以可以改变光阑大小，选择任意一谱线，记录光电管的饱和光电流（设置 U_{AK}=18V，电流表量程为 10^{-10} 挡），将数据填入表 3.8.2 中，验证入射光强与饱和光电流成正比。

表 3.8.2　光电管的饱和光电流与入射光强测量数据记录

光阑孔径/mm	2	4	8	10	12
$I_{365.0nm}$/（$\times10^{-10}$A）					

4. 测定普朗克常数

1）拐点法

将“电压量程”置于 I（−3～+20V）挡，将“电流量程”选择开关置于 10^{-13} 挡。将滤色片旋转至 365.0nm，调整光阑到 8mm 或 10mm 挡。从低到高调节电压（电压范围为−3～0V），电压每变化一定值，记录相应的电流值。依次换上 404.7nm、435.8nm、546.1nm、577.0nm 的滤色片，重复以上测量步骤，将数据填入表 3.8.3 中。根据数据绘制光电管的伏安特性曲线。

根据画出的伏安特性曲线，分别找出每条谱线的截止电压（随着电压的缓慢升高，电流有较大变化的横坐标值），并记录此值。

表 3.8.3　拐点法测普朗克常数测量数据记录

波长/nm	365.0	404.7	435.8	546.1	577.0
对应频率/Hz					
截止电压 U_0/V					

测量方法改进如下。

理论上，测出在各频率的光的照射下的阴极电流为零时对应的 U_{AK}，其绝对值即该频率的截止电压，然而，实际上由于光电管的阳极反向电流、暗电流、本底电流、极间接触电势差的影响，实测电流并非阴极电流，因此实测电流为零时对应的 U_{AK} 也并非截止电压。

在光电管的制作过程中，阳极往往会被污染，会沾上少许阴极材料，入射光照射阳极或入射光从阴极反射到阳极之后都会造成阳极光电子发射，当 U_{AK} 为负值时，阳极发射的电子向阴极迁移而构成了阳极反向电流。

暗电流和本底电流是热激发产生的光电流与杂散光照射光电管产生的光电流，可以在光电管的制作或测量过程中采取适当措施以消除它们的影响。

极间接触电势差与入射光频率无关，它只影响 U_0 的准确性，不影响 υ-U_0 直线的斜率，对测定 h 无影响。

此外，由于截止电压是光电流为零时对应的电压，因此，电流放大器的灵敏度不够或稳定性不好都会给测量带来较大的误差（本实验的电流放大器的灵敏度高、稳定性好）。

本实验仪器采用新型结构的光电管，其特殊结构使光不能直接照射到阳极，因此，由阴极反射到阳极的光也很少，加上采用了新型的阴/阳极材料及制造工艺，使得阳极反向电流大大减小，暗电流水平也很低。

根据本仪器的特点，在测量了 5 个谱线的截止电压 U_0 时，可不用难于操作的拐点法，而用零电流法或补偿法。

2）零电流法

零电流法是直接将各谱线照射下测得的电流为零时对应的电压 U_{AK} 作为截止电压 U_0。此法的前提是阳极反向电流、暗电流和本底电流都很小。用零电流法测得的截止电压与真实值相差很小，且各谱线的截止电压都相差 ΔU，对 υ-U_0 曲线的斜率无大的影响，因此对 h 的测量不会产生大的影响。

将“电压量程”置于 I 挡；将“电流量程”选择开关置于 10^{-13} 挡，将控制箱光电流输入电缆断开，调零后重新接上；调到直径 4mm 的光阑及 365.0nm 的滤色片。从低到高调节电压，测量该波长对应的 U_0，记录数据。由于电流表在 10^{-13} 挡时非常敏感，所以此时的电压调节一定要非常缓慢，一点一点地调节，尤其在零点附近时要特别注意。

依次换上 404.7nm、435.8nm、546.1nm、577.0nm 的滤色片，重复以上测量步骤，将数据填入表 3.8.4 中。

表 3.8.4　零电流法测普朗克常数测量数据记录

波长/nm	365.0	404.7	435.8	546.1	577.0
对应频率/Hz					
截止电压 U_0/V					

3）补偿法

补偿法是先调节电压 U_{AK}，使电流为零；再保持 U_{AK} 不变，遮挡光电管接收孔，此时测得的电流 I_1 为电压接近截止电压时的暗电流和本底电流。重新让汞灯照射光电管，调节电压 U_{AK}，使电流值为 I_1，将此时对应的电压 U_{AK} 作为截止电压 U_0。但是此法只能补偿暗电流对测量结果的影响，并不能补偿本底电流对测量结果的影响。本法的缺点是杂散光强度大、频段广，对结果影响大。通常只能采取屏蔽的方式屏蔽掉杂散光。

将“电压量程”置于 I 挡；将“电流量程”选择开关置于 10^{-13} 挡，将控制箱光电流输入电缆断开，调零后重新接上；调到直径 4mm 的光阑及 365.0nm 的滤色片。从低到高调节电压，测量该波长对应的 U_0，记录数据。

依次换上 404.7nm、435.8nm、546.1nm、577.0nm 的滤色片，重复以上测量步骤并将数据填入表 3.8.5 中。

表 3.8.5　补偿法测普朗克常数测量数据记录

光阑孔径=______mm

波长/nm	365.0	404.7	435.8	546.1	577.0
对应频率/Hz					
截止电压 U_0/V					

5. 光敏电阻的伏安特性

（1）将实验仪及汞灯电源接通，预热 20min。

将“电压指示”拨到“内电压”挡，将“电流量程”选择开关置于 10^{-5} 挡，将“电压量程”置于 II 档，将光敏电阻盒后面较大的孔套在光电管的盒子上并用螺钉锁死，将光敏电阻盒上的航空插座连接到控制箱后面板上的光敏输入端。将电压表和电流表通过旋钮调零。将控制箱后面板上的开关拨到光电综合一边。

（2）旋转“电压调节”旋钮，调节加载电压，做测定伏安特性的实验。开始调节稳压源，给光敏电阻加外部电压，逐步升高加载电压，记下相应的电流值。

注意：实验过程中应保证电流表电流在量程以内，没有溢出。

（3）前后移动光敏电阻盒，即可改变光强，按从近到远的位置重复上述实验过程，记录数据（光敏电阻盒位置可按后面光电管位置确定）并填入表 3.8.6 中。

注意：每次改变位置后，电压数字会变化，需要重新调节。

表 3.8.6　光敏电阻的伏安特性测量数据记录

距离/cm	I_{PH}/A					
	U=0V	U=1V	U=2V	U=3V	U=4V	U=5V

6. 光电池的基本特性

（1）将实验仪及汞灯电源接通，预热 20min。

（2）将“电压指示”置于外电压挡，将“电流量程”选择开关置于 10^{-7} 挡（若溢出则切换到 10^{-6} 挡），将“电压量程”置于 I 挡，将光电池盒后面较大的孔套在光电管的盒子上并用螺钉锁死，将光电池盒上的航空插座连接到控制箱后面板上的光敏输入端。将光电池盒拨到明状态，此时电压表测量的是光电池盒上电位器的电压，将光电池盒尽量靠近汞灯；将控制箱后面板上的开关拨到光电综合一侧。

（3）调节光电池盒上的电位器，由最大调到最小，可以看见光电流的变化，每调一次电阻值，都要记录下光电池的电压和光电流，该位置的电阻值由 $R=U/I$ 计算出来，把记录下的所有数据填写在表 3.8.7 中。

注意：在本次实验过程中，电流表测得的电流为负值，这仅表示电流方向，不包含实际意义，因此，在记录实验数据时，可以直接取绝对值。

表 3.8.7　光电池的基本特性测量数据记录（一）

电压 U/V	光电流 I/A	电阻值 R/kΩ	功率 P/μW

（4）逐步加大光电池盒和汞灯的距离，观察光电流的数值变化，每调节一次，把电阻调到最大，记录下此时的开路电压；再把电阻调到最小，记录下此时的短路电流，依照此法做几次，将数据填入表 3.8.8 中。

注意：本实验负载电阻值最大约 10kΩ，可近似为开路状态。

表 3.8.8　光电池的基本特性测量数据记录（二）

距离/cm	短路电流 I_{SC}/A	开路电压 U_{OC}/V

（5）将光电池盒拨到暗状态，再将光电池盒上的电位器调到最大，将“电压指示”置于“内电压”挡，将“电压量程”置于 I 挡，将“电流量程”选择开关置于 10^{-7} 挡，用光电管的罩子挡住光电池盒，此时光电池如同二极管在工作，给它加正向偏压，由 0.1V 到 2V，记录每次电压改变时的电流值 I 及加载电压 U_0，可得电位器两端的电压值 $U_1 = I \cdot R$，光电池两端的电压 $U = U_0 - U_1$，记录数据于表 3.8.9 中。

表 3.8.9　光电池的基本特性测量数据记录（三）

U_0/V	I/A	U_1/V	U/V

注意：在调节加载电压 U_0 时，需要缓慢调节。

7．光电二极管的基本特性

（1）将实验仪及汞灯电源接通，预热 20min。将控制箱后面板上的开关拨到光电综合一侧。

（2）将“电压指示”置于“内电压”挡，将“电流量程”选择开关置于 10^{-7} 挡，将“电压量程”置于 I 挡，将光电二极管盒后面较大的孔套在光电管的盒子上并用螺钉锁死，将光电二极管盒上的航空插座连接到控制箱后面板上的光敏输入端。此时电压表测量的是光电二极管两端的加载电压，电流表测量的是整个回路的电流，已知负载电阻值为 10kΩ，可以计算负载的电压值。将光电二极管放置在导轨的最前方，即使光电二极管距离汞灯的距离最小。调节加载电压，观察负载电压与加载电压的关系。

注意：当光照射到光电二极管时，会发现电压表显示负值，这是因为此时加载电压为 0V，而光电二极管由于光伏特性存在一个反向的电压，可以将电压表调零。若电流表表头跳动，则切换到 10^{-6} 挡。

（3）增大光电二极管与汞灯之间的距离，重复上述实验内容，将数据填入表 3.8.10 中。

表 3.8.10　光电二极管的基本特性测量数据记录

距离/cm	I_{PH}/（$\times10^{-6}$A）					
	U=0V	U=__V	U=__V	U=__V	U=__V	U=__V

【数据处理要求】

1．测量光电管的伏安特性并绘制其伏安特性曲线。

2．测普朗克常数：以记录的电压值的绝对值作为纵坐标，以相应谱线的频率作为横坐标画出五个点，用此五点作一条 $\upsilon\text{-}U_0$ 直线，求出直线的斜率 a。可用 $h=a\cdot e$ 求出普朗克常数，将它与理论值进行比较，求出相对误差 $E=\frac{|h-h_0|}{h_0}\times100\%$，式中，$e=1.602\times10^{-19}\text{C}$，$h_0=6.625\times10^{-34}\text{J}\cdot\text{s}$。

3．对于光敏电阻的基本特性，绘制出它的伏安特性曲线。根据所得伏安特性曲线得到每种光强下（这里即每种距离下）的光电阻，并绘制距离与光电阻曲线，分析光电阻与光强的关系的变化趋势。

4．对于光电池的基本特性，要做到以下几点。

（1）计算出功率和电阻的值，并绘制图像，找出功率的最大值，利用公式 $\text{FF}=\frac{P_{\max}}{I_{sc}U_{oc}}$ 计算光电池的填充因子 FF。

（2）绘制出短路电流与开路电压的关系曲线，并分析它们之间的关系。

（3）绘制光电池偏压与光电池电流的关系曲线，将它与光电二极管加正向偏压下的工作特性进行比较。

5．对于光电二极管的基本特性，绘制电流与光照度和电压的关系曲线，并通过曲线分析总结光电二极管的特性。

【分析与思考】

从截止电压与入射光频率的关系曲线中，能确定阴极材料的逸出功吗？

实验 3.9　太阳能电池特性实验

能源短缺和地球生态环境污染已经成为人类面临的较大问题。太阳光的辐射能、水能、风能、生物质能、潮汐能都属于太阳能。在地球大气圈外，太阳辐射的功率密度为 1.353kW/m^2，到达地球表面后，部分太阳光被大气层吸收，光辐射的强度降低。在海平面上，在正午垂直入射时，太阳辐射的功率密度约为 1kW/m^2，通常将它作为测试太阳能电池性能的标准光辐射强度。

太阳能发电有两种方式：一种是光—热—电转换方式，该方式由太阳能集热器将所吸收的热能转换成蒸汽，再驱动汽轮机发电，它的缺点是效率低且成本高；另一种是光—电直接转换方式是利用光伏效应将光能直接转化为电能的，其基本装置就是太阳能电池。根据所用材料的不同，太阳能电池可分为硅太阳能电池、化合物太阳能电池、聚合物太阳能电池等。硅太阳能电池是目前发展较成熟的一种。本实验研究单晶硅、多晶硅、非晶硅三种太阳能电池的特性。

【实验目的】

1. 了解太阳能电池的暗伏安特性。
2. 了解太阳能电池的开路电压、短路电流与光强之间的关系。
3. 了解太阳能电池的输出特性。

【实验原理】

太阳能电池利用半导体 PN 结受光照射时的光伏效应发电，其基本结构就是一个大面积的平面 PN 结，如图 3.9.1 所示。P 型半导体中有相当数量的空穴，几乎没有自由电子；N 型半导体中有相当数量的自由电子，几乎没有空穴。当两种半导体结合在一起形成 PN 结时，N 区的电子（带负电）向 P 区扩散，P 区的空穴（带正电）向 N 区扩散，就会在 PN 结附近形成空间电荷区与势垒电场。势垒电场会使载流子向扩散反方向做漂移运动，最终扩散运动与漂移运动达到平衡，使流过 PN 结的净电流为零。在空间电荷区内，P 区的空穴被来自 N 区的电子复合，N 区的电子被来自 P 区的空穴复合，从而使该区内几乎没有能导电的载流子，因此，该区又称结区或耗尽区。

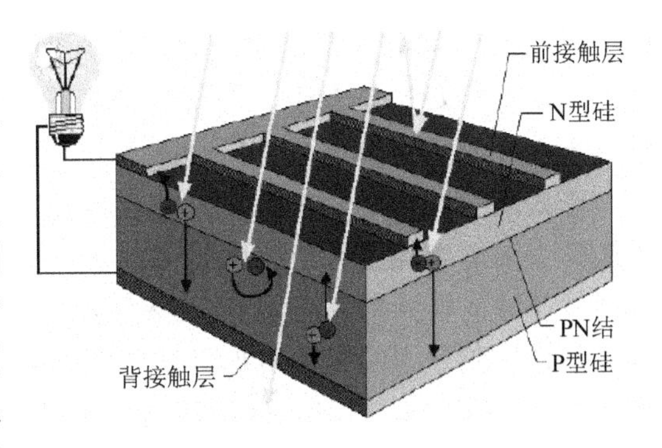

图 3.9.1　半导体 PN 结

当光电池受光照射时，部分电子被激发而产生电子-空穴对，在结区激发的电子和空穴分别被势垒电场推向 N 区和 P 区，使 N 区有过量的电子而带负电、P 区有过量的空穴而带正电，PN 结两端形成电压，这就是光伏效应，如图 3.9.2 所示。若将 PN 结两端接入外电路，就可向负载输出电能了。

在一定的光照条件下，改变太阳能电池负载电阻的大小，测量其输出电压与输出电流，即可得到输出伏安特性曲线，如图 3.9.3 中的实线所示。

负载电阻为零时测得的最大电流 I_{SC} 称为短路电流；负载断开时测得的最大电压 U_{OC} 称为开路电压。

太阳能电池的输出功率为输出电压与输出电流的乘积。在同样的电池及光照条件下，当负载电阻大小不一样时，输出的功率也是不一样的。若以输出电压为横坐标，以输出功率为纵坐标，则绘出的 P-U 曲线如图 3.9.3 中的虚线所示。

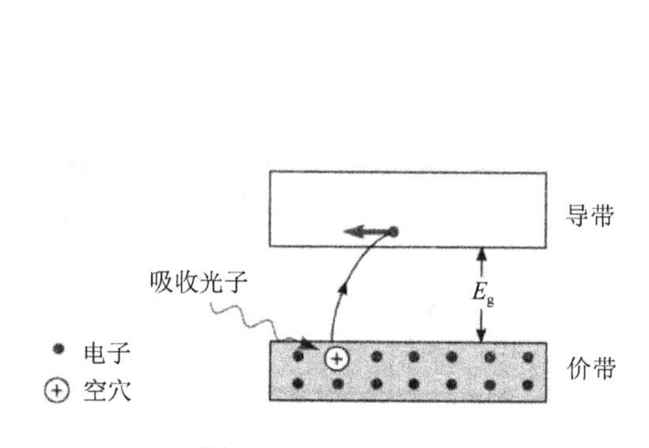

图 3.9.2　光伏效应

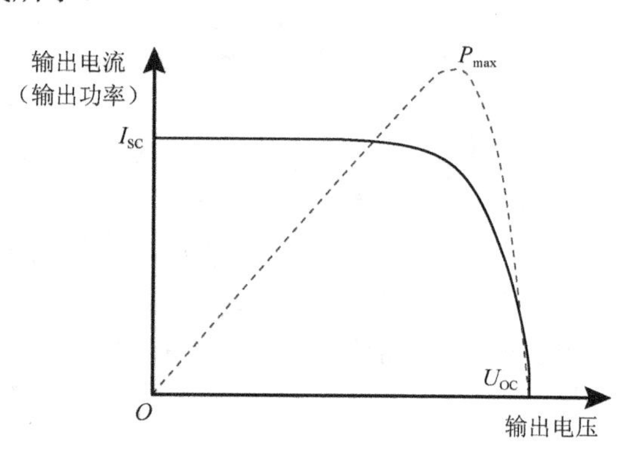

图 3.9.3　太阳能电池的输出特性曲线

输出电压与输出电流的乘积的最大值称为最大输出功率 P_{max}。填充因子 FF 定义为

$$FF = \frac{P_{max}}{U_{OC} \cdot I_{SC}} \tag{3.9.1}$$

填充因子 FF 是表征太阳能电池性能优劣的重要参数，其值越大，说明太阳能电池的光电转换效率越高，一般的硅太阳能电池的 FF 的值为 0.75～0.80。

转换效率 η_s 定义为

$$\eta_s = \frac{P_{max}}{P_{in}} \times 100\% \tag{3.9.2}$$

式中，P_{in} 为入射到太阳能电池表面的光功率。

理论分析及实验表明，在不同的光照条件下，短路电流随入射光功率而线性增大，而开路电压在入射光功率增大时只略微升高，如图 3.9.4 所示。

硅太阳能电池分为单晶硅太阳能电池、多晶硅薄膜太阳能电池和非晶硅薄膜太阳能电池。单晶硅太阳能电池的转换效率最高，技术也最成熟，在实验室里，它的最高转换效率为 24.7%，规模生产时的转换效率可达到 15%。多晶硅薄膜太阳能电池与单晶硅太阳能电池比较，其成本低廉，实验室中的最高转换效率为 18%，规模生产时的转换效率可达到 10%。非晶硅薄膜太阳能电池的成本低、质量轻、便于大规模生产，有极大的潜力。因此，进一步解决非晶硅薄膜太阳能电池的稳定性及提高其转换效率无疑是太阳能电池的主要发展方向之一。

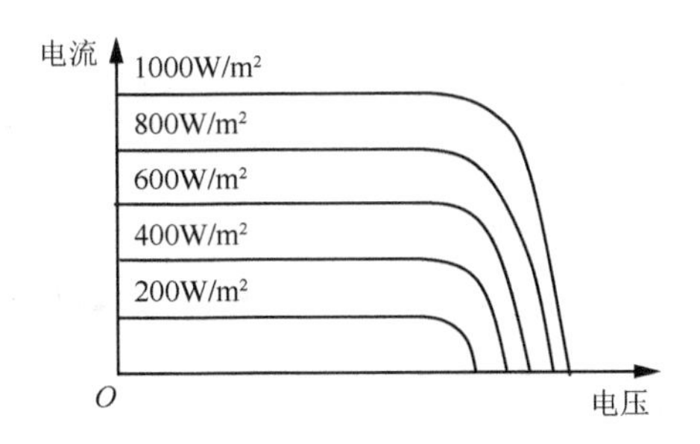

图 3.9.4　不同光照条件下的 *I-V* 曲线

【实验仪器】

太阳能电池特性实验仪、导轨、滑动支架、遮光罩、碘钨灯光源、电阻箱、光探头、单晶硅太阳能电池板、多晶硅太阳能电池板、非晶硅太阳能电池板、导线若干。

1．太阳能电池特性实验仪

太阳能电池特性实验仪面板如图 3.9.5 所示。

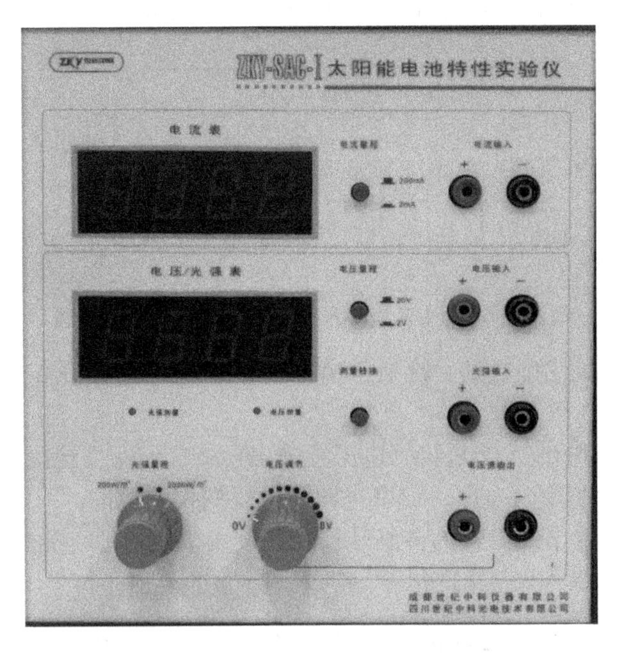

图 3.9.5　太阳能电池特性实验仪面板

电压源：可输出 0～8V 连续可调的直流电压，为太阳能电池伏安特性的测量提供电压。

电压/光强表：通过“测量转换”键，可以测量输入“电压输入”接口的电压，或者接入“光强输入”接口的光强探头测量到的光强数值，显示屏下方的指示灯确定当前的显示状态。通过“电压量程”键或“光强量程”旋钮，可以选择适当的显示范围。

电流表：可以测量并显示 0～200mA 的电流，通过“电流量程”键选择适当的显示范围。

2．光探头及太阳能电池

光探头及三种太阳能电池的实物照片如图 3.9.6 所示。

(a) 光探头

(b) 单晶硅太阳能电池

(c) 多晶硅太阳能电池

(d) 非晶硅太阳能电池

图 3.9.6　光探头及三种太阳能电池的实物照片

【实验内容与方法】

1. 硅太阳能电池的暗伏安特性的测量

(1) 硅太阳能电池伏安特性测量接线原理图如图 3.9.7 所示。将单晶硅太阳能电池接到实验仪上的“电压源输出”接口，将电阻箱的阻值调至 50Ω 后串联进电路（起保护作用），用电压表测量太阳能电池两端的电压，用电流表测量回路中的电流。

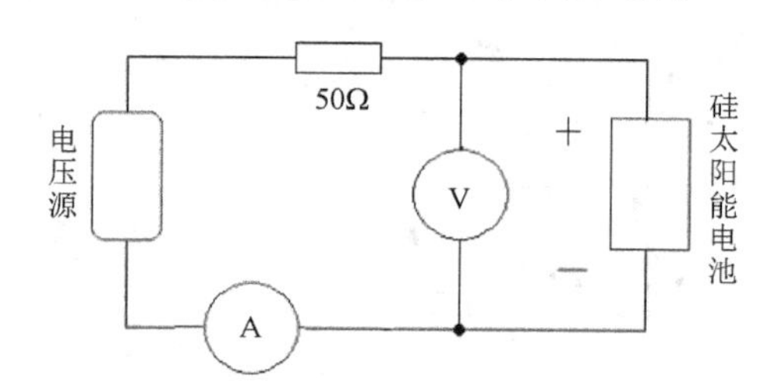

图 3.9.7　硅太阳能电池伏安特性测量接线原理图

(2) 用遮光罩罩住太阳能电池，将电压源调至 0V，然后逐渐升高输出电压，每间隔 0.3V 记录一次电流值。

(3) 将电压输入调到 0V。然后将“电压源输出”接口的两根连线互换，即给太阳能电池加上反向电压。逐渐升高反向电压，记录电流随电压变换的数据。

(4) 将单晶硅太阳能电池更换为多晶硅和非晶硅太阳能电池，重复 (2)、(3) 步，将三种太阳能电池的测量结果填入表 3.9.1 中。

表 3.9.1　三种硅太阳能电池的暗伏安特性测量数据记录

电压/V	电流/mA		
	单晶硅	多晶硅	非晶硅
−7.0			
−6.0			
−5.0			
−4.0			
−3.0			
−2.0			

续表

电压/V	电流/mA		
	单晶硅	多晶硅	非晶硅
−1.0			
0			
0.3			
0.6			
0.9			
1.2			
1.5			
1.8			
2.1			
2.4			
2.7			
3.0			
3.3			
3.6			
3.9			

2．开路电压、短路电流与光强关系的测量

（1）打开光源开关，预热5min。打开遮光罩，将光探头装在太阳能电池板的位置，将光探头输出线连接到太阳能电池特性实验仪的“光强输入”接口上，从而将实验仪设置为光强测量模式。由近及远移动滑动支架，测量距光源一定距离的光强 i。

注意：在预热光源时，需要用遮光罩罩住硅太阳能电池，以降低硅太阳能电池的温度，减小实验误差。

（2）将光探头换成单晶硅太阳能电池，将实验仪设置为电压表模式。按图3.9.8（a）接线，按测量光强时的距离值记录开路电压值。

（3）按图3.9.8（b）接线，记录短路电流值。

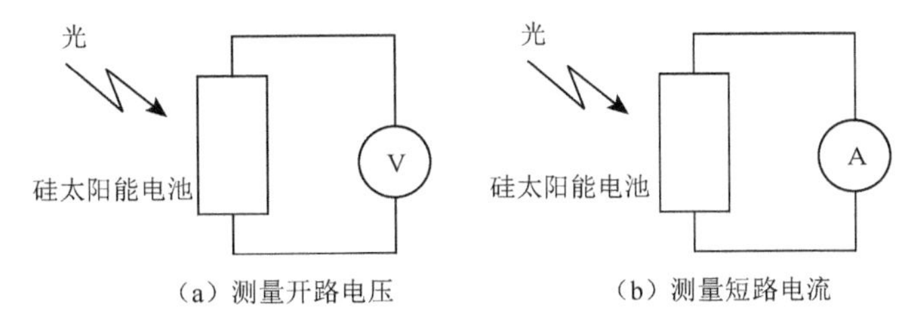

（a）测量开路电压　　（b）测量短路电流

图3.9.8　开路电压、短路电流与光强关系测量接线原理图

（4）将单晶硅太阳能电池更换为多晶硅和非晶硅太阳能电池，重复（2）、（3）步，将三种硅太阳能电池的测量结果填入表3.9.2中。

表 3.9.2 三种硅太阳能电池的开路电压、短路电流与光强的关系

距离/cm		15	20	25	30	35	40	45	50
光强 i/（W/m²）									
单晶硅	开路电压 U_{OC}/V								
	短路电流 I_{SC}/mA								
多晶硅	开路电压 U_{OC}/V								
	短路电流 I_{SC}/mA								
非晶硅	开路电压 U_{OC}/V								
	短路电流 I_{SC}/mA								

3. 硅太阳能电池输出特性实验

（1）按图 3.9.9 接线，以电阻箱作为太阳能电池负载。在一定光照强度下（将滑动支架固定在导轨上的某一个位置，从表 3.9.2 中查出对应的光强值），将单晶硅太阳能电池板安装到滑动支架上，通过改变电阻箱的阻值，记录太阳能电池的输出电压 U 和输出电流 I，并计算输出功率 $P_O = U \cdot I$ 。

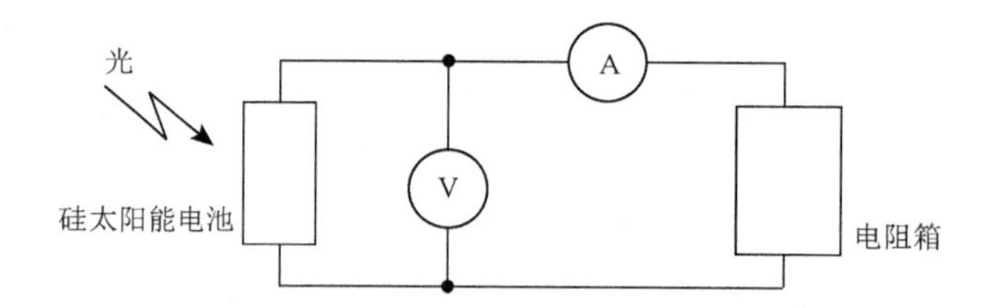

图 3.9.9 测量硅太阳能电池输出特性接线原理图

（2）将单晶硅太阳能电池更换为多晶硅和非晶硅太阳能电池，重复第（1）步，将三种硅太阳能电池的测量结果填入表 3.9.3 中。

表 3.9.3 三种硅太阳能电池输出特性实验

单晶硅	输出电压 U/V	0	0.2	0.4	0.6	0.8	1.0	1.2	1.4	1.6	…
	输出电流 I/A										
	输出功率 P_O/W										
多晶硅	输出电压 U/V	0	0.2	0.4	0.6	0.8	1.0	1.2	1.4	1.6	…
	输出电流 I/A										
	输出功率 P_O/W										
非晶硅	输出电压 U/V	0	0.2	0.4	0.6	0.8	1.0	1.2	1.4	1.6	…
	输出电流 I/A										
	输出功率 P_O/W										

注意：光源工作及关闭后约一小时内，灯罩表面的温度可能很高，请不要触摸。

【数据处理要求】

1．以电压为横坐标，以电流为纵坐标，根据表 3.9.1 中的数据画出三种硅太阳能电池的暗伏安特性曲线。

2．根据表 3.9.2 中的数据，分别画出三种硅太阳能电池的开路电压、短路电流随光强变

化的关系曲线。

3．根据表 3.9.3 中的数据，分别画三种硅太阳能电池的输出伏安特性曲线及功率曲线，并与图 3.9.3 进行比较；找出最大功率点，对应的电阻值即最佳匹配负载；由式（3.9.1）计算填充因子，由式（3.9.2）计算转换效率；计算入射到太阳能电池板上的光功率 $P_{in} = I \cdot S_1$，其中 I 为入射到太阳能电池板表面的光强，S_1 为太阳能电池板的面积（约为 50mm×50mm）。

【分析与思考】

1．硅太阳能电池的暗伏安特性与一般二极管的伏安特性有何异同？

2．如何求得太阳能电池的最大输出功率？最大输出功率与它的最佳匹配负载有什么关系？

3．太阳能电池的光照特性（开路电压和短路电流）与入射到太阳能电池上的光强符合什么函数关系？

实验 3.10　各向异性磁阻传感器特性研究与磁场测量

磁场的测量可利用电磁感应、霍尔效应、磁阻效应等，其中磁阻效应法发展最快、测量灵敏度最高。物质的电阻率在磁场中发生变化的现象称为磁阻效应，磁阻传感器利用磁阻效应制成，可用于直接测量磁场或磁场的变化，如弱磁场、地磁场、各种导航系统中的罗盘、计算机中的磁盘驱动器、各种磁卡机等；也可通过磁场变化测量其他物理量，如利用磁阻效应制成各种位移/角度/转速传感器，各种接近开关、隔离开关，广泛用于汽车、家电及各类需要自动检测与控制的领域。磁阻元件的发展经历了半导体磁阻（MR）、各向异性磁阻（AMR）、巨磁阻（GMR）、庞磁阻（CMR）等阶段。本实验研究各向异性磁阻的特性并利用它对磁场进行测量。

【实验目的】

1．了解各向异性磁阻传感器的原理及其各向异性特性。

2．学会用各向异性磁阻传感器测量亥姆霍兹线圈的磁场分布和地磁场强度。

【实验原理】

各向异性磁阻（Anisotropic Magneto Resistive，AMR）传感器由沉积在硅片上的坡莫合金（$Ni_{80}Fe_{20}$）薄膜形成电阻。沉积时外加磁场，形成易磁化轴。铁磁材料的电阻值与电流和磁化方向的夹角有关，当电流与磁化方向平行时，电阻值 R_{max} 最大；当电流与磁化方向垂直时，电阻值 R_{min} 最小。当电流与磁化方向成 θ 角时，电阻值可表示为

$$R = R_{min} + (R_{max} - R_{min}) \cdot \cos^2 \theta \tag{3.10.1}$$

在磁阻传感器中，为了消除温度等外界因素对输出的影响，由四个相同的磁阻元件构成惠斯通电桥，其结构如图 3.10.1 所示。在图 3.10.1 中，易磁化轴方向与电流方向的夹角为 45°。理论分析与实践表明，采用 45°偏置磁场，当沿与易磁化轴垂直的方向施加外磁场且外磁场强

度不太大时，电桥输出与外加磁场强度呈线性关系。

当无外加磁场或外加磁场方向与易磁化轴方向平行时，磁化方向即易磁化轴方向，电桥的四个桥臂阻值相同，输出为零。当在磁敏感方向施加如图 3.10.1 所示方向的磁场时，合成磁化方向将在易磁化轴方向的基础上逆时针旋转。结果使左上桥臂和右下桥臂的电流与磁化方向的夹角增大，电阻值减小 ΔR；右上桥臂和左下桥臂的电流与磁化方向的夹角减小，电阻值增大 ΔR。通过对电桥的分析可知，此时输出电压可表示为

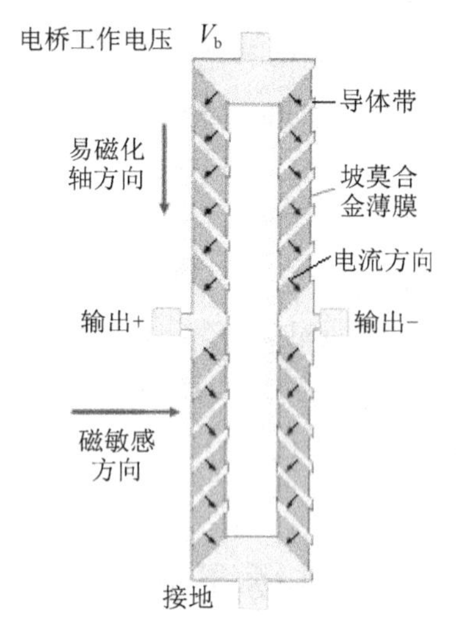

图 3.10.1　磁阻电桥的结构

$$U = V_b \cdot \frac{\Delta R}{R} \tag{3.10.2}$$

式中，V_b 为电桥工作电压；R 为桥臂电阻值；$\Delta R/R$ 为磁阻阻值的相对变化率，与外加磁场强度成正比，故 AMR 传感器输出电压与磁场强度成正比，可利用磁阻传感器测量磁场。

商品磁阻传感器已制成集成电路，除如图 3.10.1 所示的电源输入端和信号输出端外，还有复位/反向置位端和补偿端两对功能性输入端口，以确保磁阻传感器的正常工作。

复位/反向置位脉冲的作用机理如图 3.10.2 所示。当将 AMR 传感器置于超过其线性工作范围的磁场中时，磁干扰可能导致磁畴排列紊乱，从而改变传感器的输出特性。此时可在复位端输入脉冲电流，通过内部电路沿易磁化轴方向产生强磁场，使磁畴重新整齐排列，恢复传感器的使用特性。若脉冲电流方向相反，则磁畴排列方向反转，传感器的输出极性也将相反。

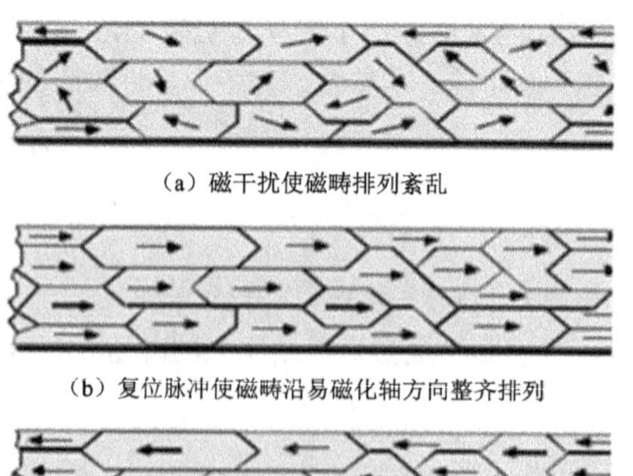
（a）磁干扰使磁畴排列紊乱

（b）复位脉冲使磁畴沿易磁化轴方向整齐排列

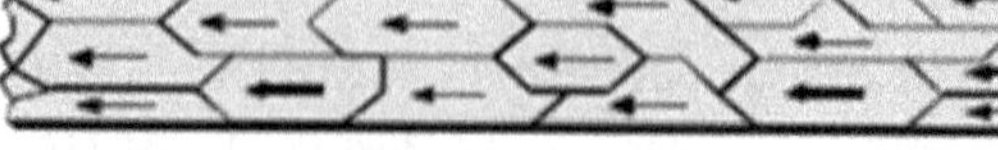
（c）反向置位脉冲使磁畴排列方向反转

图 3.10.2　置位/反向置位脉冲的作用机理

从补偿端每输入 5mA 补偿电流，通过内部电路，将在磁敏感方向上产生 1Gs 的磁场，可用来补偿传感器的偏离。

图 3.10.3 为 AMR 传感器的磁电转换特性曲线，其中，电桥偏离是由于在传感器的制造过程中，四个桥臂电阻值不严格相等带来的；外磁场偏离是在测量某种磁场时，由于外界干

扰磁场带来的。不管要补偿哪种偏离，都可调节补偿电流，用人为的磁场偏置使图 3.10.3 中的特性曲线平移，从而使所测磁场为零时的输出电压为零。

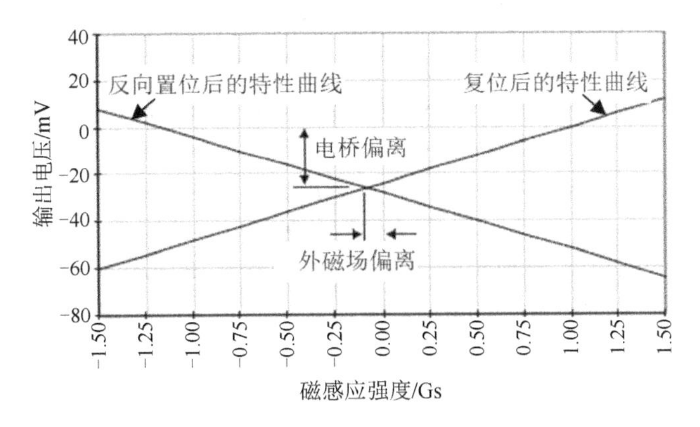

图 3.10.3　AMR 传感器的磁电转换特性曲线

【实验仪器】

ZKY-CC AMR 传感器、磁场实验仪、磁场实验仪专用电源。

1. 磁场实验仪

磁场实验仪如图 3.10.4 所示，其核心部分是 AMR 传感器，辅以磁阻传感器的角度、位置调节，读数机构及亥姆霍兹线圈等。

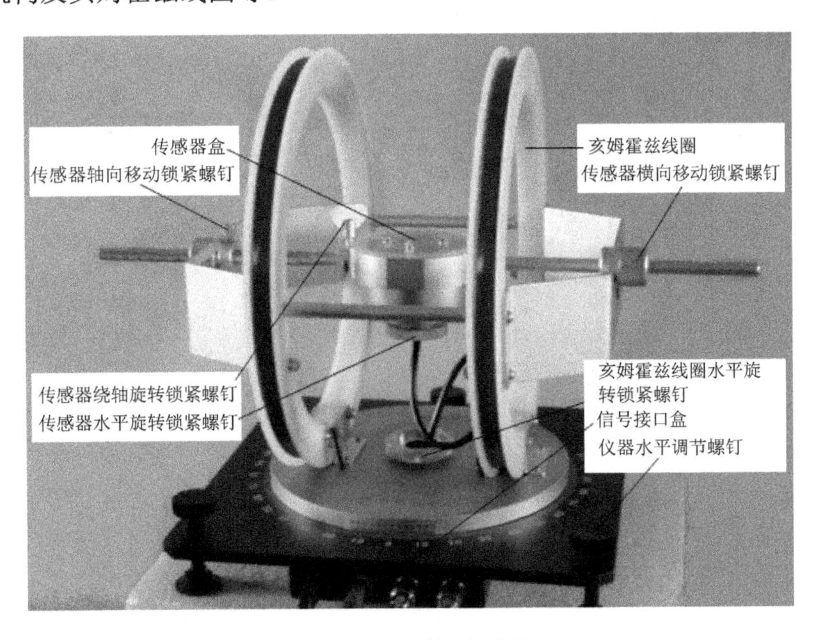

图 3.10.4　磁场实验仪

本实验仪所用 AMR 传感器的工作范围为-6～6Gs、灵敏度为 1mV/V/Gs。灵敏度表示当磁阻电桥的工作电压为 1V、被测磁场磁感应强度为 1Gs 时，输出信号为 1mV。

AMR 传感器的输出信号通常必须经放大电路放大后接显示电路，故在由显示电压计算磁场强度时，还需要考虑放大器的放大倍数。本实验仪的电桥工作电压为 5V、放大器的放大倍数为 50，当磁感应强度为 1Gs 时，对应的输出电压为 0.25V。

亥姆霍兹线圈是由一对彼此平行的共轴圆形线圈组成的。两线圈内的电流方向一致、大小相同，线圈之间的距离 d 正好等于圆形线圈的半径 R。这种线圈的特点是能在公共轴线中点附近产生较广泛的均匀磁场，根据毕奥-萨伐尔定律，可以计算出亥姆霍兹线圈公共轴线中点的磁感应强度为

$$B_0 = \frac{8}{5^{3/2}} \cdot \frac{\mu_0 NI}{R} \qquad (3.10.3)$$

式中，N 为线圈匝数；I 为流经线圈的电流；R 为亥姆霍兹线圈的平均半径；$\mu_0=4\pi\times10^{-7}$H/m，为真空中的磁导率。当采用国际单位制时，由式（3.10.3）计算出的磁感应强度的单位为特斯拉（1T=10000Gs）。本实验仪的 N=310、R=0.14m，当线圈电流为 1mA 时，亥姆霍兹线圈中部的磁感应强度为 0.02Gs。

2．磁场实验仪专用电源

磁场实验仪专用电源面板如图 3.10.5 所示，恒流源为亥姆霍兹线圈提供的电流，电流的大小可以通过旋钮来调节，电流值由电流表指示。“电流换向”键可以改变电流的方向。

补偿（OFFSET）电流调节旋钮用来调节补偿电流的方向和大小。“电流切换”键使电流表显示亥姆霍兹线圈电流或补偿电流。

AMR 传感器采集到的信号经放大后，由电压表指示电压值。“放大器校正”旋钮用来在标准磁场中校准放大器的放大倍数。

每按下一次复位（R/S）键，就向复位端输入一次复位脉冲电流。仅在需要时使用此键。

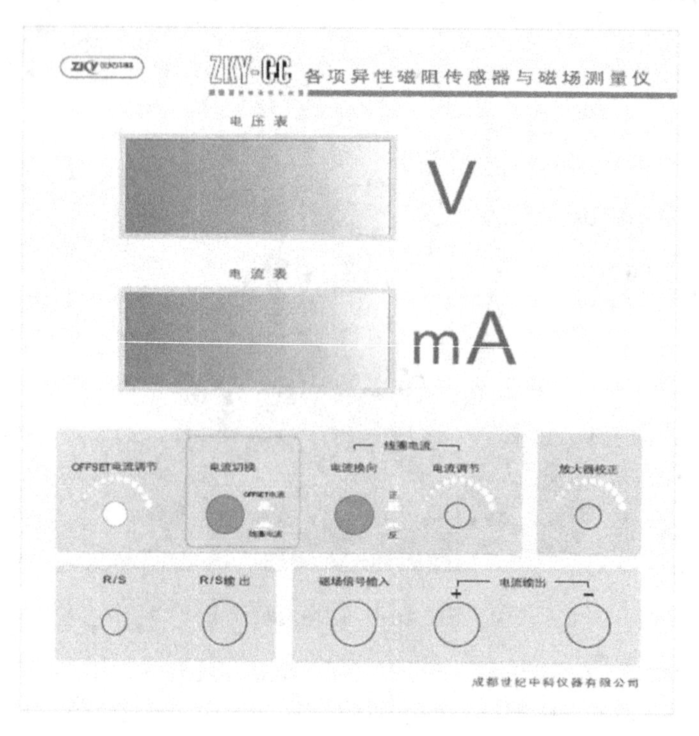

图 3.10.5　磁场实验仪专用电源面板

【实验内容与方法】

1．测量准备

（1）实验前先将实验仪调水平，连接实验仪与电源，开机预热 20min。

（2）将 AMR 传感器调节到亥姆霍兹线圈中心处，并使传感器磁敏感方向与亥姆霍兹线圈轴线方向一致。

注意：在操作所有的手动调节螺钉时，应用力适度，以免滑丝。

（3）调节亥姆霍兹线圈电流为零，按复位键，恢复传感器特性，调节补偿电流（如图 3.10.3 所示，补偿地磁场等因素产生的偏离），使传感器的输出为零。调节亥姆霍兹线圈电流至 300mA（线圈产生的磁感应强度为 6Gs），调节“放大器校正”旋钮，使输出电压为 1.50V。

2．AMR 传感器特性测量

1）测量 AMR 传感器的磁电转换特性

（1）磁电转换特性是磁阻传感器最基本的特性。磁电转换特性曲线的直线部分对应的磁感应强度即磁阻传感器的工作范围，直线部分的斜率除以电桥工作电压与放大器的放大倍数的乘积，即得磁阻传感器的灵敏度。

（2）按表 3.10.1 中数据，从 300mA 开始，逐步调小亥姆霍兹线圈电流，记录相应的输出电压值。切换电流换向开关（亥姆霍兹线圈电流反向，磁场及输出电压也将反向），逐步调大反向电流，记录反向输出电压值。

表 3.10.1　AMR 传感器磁电转换特性的测量数据记录

线圈电流 I/mA	300	250	200	150	100	50	0	−50	−100	−150	−200	−250	−300
磁感应强度 B/Gs	6	5	4	3	2	1	0	−1	−2	−3	−4	−5	−6
输出电压 U/V													

注意：电流换向后，必须按复位键消磁。

2）测量 AMR 传感器的各向异性特性

（1）AMR 传感器只对磁敏感方向上的磁场敏感，当所测磁场与磁敏感方向有一定的夹角（α）时，AMR 传感器测量的是所测磁场在磁敏感方向上的投影。由于补偿调节是在确定的磁敏感方向上进行的，因此，实验过程中应注意在改变所测磁场方向的同时保持 AMR 传感器的方向不变。

（2）将亥姆霍兹线圈电流调至 200mA，测量所测磁场方向与磁敏感方向一致时的输出电压。

（3）松开亥姆霍兹线圈水平旋转锁紧螺钉，每次在将亥姆霍兹线圈与传感器盒整体转动 10°后锁紧，松开传感器水平旋转锁紧螺钉，将传感器盒向相反方向转动 10°（保持 AMR 传感器方向不变）后锁紧，记录输出电压数据于表 3.10.2 中。

表 3.10.2　AMR 传感器方向特性的测量数据记录

B_0=4Gs

夹角 α/（°）	0	10	20	30	40	50	60	70	80	90
输出电压 U/V										

3．亥姆霍兹线圈的磁场分布的测量

1）亥姆霍兹线圈轴线上的磁场分布的测量

根据毕奥-萨伐尔定律，通电圆线圈在轴线上任意一点产生的磁感应强度矢量都垂直于线圈平面，方向由右手螺旋定则确定，与线圈平面相距 x_1 的点的磁感应强度为

$$B(x_1)=\frac{\mu_0 R^2 I}{2\left(R^2+x_1^2\right)^{3/2}} \tag{3.10.4}$$

若以亥姆霍兹线圈中的两线圈中点为坐标原点，则轴线上任意一点的磁感应强度是两线圈在该点产生的磁感应强度之和，即

$$\begin{aligned}B(x)&=\frac{\mu_0 NR^2 I}{2\left[R^2+\left(\frac{R}{2}+x\right)^2\right]^{3/2}}+\frac{\mu_0 NR^2 I}{2\left[R^2+\left(\frac{R}{2}-x\right)^2\right]^{3/2}}\\&=B_0\frac{5^{3/2}}{16}\left\{\frac{1}{\left[1+\left(\frac{1}{2}+\frac{x}{R}\right)^2\right]^{3/2}}+\frac{1}{\left[1+\left(\frac{1}{2}-\frac{x}{R}\right)^2\right]^{3/2}}\right\}\end{aligned} \tag{3.10.5}$$

式中，B_0 是当 x=0 时，即亥姆霍兹线圈公共轴线中点的磁感应强度。

（1）列出 x 取不同值时的 $B(x)/B_0$ 的理论计算结果。

（2）调节传感器磁敏感方向与亥姆霍兹线圈轴线方向一致，位置调节至亥姆霍兹线圈中心（x=0）处，测量输出电压值。

（3）已知 R=140mm，将传感器盒每次沿轴线平移 0.1R，记录测量数据于表 3.10.3 中。

表 3.10.3　亥姆霍兹线圈轴向磁场分布测量数据记录

B_0=4Gs

位置 x	−0.5R	−0.4R	−0.3R	−0.2R	−0.1R	0	0.1R	0.2R	0.3R	0.4R	0.5R
$B(x)/B_0$ 计算值	0.946	0.975	0.992	0.998	1.000	1	1.000	0.998	0.992	0.975	0.946
$U(x)$测量值/V											
$B(x)$测量值/Gs											

2）亥姆霍兹线圈空间磁场分布的测量

（1）根据毕奥-萨伐尔定律，可以计算亥姆霍兹线圈空间任意一点的磁场分布，由于亥姆霍兹线圈的轴对称性，只要计算（或测量）过轴线的平面上的二维磁场分布，就可得到空间任意一点的磁场分布。理论分析表明，在 $x\leqslant0.2R$，$y\leqslant0.2R$ 的范围内，$(B_x-B_0)/B_0$ 小于 1%，B_y/B_x 小于万分之二，因此可认为，在亥姆霍兹线圈中部较大的区域内，磁场方向沿轴线方向，磁场大小基本不变。

（2）按表 3.10.4 中的数据，改变传感器的空间位置，记录 x 方向的磁场产生的电压 V_x，测量亥姆霍兹线圈的空间磁场分布。

表 3.10.4　亥姆霍兹线圈空间磁场分布测量数据记录

B_0=4Gs

y	V_x/V						
	x=0	x=0.05R	x=0.1R	x=0.15R	x=0.2R	x=0.25R	x=0.3R
0							

续表

y	V_x/V						
	x=0	x=0.05R	x=0.1R	x=0.15R	x=0.2R	x=0.25R	x=0.3R
0.05R							
0.1R							
0.15R							
0.2R							
0.25R							
0.3R							

4．地磁场的测量

地球本身具有磁性，地表及近地空间存在的磁场叫地磁场。地磁场的北极、南极分别在地理南极、北极附近，彼此并不重合，可用地磁场的磁感应强度、磁倾角、磁偏角三个参量来表示地磁场的大小和方向。磁倾角是地磁场强度矢量与水平面的夹角，磁偏角是地磁场强度矢量在水平面上的投影与地球经线的夹角。

在现代数字导航仪等系统中，通常用互相垂直的三维磁阻传感器测量地磁场在各个方向上的分量，根据矢量合成原理，计算出地磁场的大小和方位。本实验学习用单个磁阻传感器测量地磁场的方法。

（1）将亥姆霍兹线圈电流和补偿电流调零，将传感器的磁敏感方向调节至与亥姆霍兹线圈轴线垂直（以便在垂直面内调节磁敏感方向）。

（2）调节传感器盒水行，将水准气泡盒放置在传感器盒正中间，调节仪器水平调节螺钉，使水准气泡居中，使传感器水平。松开亥姆霍兹线圈水平旋转锁紧螺钉，在水平面内仔细调节传感器的方位，使输出最大（如果不能调到最大，则需要将传感器在水平方向旋转 180°再调节）。此时，传感器磁敏感方向与地理南北方向的夹角就是磁偏角。

（3）松开传感器绕轴旋转锁紧螺钉，在垂直面内调节磁敏感方向，至输出最大时转过的角度就是磁倾角，记录此角度。

（4）记录输出最大时的输出电压值 U_1 后，松开传感器水平旋转锁紧螺钉，将传感器转动 180°，记录此时的输出电压 U_2，将 $U=(U_1-U_2)/2$ 作为地磁场磁感应强度的测量值（此法可消除电桥偏离对测量结果的影响），将数据记录于表 3.10.5 中。

表 3.10.5　地磁场的测量数据记录

磁倾角/（°）	磁感应强度			
	U_1/V	U_2/V	U/V 且 $U=(U_1-U_2)/2$	B/Gs 且 $B=U/0.25$

注意：禁止将实验仪处于强磁场中，否则会严重影响实验结果。为了降低实验仪间磁场的相互干扰，任意两台实验仪之间的距离应大于 3m。在实验室内测量地磁场时，建筑物的钢筋分布、同学携带的铁磁物质都可能影响测量结果，因此，此实验重在掌握测量方法。

【数据处理要求】

1．以磁感应强度为横轴，以输出电压为纵轴，根据表 3.10.1 中的数据作图，并确定所用传感器的线性工作范围及灵敏度。

2．以夹角 α 为横轴，以输出电压为纵轴，根据表 3.10.2 中的数据作图，检验所画曲线是否符合余弦规律。

3．根据表 3.10.3 中的数据作图，讨论亥姆霍兹线圈的轴向磁场分布的特点。

4．根据表 3.10.4 中的数据，讨论亥姆霍兹线圈的空间磁场分布的特点。

【分析与思考】

1．磁阻传感器与霍尔式传感器在工作原理、使用方面各有什么特点及区别？

2．在测量地磁场时，在磁阻传感器附近，同学携带的铁磁物质等对测量结果将产生什么影响？

实验 3.11　RLC 电路特性的研究

电容、电感元件在交流电路中的阻抗是随着电源频率的改变而变化的。当将正弦交流电压加到电阻、电容和电感组成的电路中时，各元件上的电压及相位会随着频率的变化而变化，这称为电路的稳态特性；当将一个阶跃电压加到 RLC 元件组成的电路中时，电路的状态会由一个平衡态转变到另一个平衡态，各元件上的电压会有规律地变化，这称为电路的暂态特性。

【实验目的】

1．了解 RC、RL 串联电路，以及 RLC 串联/并联电路的幅频特性和相频特性。

2．了解 RLC 电路的串联谐振和并联谐振特性。

3．了解 RLC 串联电路的暂态过程及其阻尼振荡规律。

4．了解 RC 和 RL 电路的暂态过程，理解时间常数 τ 的意义。

【实验原理】

1．RC 串联电路的稳态特性

图 3.11.1 所示的电路可研究 RC 串联电路的频率特性，电阻、电容的电压 U_R 和 U_C 的关系为

$$I=\frac{U}{\sqrt{R^2+\left(\frac{1}{\omega C}\right)^2}} \tag{3.11.1}$$

$$U_R=IR \tag{3.11.2}$$

$$U_C=\frac{I}{\omega C} \tag{3.11.3}$$

$$\varphi=-\arctan\frac{1}{\omega CR} \tag{3.11.4}$$

式中，ω 为交流电源的角频率；U 为交流电源的电压有效值；I 为交流电源的电流有效值；φ

为电流和电源电压的相位差，它与角频率 ω 的关系即 RC 串联电路的相频特性，如图 3.11.2 所示。

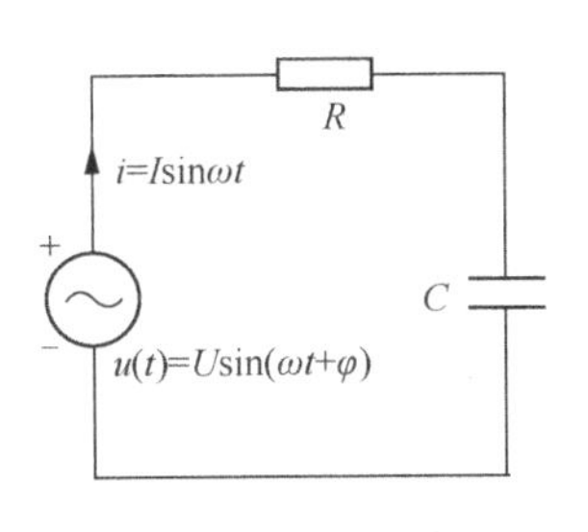

图 3.11.1　RC 串联电路

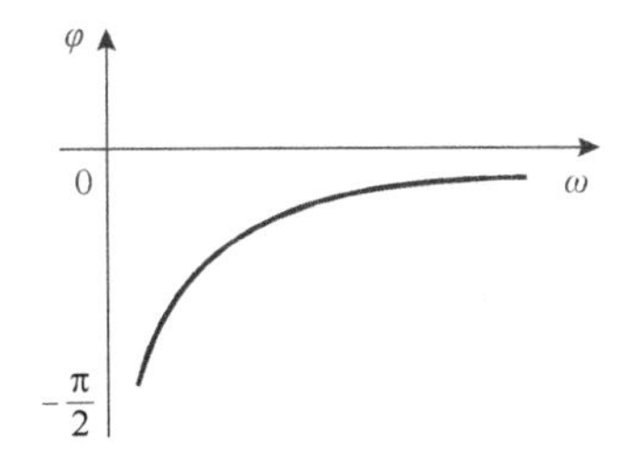

图 3.11.2　RC 串联电路的相频特性

可见，当 ω 增大时，I 和 U_R 均增大，U_C 减小。当 ω 很小时，$\varphi \to -\dfrac{\pi}{2}$；当 ω 很大时，$\varphi \to 0$。

2. RL 串联电路的稳态特性

RL 串联电路如图 3.11.3 所示。

可见，电路中的 I、U、U_R、U_L 的关系为

$$I = \frac{U}{\sqrt{R^2 + (\omega L)^2}} \tag{3.11.5}$$

$$U_R = IR,\ U_L = I\omega L \tag{3.11.6}$$

$$\varphi = \arctan\frac{\omega L}{R} \tag{3.11.7}$$

可见，RL 串联电路的相频特性与 RC 串联电路的相频特性相反，当 ω 增大时，I、U_R 均减小，U_L 增大。RL 串联电路的相频特性如图 3.11.4 所示，当 ω 很小时，$\varphi \to 0$；当 ω 很大时，$\varphi \to \dfrac{\pi}{2}$。

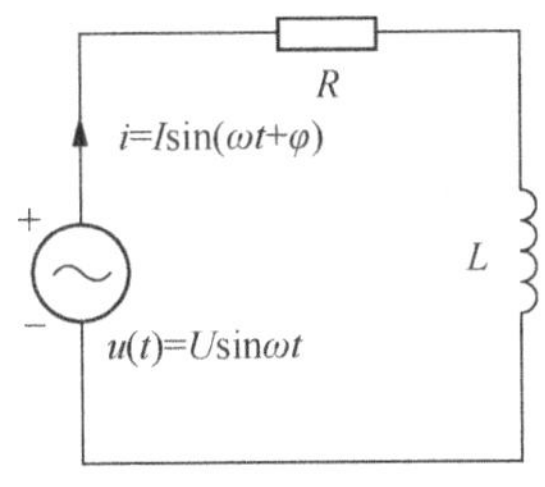
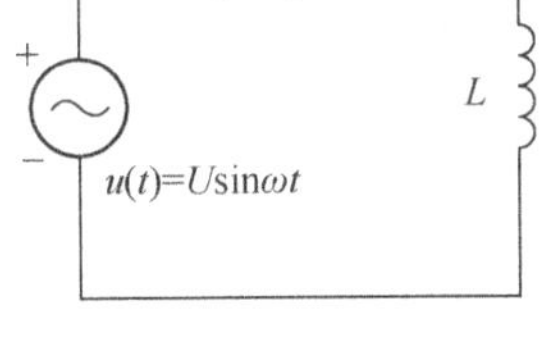

图 3.11.3　RL 串联电路

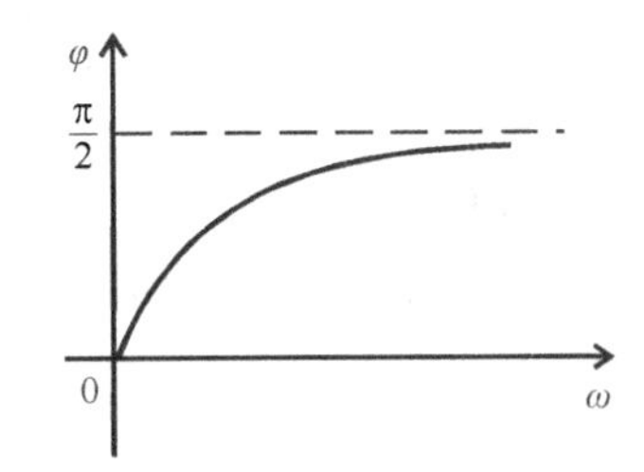

图 3.11.4　RL 串联电路的相频特性

3. RLC 电路的稳态特性

电路中如果同时存在电感和电容元件，则在一定条件下会产生某种特殊状态，此时能量会在电容和电感元件中产生交换，我们称之为谐振现象。

对于 RLC 串联电路，在如图 3.11.5 所示的电路中，电路的总阻抗为 $|Z|$，电压 U、U_R、i 之间有以下关系

$$|Z| = \sqrt{R^2 + \left(\omega L - \frac{1}{\omega C}\right)^2} \tag{3.11.8}$$

$$\varphi = \arctan \frac{\omega L - \frac{1}{\omega C}}{R} \tag{3.11.9}$$

$$i = \frac{U}{\sqrt{R^2 + \left(\omega L - \frac{1}{\omega C}\right)^2}} \tag{3.11.10}$$

式中，ω 为角频率，以上参数均与 ω 有关，它们与频率 f 的关系称为频响特性，如图 3.11.6 所示。

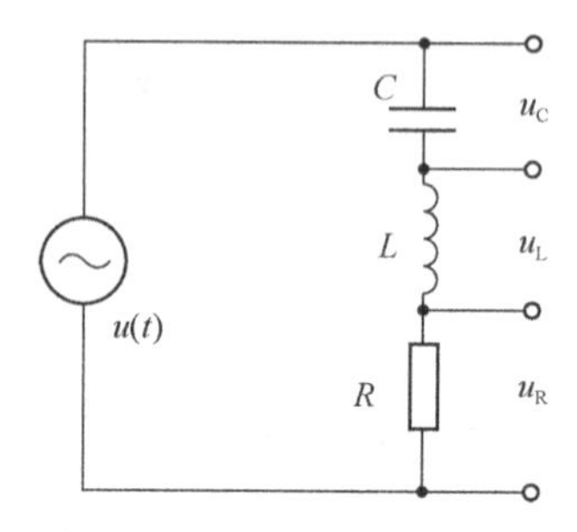

图 3.11.5　RLC 串联电路

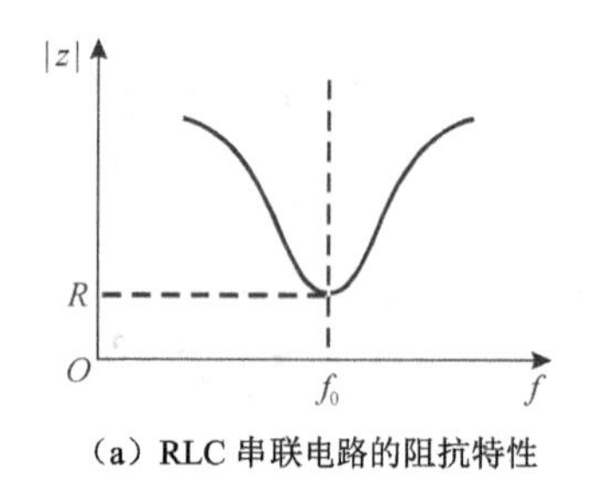

（a）RLC 串联电路的阻抗特性

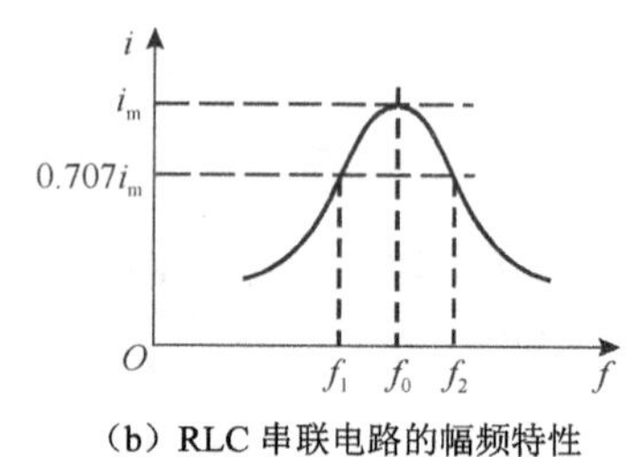

（b）RLC 串联电路的幅频特性

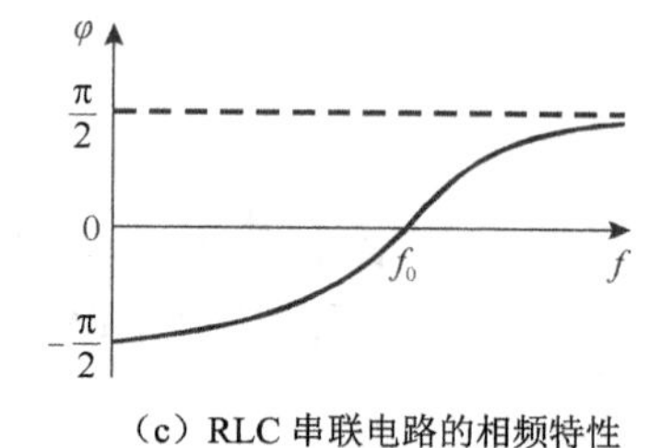

（c）RLC 串联电路的相频特性

图 3.11.6　RLC 串联电路的频响特性

由图 3.11.6（a）可知，在频率 f_0 处，阻抗最小，且整个电路呈纯电阻性，电流 i 达到最大值，称 f_0 为 RLC 串联电路的谐振频率（ω_0 为谐振角频率）。由图 3.11.6（b）可知，当频率为 f_1～f_2 时，i 值较大，此范围称为通频带。

当 $\omega L = \frac{1}{\omega C}$ 时，由式（3.11.8）～式（3.11.10）可知

$$|Z| = R，\varphi=0，i_m = \frac{U}{R}$$

此时

$$\omega = \omega_0 = \frac{1}{\sqrt{LC}} \tag{3.11.11}$$

$$F = f_0 = \frac{1}{2\pi\sqrt{LC}} \tag{3.11.12}$$

电感上的电压$U_L = i_m|Z_L| = \frac{\omega_0 L}{R}\cdot U$，电容上的电压$U_C = i_m|Z_C| = \frac{1}{R\omega_0 C}\cdot U$，$U_C$或$U_L$与$U$的比值称为品质因数$Q$

$$Q = \frac{U_L}{U} = \frac{U_C}{U} = \frac{\omega_0 L}{R} = \frac{1}{R\omega_0 C} \tag{3.11.13}$$

对于 RLC 并联电路，在如图 3.11.7 所示的电路中，有

$$|Z| = \sqrt{\frac{R^2 + (\omega L)^2}{\left(1-\omega^2 LC\right)^2 + (\omega CR)^2}} \tag{3.11.14}$$

$$\varphi = \arctan\frac{\omega L - \omega C\left[R^2 + (\omega L)^2\right]}{R} \tag{3.11.15}$$

可以求得并联谐振角频率为

$$\omega_0 = 2\pi f_0 = \sqrt{\frac{1}{LC} - \left(\frac{R}{L}\right)^2} \tag{3.11.16}$$

可见，并联谐振频率与串联谐振频率不相等，只有当Q值很大时，两者才近似相等。

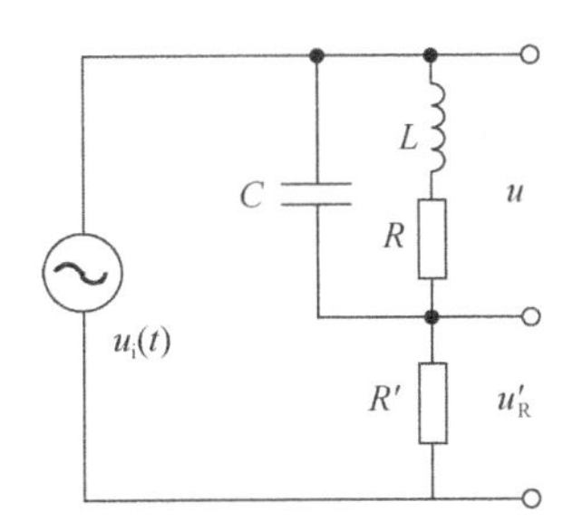

图 3.11.7　RLC 并联电路

图 3.11.8 给出了 RLC 并联电路的阻抗特性、幅频特性、相频特性。与 RLC 串联电路类似，品质因数$Q = \frac{\omega_0 L}{R} = \frac{1}{R\omega_0 C}$。

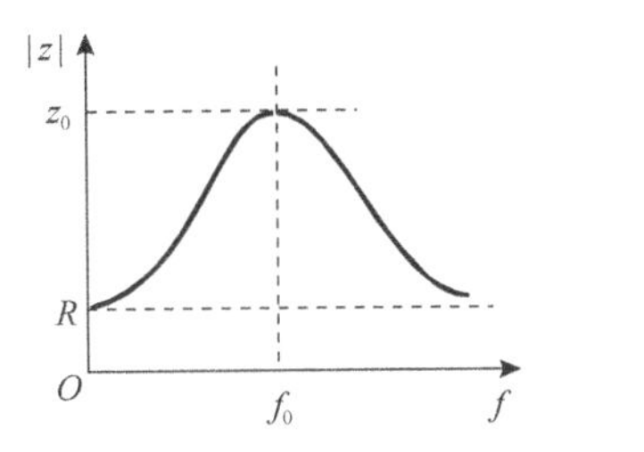

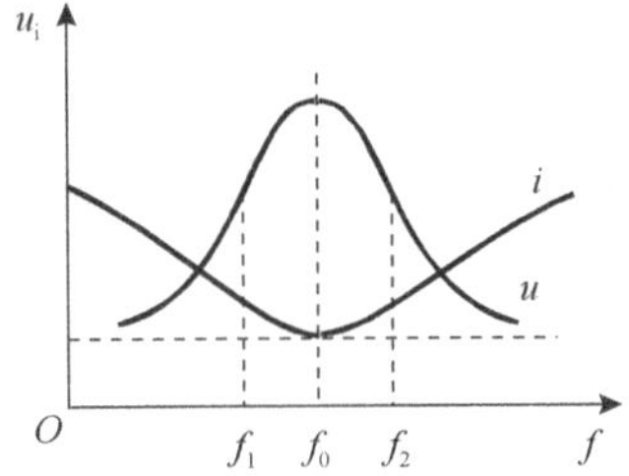

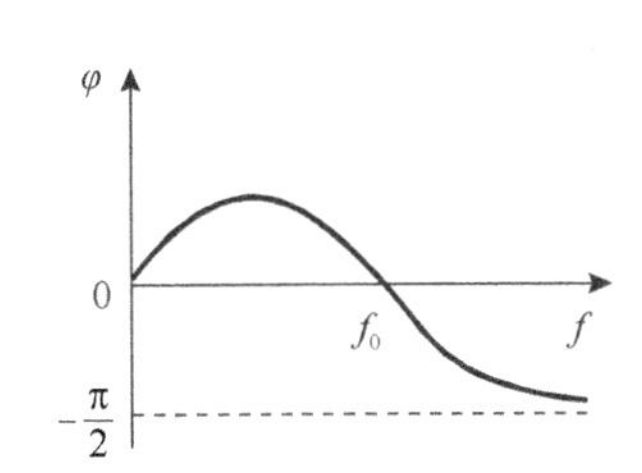

图 3.11.8　RLC 并联电路的阻抗特性、幅频特性、相频特性

由以上分析可知，RLC 串联/并联电路对交流信号具有选频特性，在谐振频率点附近有较大的信号输出，其他频率的信号被衰减，这在通信领域、高频电路中得到了非常广泛的应用。

4. RC 串联电路的暂态特性

电压从一个值跳变到另一个值称为阶跃电压。在如图 3.11.9 所示的电路中，当开关 K 合

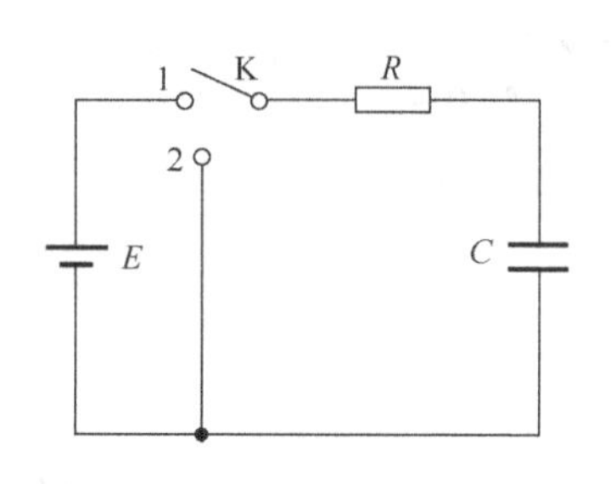

图 3.11.9　RC 串联电路的暂态特性

向“1”时，设电容中的初始电荷为 0，则电源 E 通过电阻对电容充电，充电完成后，把 K 打向“2”，电容放电。

电容的充电方程为

$$\frac{\mathrm{d}U_{\mathrm{C}}}{\mathrm{d}t}+\frac{1}{RC}\cdot U_{\mathrm{C}}=\frac{E}{RC} \tag{3.11.17}$$

其放电方程为

$$\frac{\mathrm{d}U_{\mathrm{C}}}{\mathrm{d}t}+\frac{1}{RC}\cdot U_{\mathrm{C}}=0 \tag{3.11.18}$$

由此可求得充电过程满足

$$\begin{cases} U_{\mathrm{C}}=E\cdot\left(1-\mathrm{e}^{-\frac{t}{RC}}\right) \\ U_{\mathrm{R}}=E\cdot\mathrm{e}^{-\frac{t}{RC}} \end{cases} \tag{3.11.19}$$

放电过程满足

$$\begin{cases} U_{\mathrm{C}}=E\cdot\mathrm{e}^{-\frac{t}{RC}} \\ U_{\mathrm{R}}=-E\cdot\mathrm{e}^{-\frac{t}{RC}} \end{cases} \tag{3.11.20}$$

由上述公式可知，U_{C}、U_{R} 和 i 均按指数规律变化。令 $\tau=RC$，τ 称为 RC 电路的时间常数。τ 值越大，U_{C} 变化越慢，即电容的充电或放电过程越慢。图 3.11.10 给出了不同 τ 值下的 U_{C} 的变化情况，其中 $\tau_1<\tau_2<\tau_3$。

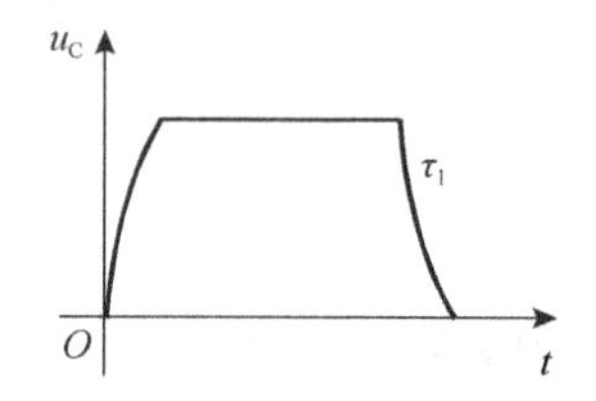

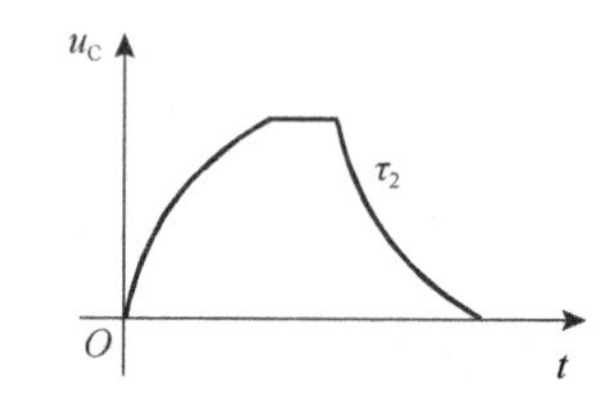

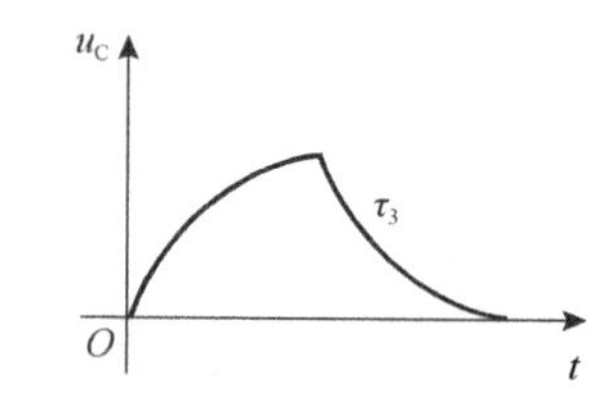

图 3.11.10　不同 τ 值下的 U_{C} 的变化情况

5. RL 串联电路的暂态过程

在如图 3.11.11 所示的 RL 串联电路中，当将 K 打向“1”时，电感中的电流不能突变；当将 K 打向“2”时，电流也不能突变为 0，在这两个过程中，电流均有相应的变化。类似 RC 串联电路，RL 串联电路的电流、电压方程为

$$\begin{cases} U_{\mathrm{L}}=E\cdot\mathrm{e}^{-\frac{R}{L}t} \\ U_{\mathrm{R}}=E\cdot\left(1-\mathrm{e}^{-\frac{R}{L}t}\right) \end{cases} \text{（电流增大过程）} \tag{3.11.21}$$

$$\begin{cases} U_{\mathrm{L}}=-E\cdot\mathrm{e}^{-\frac{R}{L}t} \\ U_{\mathrm{R}}=E\cdot\mathrm{e}^{-\frac{R}{L}t} \end{cases} \text{（电流消失过程）} \tag{3.11.22}$$

式中，电路的时间常数 $\tau=\dfrac{L}{R}$。

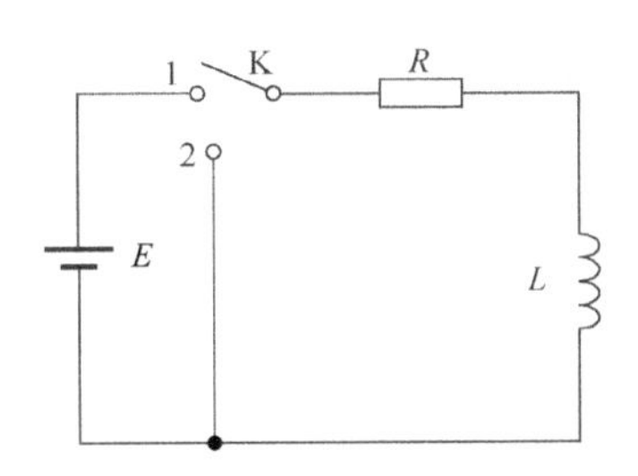

图 3.11.11　RL 串联电路的暂态过程

6．RLC 串联电路的暂态过程

在如图 3.11.12 所示的电路中，先将 K 打向“1”，待稳定后将 K 打向“2”，这称为 RLC 串联电路的放电过程，这时电路方程为

$$LC\frac{\mathrm{d}^2U_\mathrm{C}}{\mathrm{d}t^2}+RC\cdot\frac{\mathrm{d}U_\mathrm{C}}{\mathrm{d}t}+U_\mathrm{C}=0 \tag{3.11.23}$$

初始条件为 t=0，U_C=E，$\frac{\mathrm{d}U_\mathrm{C}}{\mathrm{d}t}=0$，这样，方程的解一般按 R 值的大小可分为以下三种情况。

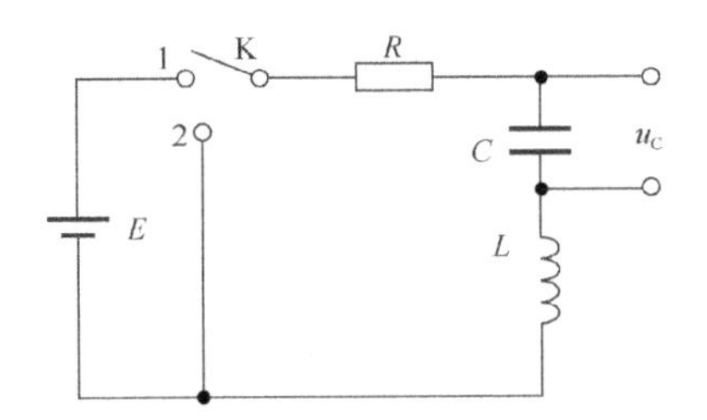

图 3.11.12　RLC 串联电路的暂态过程

（1）当 $R<2\sqrt{\frac{L}{C}}$ 时，为欠阻尼，有

$$U_\mathrm{C}=\frac{1}{\sqrt{1-\frac{C}{4L}\cdot R^2}}\cdot E\cdot \mathrm{e}^{-\frac{t}{\tau}}\cdot\cos(\omega t+\varphi) \tag{3.11.24}$$

式中，$\tau=\frac{2L}{R}$，$\omega=\frac{1}{\sqrt{LC}}\cdot\sqrt{1-\frac{C}{4L}\cdot R^2}$ 。

（2）当 $R>2\sqrt{\frac{L}{C}}$ 时，为过阻尼，有

$$U_\mathrm{C}=\frac{1}{\sqrt{\frac{C}{4L}\cdot R^2-1}}\cdot E\cdot \mathrm{e}^{-\frac{t}{\tau}}\cdot\sin(\omega t+\varphi) \tag{3.11.25}$$

式中，$\tau=\frac{2L}{R}$，$\omega=\frac{1}{\sqrt{LC}}\cdot\sqrt{\frac{C}{4L}\cdot R^2-1}$ 。

（3）当 $R=2\sqrt{\frac{L}{C}}$ 时，为临界阻尼，有

$$U_\mathrm{C}=\left(1+\frac{t}{\tau}\right)\cdot E\cdot \mathrm{e}^{-\frac{t}{\tau}} \tag{3.11.26}$$

图 3.11.13 为上述三种情况下的 U_C 的变化曲线，其中，1 为欠阻尼，2 为过阻尼，3 为临界阻尼。当 $R \ll 2\sqrt{\frac{L}{C}}$ 时，曲线 1 的振幅衰减得很慢，能量的损耗较小，能量在电感与电容之间不断交换，可近似为 LC 电路的自由振荡，这时 $\omega \approx \frac{1}{\sqrt{LC}} = \omega_0$，$\omega_0$ 为 R=0 时 LC 回路的固有频率。

对于充电过程，与放电过程类似，只是初始条件和最后平衡的位置不同。图 3.11.14 为充电时的 U_C 曲线示意图。

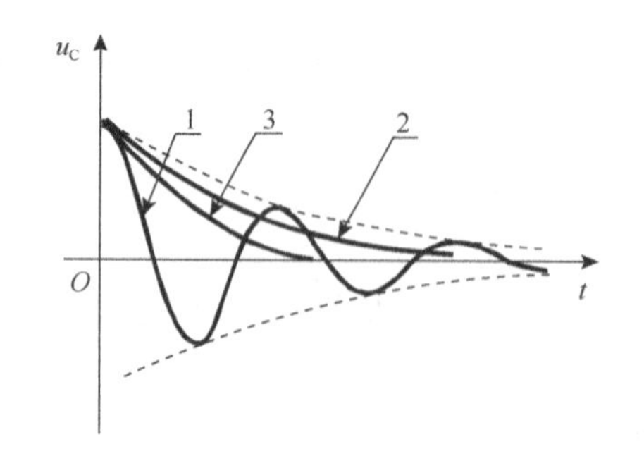

图 3.11.13　放电时的 U_C 曲线示意图

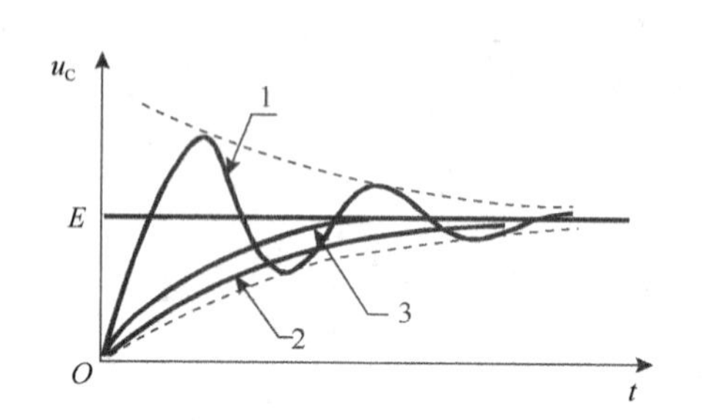

图 3.11.14　充电时的 U_C 曲线示意图

【实验仪器】

DH4503 型 RLC 电路实验仪、双踪示波器。

DH4503 型 RLC 电路实验仪面板如图 3.11.15 所示，它由功率信号发生器、频率表、电阻箱、电感箱、电容箱和整流滤波电路组成。

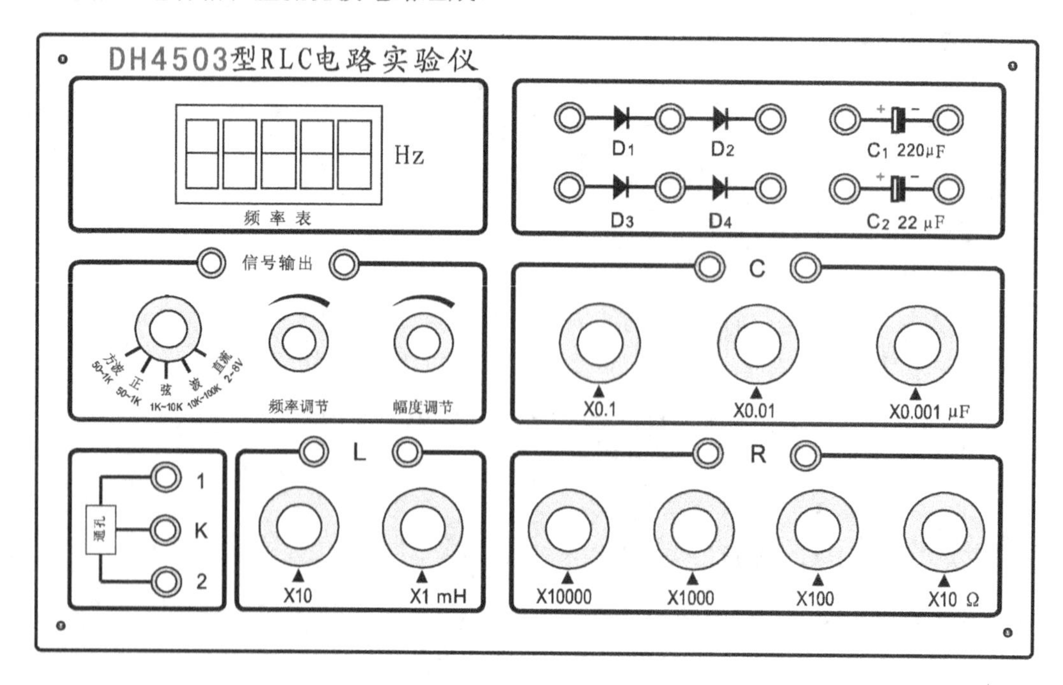

图 3.11.15　DH4503 型 RLC 电路实验仪面板

【实验内容与方法】

1．RC 串联电路的稳态特性

（1）按图 3.11.1 连线。RC 串联电路的幅频特性：选择正弦波信号，保持其输出幅度不变，用示波器的一个通道分别测量不同频率时的 U_R、U_C，可取 C=0.1μF，R=1kΩ，也可根据实际情况自选 R、C 的值。

注意：当用示波器双通道观测波形时，两通道的接地点应位于线路的同一点，否则会引起部分电路短路。

（2）RC 串联电路的相频特性：将信号源电压 U 和电容电压 U_C 分别接至示波器的两个通道，可取 C=0.1μF，R=1kΩ（也可自选）。从低到高调节信号源频率，观察示波器上两个波形的相位变化情况，可用李萨如图形法观测，并记录不同频率时的相位差。

2．RL 串联电路的稳态特性

测量 RL 串联电路的幅频特性和相频特性与测量 RC 串联电路的幅频特性和相频特性的方法类似，可选 L=10mH，R=1kΩ，也可自行确定。

3．RLC 串联电路的稳态特性

按图 3.11.5 连线，自选合适的 L 值、C 值和 R 值，用示波器的两个通道观测信号源电压 U 和电阻电压 U_R。

（1）幅频特性：保持信号源电压 U 不变（可取 $U_{p\text{-}p}$=5V），根据所选的 L 值和 C 值，估算谐振频率，以选择合适的正弦波频率范围。从低到高调节频率，U_R 最大时的频率即谐振频率，记录下不同频率时的 U_R 值。

（2）相频特性：用示波器的双通道观测 U 与 U_C 的相位差，U_R 的相位与电路中电流的相位相同，观测在不同频率下的相位变化，记录下不同频率下的相位差。

4．RLC 并联电路的稳态特性

按图 3.11.7 连线，需要注意的是，此时 R 为电感的内阻值，它随着电感取值的不同而不同，可在相应的电感值下用直流电阻表测量，选取 L=10mH，C=0.1μF，R'=10kΩ（也可自行设计选定）。

注意：R'的取值不能过小，否则会由于电路中的总电流变化大而影响 U_R'的大小。

（1）RLC 并联电路的幅频特性：保持信号源的 U 的幅度不变（可取 $U_{p\text{-}p}$ 为 2～5V），观测 U 和 U_R'的变化情况。

（2）RLC 并联电路的相频特性：用示波器的两个通道观测 U 与 U_R'的相位变化情况（自行确定电路参数）。

5．RC 串联电路的暂态特性

如果选择信号源为直流电压，那么，在观察单次充电过程时，要用存储式示波器。这里选择方波作为信号源来进行实验，以便用普通示波器进行观测。由于采用了功率信号输出，故应防止短路问题的出现。

（1）选择合适的 R 值和 C 值，根据时间常数 τ，选择合适的方波频率，一般要求方波的

周期 $T>10\tau$，这样能较完整地反映暂态过程。另外，还要选用合适的示波器扫描速度，以完整地显示暂态过程。

（2）改变 R 值或 C 值，观测 U_C 的变化规律，记录下不同的 R 值、C 值的波形情况，并分别测量时间常数 τ。

（3）改变方波频率，观察波形的变化情况，分析相同的 τ 值在不同频率下的波形变化情况。

6．RL 电路的暂态特性

选取合适的 L 值与 R 值，注意 R 的取值不能过小，因为 L 存在内阻。如果波形有失真、自激现象，则应重新调整 L 值与 R 值，其测量方法与 RC 串联电路的暂态特性实验类似。

7．RLC 串联电路的暂态特性

（1）先选择合适的 L 值和 C 值，根据选定参数，调节 R 值的大小。观察三种阻尼振荡的波形。如果欠阻尼时振荡的周期数较少，则应重新调整 L 值和 C 值。

（2）用示波器测量欠阻尼时的振荡周期 T 和时间常数 τ。τ 值反映了振荡幅度的衰减速度，从最大幅度衰减到 0.368 倍的最大幅度处的时间即 τ 值。

【数据处理要求】

1．根据测量结果作 RC 串联电路的幅频特性图和相频特性图。

2．根据测量结果作 RL 串联电路的幅频特性图和相频特性图。

3．分析 RC 低通滤波电路和 RC 高通滤波电路的频率特性。

4．根据测量结果，分别作 RLC 串联电路、RLC 并联电路的幅频特性图和相频特性图，并计算电路的 Q 值。

5．根据不同的 R 值、C 值和 L 值，分别作 RC 电路和 RL 电路的暂态响应曲线，并分析两者有何区别。

6．根据不同的 R 值作 RLC 串联电路的暂态响应曲线，分析 R 值的大小对充/放电的影响。

【分析与思考】

1．品质因数 Q 有哪些物理意义？有何应用？

2．要提高 RLC 串联电路的品质因数，应如何改变电路参数？

参 考 文 献

[1] 侯建平，庞述先，侯泉文. 大学物理实验[M]. 西安：西北工业大学出版社，2018.
[2] 李恩普，邢凯，曹昌年，等. 大学物理实验[M]. 北京：国防工业出版社，2007.
[3] 李端勇，张昱. 大学物理实验——提高篇[M]. 北京：科学出版社，2009.
[4] 吴俊林. 综合提高物理实验[M]. 北京：科学出版社，2010.
[5] 朱世坤. 大学物理实验：提高篇[M]. 北京：机械工业出版社，2014.
[6] 朱世坤，聂宜珍. 二级物理实验[M]. 北京：科学出版社，2005.
[7] 吴淑杰，王淑嫦，赵晏. 普通物理实验——提高性实验[M]. 哈尔滨：哈尔滨工程大学出版社，2008.
[8] 李相银. 大学物理实验[M]. 北京：高等教育出版社，2009.
[9] 江美福，方建兴. 大学物理实验教程[M]. 北京：科学出版社，2009.
[10] 国家标准局. 测量不确定度评定与表示 JJF 1059. 1-2-12[S]. 北京：中国标准出版社，2008.

反侵权盗版声明